三维实景可视化室内定位导航技术

马琳　著

電子工業出版社
Publishing House of Electronics Industry
北京•BEIJING

内 容 简 介

本书深入浅出地介绍了三维实景视觉室内定位的相关内容。全书共 14 章，第 1～6 章首先对图像、照相机、全局特征和局部特征等重要概念进行了介绍和定义，然后进阶地介绍了图像特征点求解及特征匹配的方法；第 7～9 章首先介绍了几何变换的定义和方法及照相机位置的求解方法，然后重点介绍了利用 SLAM 技术进行室内定位与建图的原理和方法；第 10～14 章主要介绍了图像拼接、点云、可视化建图、语义标注、语义建图等内容，通过这些技术手段，可以进一步提高定位和建图的质量与效果。从第 3 章开始，后续各章均有一节实践供读者学习和尝试。

本书主要面向高等学校相关专业的高年级本科生或研究生，也可以作为相关研究者和从业者的基础参考书。

图书在版编目（CIP）数据

三维实景可视化室内定位导航技术 / 马琳著. —北京：电子工业出版社，2024.1

ISBN 978-7-121-46826-1

Ⅰ. ①三… Ⅱ. ①马… Ⅲ. ①计算机视觉－定位－研究 Ⅳ. ①TP302.7

中国国家版本馆 CIP 数据核字（2023）第 234904 号

责任编辑：米俊萍　　　　特约编辑：田学清
印　　刷：天津嘉恒印务有限公司
装　　订：天津嘉恒印务有限公司
出版发行：电子工业出版社
　　　　　北京市海淀区万寿路 173 信箱　　　　邮编：100036
开　　本：787×1 092　1/16　印张：16.5　字数：391 千字
版　　次：2024 年 1 月第 1 版
印　　次：2024 年 1 月第 1 次印刷
定　　价：88.00 元

凡所购买电子工业出版社图书有缺损问题，请向购买书店调换。若书店售缺，请与本社发行部联系，联系及邮购电话：（010）88254888，88258888。

质量投诉请发邮件至 zlts@phei.com.cn，盗版侵权举报请发邮件至 dbqq@phei.com.cn。

本书咨询联系方式：mijp@phei.com.cn，（010）88254759。

前　言

基于图像的室内定位是计算机视觉应用的一个重要分支，主要是将拍摄的图片中的特征信息提取后应用于室内定位。近年来，随着人工智能的逐渐火热，将计算机视觉应用于室内定位的研究不断深入。本书对三维实景视觉室内定位这一新兴领域进行了全面的介绍。

本书从基础概念开始，专注于技术细节和数学推导，最后落脚于编程实践，深入浅出地讲解了与三维实景视觉室内定位相关的内容。本书在内容选取上，注重基础性、系统性、实用性、方向性和先进性，理论与实践结合，较为全面地介绍了三维实景视觉室内定位的原理和方法；在文字表述上，力求条理清晰、概念准确、通俗易懂，较为直观地讨论问题和展示结果。

本书主要面向高等学校相关专业的高年级本科生或研究生，也可以作为相关研究者和从业者的基础参考书。本书的初衷是将室内定位和计算机视觉相结合，为读者提供室内定位和计算机视觉应用的新思路和新方法。为使本书广泛服务于具有不同技术背景的读者，本书自成体系、层次分明、逐章递进，系统地介绍了相关内容。本书内容较为基础，如果读者具有一些高等数学、线性代数、概率论与数理统计的相关基础知识，那么对理解本书内容非常有帮助。本书也介绍了一些上述内容的入门知识，并且全文避免引入太过复杂的数学公式。

为了描述方便，本书在介绍与图片相关的内容时，有些直接使用了对应的色彩名称；此外，部分图片可能需要放大观察，纸面上无法呈现应有效果，请读者登录华信教育资源网（https://www.hxedu.com.cn/）输入书名搜索并下载书中的部分图片，以便更好地与书中的描述对应，以及观察操作效果。另外，与本书内容相关的文献目录及代码也请读者登录华信教育资源网下载。

由于著者水平有限，书中难免存在一些疏漏，希望广大读者批评指正。

著者
于哈尔滨工业大学

目 录

第 1 章 绪论 1
1.1 室内定位系统概述 1
1.1.1 室内定位系统的发展历史 1
1.1.2 主流室内定位技术 2
1.2 计算机视觉 6
1.2.1 计算机视觉简介 6
1.2.2 计算机视觉的应用方向 7
1.3 本书架构 9
第 2 章 图像的基本概念 10
2.1 图像与视频 10
2.1.1 GIF 10
2.1.2 PNG 11
2.1.3 BMP 12
2.1.4 JPEG 14
2.1.5 H.264 19
2.2 图像的数学表征 20
2.2.1 图像基本模型 20
2.2.2 图像数字化 21
2.2.3 数字图像表示 22
2.3 数字图像性质 23
2.3.1 距离度量与距离变换 23
2.3.2 像素邻接性和区域性质 25
2.3.3 拓扑性质 28
2.4 彩色图像 28
2.4.1 彩色基础 28
2.4.2 RGB 彩色模型 30
2.4.3 灰度图像 31
2.5 深度图像 31

2.5.1 深度图像概念......31
2.5.2 深度图像的获取......32
2.6 数字图像的采集......33
2.6.1 采集装置......33
2.6.2 性能指标......35
2.6.3 采集模型......35
2.6.4 成像方式......36

第 3 章 照相机与照相机参数......38

3.1 照相机种类......38
3.1.1 单目照相机......38
3.1.2 双目照相机......40
3.1.3 深度照相机......42
3.1.4 鱼眼照相机......43
3.2 照相机参数......44
3.2.1 旋转与平移......44
3.2.2 照相机标定......47
3.3 镜头畸变......48
3.4 实践：计算机图像处理......50
3.4.1 OpenCV 的使用......50
3.4.2 图像畸变纠正......52

第 4 章 图像全局特征......55

4.1 概述......55
4.2 颜色特征......55
4.2.1 HOG 特征......56
4.2.2 哈希特征......61
4.2.3 颜色矩......64
4.2.4 颜色相关图......65
4.3 纹理特征......65
4.3.1 小波变换......66
4.3.2 Gabor 变换......69
4.3.3 Gist 特征......74
4.4 实践：全局特征提取......75

第 5 章 图像局部特征......83

5.1 概述......83

5.2 Harris 角点......83
5.3 FAST 特征......86
5.4 霍夫变换......87
5.4.1 霍夫线变换......88
5.4.2 霍夫圆变换......89
5.5 SIFT 特征......90
5.5.1 尺度空间极值检测......91
5.5.2 关键点定位......93
5.5.3 关键点方向确定......94
5.5.4 关键点描述......95
5.6 SURF 特征......96
5.6.1 构建 Hessian 矩阵生成关键点......97
5.6.2 构建尺度空间......98
5.6.3 确定关键点方向......99
5.6.4 生成特征描述子......99
5.7 ORB 特征......100
5.7.1 改进的 FAST 角点提取......100
5.7.2 BRIEF 特征描述子......101
5.8 实践：图像局部特征提取......102

第 6 章 图像的特征匹配......106

6.1 概述......106
6.2 度量函数......106
6.3 特征点匹配优化算法......107
6.3.1 距离筛选算法......108
6.3.2 交叉匹配算法......109
6.3.3 KNN 算法......109
6.3.4 RANSAC 算法......110
6.4 实践：图像特征匹配......112

第 7 章 几何变换......115

7.1 概述......115
7.2 几何基元......115
7.3 二维空间中的变换......117
7.4 三维空间中的变换......119
7.5 旋转向量......122
7.6 实践：运动轨迹绘制代码实现......122

第 8 章　照相机位置估计与求解 124

8.1　概述 124
8.2　照相机建模 124
8.2.1　投射投影矩阵和非固有参数 124
8.2.2　照相机固有参数矩阵 126
8.3　视觉定位中的图像特征描述子 128
8.3.1　图像检索流程 128
8.3.2　全局特征描述子 129
8.3.3　局部特征描述子 130
8.4　对极几何约束 132
8.4.1　模型描述 132
8.4.2　本质矩阵 133
8.4.3　基本矩阵 134
8.5　实践：对极几何约束求解照相机运动位置 135

第 9 章　同步定位与地图构建 137

9.1　概述 137
9.2　IMU 和 RGB-D 照相机模型分析 138
9.2.1　IMU 模型 138
9.2.2　针孔成像模型 140
9.2.3　RGB-D 照相机和 IMU 联合标定 141
9.3　室内建图系统关键技术分析 143
9.3.1　刚体运动的三维表示 143
9.3.2　传感器的位姿估计问题 144
9.3.3　非线性优化 145
9.4　RGB-D 照相机和 IMU 信息的前端处理 146
9.4.1　IMU 预积分 146
9.4.2　特征点提取与追踪 148
9.4.3　PnP 估计帧间位姿 151
9.5　联合初始化和后端优化 153
9.5.1　RGB-D 照相机和 IMU 的旋转估计对齐 153
9.5.2　RGB-D 照相机和 IMU 的位移估计对齐 154
9.5.3　后端优化与点云建图 154
9.6　系统性能分析 157
9.6.1　位姿估计误差分析 157
9.6.2　点云建图实验结果分析 162
9.7　实践：BA 问题求解 165

9.7.1 Ceres 求解 BA 问题 165
9.7.2 g2o 求解 BA 问题 167

第 10 章 图像拼接 170

10.1 概述 170
10.2 图像预处理 170
10.2.1 图像几何校正 170
10.2.2 图像投影变换 171
10.2.3 图像配准 173
10.3 图像拼接融合 175
10.3.1 平均值融合算法 176
10.3.2 加权平均融合算法 176
10.3.3 渐入渐出融合算法 177
10.3.4 多频段融合算法 178
10.4 实践：图像拼接 180

第 11 章 点云 183

11.1 概述 183
11.1.1 点云和点云库概念 183
11.1.2 点云处理在各领域的应用 184
11.2 PCL 186
11.2.1 数据类型 186
11.2.2 PCL 常用代码模块 187
11.2.3 PCL 点云处理 187
11.3 *K* 维树和八叉树 188
11.3.1 K 维树 189
11.3.2 八叉树 190
11.4 点云滤波 190
11.4.1 滤波概述 190
11.4.2 双边滤波算法 192
11.4.3 剔除点云离群点 193
11.4.4 点云下采样 194
11.5 三维-三维：ICP 点云匹配 195
11.5.1 点云配准定义 195
11.5.2 ICP 算法 196
11.6 实践：点云滤波和点云配准 198

第12章 可视化建图与渲染 202
12.1 概述 202
12.2 单目稠密重建 203
12.2.1 稀疏重建与稠密重建的区别 203
12.2.2 单目稠密重建方法 203
12.3 稠密建图 206
12.3.1 稠密重建方法 206
12.3.2 PMVS 算法 207
12.4 图形渲染 207
12.4.1 预渲染与实时渲染的区别 207
12.4.2 WebGL 与渲染管线 208
12.5 点云渲染与可视化 209
12.5.1 基于面片的渲染算法 209
12.5.2 网格重建 210
12.6 实践：点云曲面重建 213
第13章 图像语义基本概念与标注方法 215
13.1 图像语义基本概念 215
13.1.1 定义 215
13.1.2 语义研究内容 216
13.1.3 图像语义分析与应用 217
13.2 图像级标注 223
13.3 像素级标注 226
13.4 实践：目标检测 229
13.4.1 计算机硬件基础 229
13.4.2 深度学习环境配置 229
第14章 图像语义获取方法与应用 233
14.1 机器学习 233
14.2 图像语义模型 236
14.3 图像语义分割 240
14.4 图像标注和目标识别 246
14.5 实践：利用自己的数据集实现目标检测 252

第1章 绪论

1.1 室内定位系统概述

1.1.1 室内定位系统的发展历史

导航与位置服务在信息技术产业中具有举足轻重和不可或缺的地位。近年来，随着智能移动终端和移动互联网的迅速普及，人们对室内/外高精度定位导航的需求日渐增长，特别是智能移动终端、位置服务、大数据分析的深度结合，逐渐改变了人们现有的生活方式和商业模式，并发挥了重要的基础支撑作用。目前，尽管以全球定位系统（Global Positioning System，GPS）、北斗导航卫星系统（BeiDou Navigation Satellite System，BDS）为代表的室外卫星定位导航服务已经成功地商业化运作，但是室内定位导航技术仍处在探索阶段，并未出现大规模商业部署和运营。

最初的室内定位系统可以追溯到20世纪90年代。当时剑桥大学AT&T实验室提出了Active Badge系统，它是一种典型的基于红外线的室内定位系统。由于红外线的视距传输特性的限制，该系统要求物体必须和红外接收机成一条直线，定位精度不高。1998年，微软公司提出了名为RADAR的室内定位技术解决方案，利用无线局域网（Wireless Local Area Network，WLAN）的无线射频信号强度值来进行指纹定位。随着物联网技术的飞速发展和硬件技术的成熟，室内定位技术得到了持续关注。2002年，加利福尼亚大学提出了Calamari定位系统，将到达时间（Time Of Arrival，TOA）与接收信号强度指示（Received Signal Strength Indication，RSSI）两种技术进行融合来实现室内定位。2004年，香港科技大学研发了基于RFID（射频识别）技术的LANDMARC定位系统。该系统通过在区域内放置参考标签，利用射频阅读器采样标签信息来完成无线环境下的数据采集，并最终估算目标点位置。2006年，北京航空航天大学提出了Weyes定位系统，通过利用差值模型对WLAN接收信号强度进行定位前预处理来实现定位。2010年，哈尔滨工业大学提出了HIT-WLAN室内定位系统，利用惯性导航和WiFi信号，进一步提高了WLAN定位精度。2011年，北京邮电大学提出了室内外无缝衔接的TC-OFDM定位系统，也取得了不错的效果。

2013 年，苹果公司推出了 iBeacon 技术，该技术也逐渐成为蓝牙室内定位的业界标准。该技术以蓝牙 4.0 为基础来获取用户的位置信息，并首先在美国加州科学院和旧金山的韦斯特菲尔德购物中心开启了基于 iBeacon 的室内定位应用。在国内，很多公司也开发了基于 iBeacon 的室内定位产品，包括四月兄弟的 April Beacon、智石科技的 Bright Beacon 和 ebeoo 的 Beacon CS 公共服务平台。2015 年，受益于互联网公司的推动，iBeacon 技术应用呈现爆发性增长。腾讯公司利用 iBeacon 近场感知功能推出了微信“摇一摇”功能，并在此基础上开发了一系列室内定位导航、餐饮行业搭配服务行业等场景化的营销方式。高德公司提出了为大型商场的用户提供商场室内地图绘制、室内定位技术和室内定位导航等服务。阿里巴巴公司的“喵街”软件利用了蓝牙 iBeacon 技术，为商场里的用户提供室内定位导航和停车场的智能停车等服务。2016 年，百度开发者中心提出了百度地图的室内定位技术，并将自身领先的室内定位技术应用于大型商场，结合蓝牙、地磁和 WLAN 3 种定位技术进行了混合定位。

基于计算机视觉的室内定位是一种较新的室内定位方法，简称视觉室内定位方法。该方法由机器人控制领域的同步定位与地图构建（Simultaneous Localization And Mapping，SLAM）方法发展而来。加利福尼亚大学伯克利分校的 Avideh Zakhor 研究团队开发的室内定位系统利用设备摄像头拍摄的图片来计算设备持有者的位置和方向，但前提是，需要有类似 Google 街景图的建筑物内部全景图库。慕尼黑工业大学的 NAVVIS 研究小组针对室内视觉定位问题，提出了鲁棒性更高、应用场景更普遍的基于视频流的室内定位算法。利用 NAVVIS 研究小组提出的室内定位算法，用户只要开启摄像头，就可以实现自身的位置确定和目的地路径导航。多伦多大学的 Shahrokh Valaee 教授研究团队首次提出了利用对极几何的性质进行精确定位的算法。该算法使用定位图像的 SURF 特征及像素坐标进行定位，在对比加权位置估计时体现了良好的性能。该算法最大的优势是，当图像数据库缺失位置相同的图像时，仍然可以给出定位位置的估计，但其使用的检索算法在某种程度上会影响精确定位的结果。

现阶段，国内关于计算机视觉定位的研究多集中在机器人领域。大疆公司近年来推出了全球首个量产无人机视觉传感导航系统 DJI Guidance。该系统将摄像头和超声波传感器相结合，在室内无法接收卫星定位导航信号的情境下完成无人机定位。在距离地面 30～300cm 的高度上，该系统可以对 20m 范围内的物体进行感知，与高精度视觉定位系统相结合，可实时检测多个方向的环境信息，即使飞行器在高速实时飞行中也能够对可能发生的碰撞及时避让。目前，该系统已经成功应用于大疆 Phantom 3 系列四旋翼无人机和 Inspire 1 系列产品。此外，国内也有很多高校针对室内视觉定位问题进行了相关的研究，包括北京理工大学、浙江大学、哈尔滨工业大学等，其研究成果可被应用于机器人视觉与导航、视觉增强与医用图像处理的相关领域。

1.1.2　主流室内定位技术

从目前技术发展和实际应用情况来看，室内定位技术可以利用不同的技术来实现，包括无线电信号、图像信息、点云、惯导、地磁、声音等。不同的室内定位技术适用于不同的室内环境，各有优缺点。下面对各种室内定位技术进行简单的介绍。

1. 超宽带定位技术

超宽带（Ultra Wide Band，UWB）定位技术通过对具有很陡上升和下降时间的冲击脉冲进行直接调制，使信号具有吉赫兹（GHz）量级的带宽。超宽带信号具有多径分辨能力强、定位精度可达厘米级的优点。但是，利用超宽带信号进行定位的缺点也是显而易见的。超宽带定位技术往往适用于视距环境，难以实现大范围室内覆盖，对于非视距环境的定位精度往往难以满足要求。普通手机不支持超宽带，定位成本非常高。

超宽带定位技术的基础是测距，测距的基本原理是利用飞行时间（Time Of Flight，TOF）方法。该测距方法属于双向测距技术，主要利用信号在两个异步收发机之间的飞行时间来测量节点之间的距离。常用的测距方法有到达时间（Time Of Arrival，TOA）方法、到达时间差（Time Difference Of Arrival，TDOA）方法等。TOA 方法首先测量一个超宽带定位终端和多个超宽带定位基站之间的传播时间，然后将该时间转换为传播距离，最后利用三边法给出终端的位置。该方法要求超宽带定位基站与超宽带定位终端之间必须保持直线和可视，发送设备和接收设备必须始终同步。TDOA 方法基本与 TOA 方法相同，但它不需要超宽带定位基站与超宽带定位终端之间同步，这使 TDOA 方法的定位比 TOA 方法的定位更容易实现，因此，TDOA 方法的应用非常广泛。

2. WLAN 定位技术

1997 年，电气电子工程师学会（Institute of Electrical and Electronics Engineers，IEEE）为 WLAN 制定了第一个版本标准 IEEE 802.11。该标准规定，物理层工作在 2.4GHz 频段上，可采用红外线、直接扩频方式和跳频扩频方式 3 种物理介质。数据链路层采用载波监听多路访问/冲突检测（Carrier Sense Multiple Access/Collision Avoid，CSMA/CA）机制。随着 WLAN 定位技术的发展，工业界众多领先公司组成了 WiFi 联盟，致力于解决符合标准的产品生产和设备兼容性问题。WiFi 自 20 世纪 90 年代被发明后，经过不断更新和推广，目前已广泛用于城市公共接入热点、家庭和办公网络，全面渗透人们的日常生活和出行。由于 WiFi 的快速普及，WLAN 定位变得非常有前景。

WLAN 定位可以采用三角定位方法和指纹定位方法等实现米级的定位精度。三角定位方法测量移动终端和 3 个无线网络接入点的无线信号强度，通过差分算法对终端进行定位，也可以采用近邻法判断，即移动终端最靠近哪个信号源，就认为移动终端处在什么位置。指纹定位方法稍微复杂，分为离线和在线两个阶段。离线阶段需要大量采集已知位置的信号强度并形成指纹数据库，这样移动终端可以将在线阶段采集的信号与指纹数据库进行匹配，从而估计其位置。该方法不需要额外铺设专门的定位设备，用户在使用智能手机时开启 WiFi 就可实现定位，因此，该方法具有扩展方便、成本低的优势。但是，离线阶段需要大量的人员进行采集工作，WiFi 受周围环境的影响较大，指纹数据库也需要定期进行维护，因此，离线阶段的工作量巨大。

3. 蓝牙定位技术

蓝牙定位基于 RSSI 定位原理，根据定位终端的不同，蓝牙定位方式分为网络侧定位和终端侧定位。

网络侧定位系统由终端、蓝牙信标节点、蓝牙网关、WLAN 和后端数据服务器构成，其具体定位过程大体如下：首先，在待定位区域内铺设蓝牙信标节点和蓝牙网关，这样，当终端进入信标信号覆盖范围时，终端就能感应到信标的广播信号；其次，终端或蓝牙信标节点测算出在某信标下的终端的 RSSI 值，并通过蓝牙网关传送至后端数据服务器；最后，通过后端数据服务器内置的定位算法测算出终端的具体位置。网络侧定位主要用于人员跟踪定位、资产定位和客流分析等情况。

终端侧定位系统由蓝牙终端设备和蓝牙信标节点组成。其定位原理与网络侧定位大同小异。首先，需要在待定位区域内铺设蓝牙信标节点，蓝牙信标节点不断地向周围广播信号和数据包；其次，当蓝牙终端设备进入信标信号覆盖的范围时，测出其在不同基站下的 RSSI 值；最后，通过蓝牙终端设备内置的定位算法测算出具体位置。终端侧定位一般用于室内定位导航、精准位置营销等用户终端。

蓝牙定位的优点在于实现简单，定位精度和蓝牙信标节点的铺设密度与发射功率有着密切关系，且功耗低，可通过深度睡眠、免连接等方式达到省电的目的。其缺点是需要额外部署大量蓝牙信标节点，而这些节点往往不属于室内常规基础电信设施。

4. 惯性导航技术

惯性导航技术是一种纯终端侧的定位导航技术，主要利用移动终端所使用的惯性测量单元（Inertial Measurement Unit，IMU）传感器采集运动数据，如利用加速度传感器、陀螺仪等测量物体的速度、方向、加速度等信息，基于步行者航位推测（Pedestrian Dead Reckoning，PDR）法经过各种运算得到移动终端的位置信息。然而，随着运动时间的增加，惯性导航定位的误差会不断累积，需要外界更高精度的数据源对其进行校准。因此，在室内定位导航中，惯性导航技术一般会和其他室内定位技术结合，每过一段时间与其他室内定位技术获取的位置进行比对，以此对产生的误差进行修正。

惯性导航技术的经典算法——PDR 算法主要通过对步行者行走的步数、步长、方向进行测量和统计，并推算步行者的行走轨迹和位置等信息。该算法主要在定位信号源环境下使用 IMU 感知步行者在行进过程中的加速度、角速度、磁力和压力等数据，并利用这些数据对步行者进行步长与方向的推算，从而达到对步行者进行定位跟踪的目的，其中主要涉及的过程有步态检测、步长和方向计算。

5. 超声波定位技术

超声波定位大多采用反射式测距法来实现。超声波定位系统由一个主测距器和若干个电子标签组成。主测距器可放置在移动物体上，各个电子标签放置在室内空间的固定位置。在定位时，由上位机发送同频率的信号给各个电子标签，电子标签接收到信号后反射传输给主测距器，从而可以确定各个电子标签到主测距器的距离，并得到定位坐标。目前，比较流行的基于超声波的室内定位技术有两种：一种是将超声波与射频技术相结合进行定位的技术；另一种是多超声波定位技术。对于将超声波与射频技术相结合进行定位，由于射频信号传输速率接近光速，因此可以利用射频信号先激活电子标签，然后使其接收超声波信号，利用 TDOA 方法测距。这种技术成本低、功耗小、精度高。对于多超声波定位技术，可在移动物体上的 4 个方向安装 4 个超声波传感器，将待定位区域分区，并由超声波传感器测距形成坐标。超声波定位技术的优点是精度可达厘米级，定位精度比较高；缺点是超声波在传输过程中衰减明显，从而影响其定位的有效范围。

6. 地磁室内定位技术

地球本身是一个巨大的磁体，在地理南、北极之间形成一个基本的磁场。但这种磁场会受到金属物质的干扰，尤其在穿过钢筋混凝土结构的建筑物时，原有磁场被建筑物内金属物质干扰而发生扭曲，使建筑物内形成一个独特的有规律的室内磁场。当建筑物内金属物质不发生结构性变化时，室内磁场也固定不变。地磁室内定位技术通过采集这种室内磁场的规律特征，利用地磁传感器收集室内磁场数据，辨认室内环境中不同位置的磁场信号强度差异，从而确认空间的相对位置。理论上，不同位置的磁场强度的差异非常微小，普通工具无法探测。但这种被建筑物内金属物质改变后的室内磁场，恰恰增大了磁场差异性，使获取室内磁场数据变得更有意义，间接地提高了定位的精度。因此，终端设备在获取其区域内的磁场特征后，将匹配地磁定位系统中的磁场数据库，完成较为精确的定位。

7. SLAM 技术

SLAM 技术通常是指在机器人或其他载体上通过对各种传感器数据进行采集和计算，生成对其自身位置姿态的定位和场景地图信息的系统。SLAM 技术对机器人或其他智能体的行动和交互能力至关重要，因为它代表了这种能力的基础，使机器人或其他智能体知道自己在哪里、周围环境如何，进而知道下一步该如何自主行动。SLAM 技术在自动驾驶、服务型机器人、无人机、增强现实、虚拟现实等领域有着广泛的应用，大部分拥有一定行动能力的智能体都拥有某种形式的 SLAM 系统。

SLAM 技术可根据所使用的传感器的不同分为两类：基于激光雷达的 SLAM（激光 SLAM）和基于视觉的 SLAM（Visual SLAM 或 VSLAM）。激光 SLAM 的工作原理与雷达非常相似，以激光作为信号源，激光器发射出的脉冲激光照射到周围障碍物上引起散射，一部分光波会反射到激光雷达的接收器上，根据激光测距原理计算从激光雷达到目标点的距离。脉冲激光通过不断扫描目标物体得到目标物体上全部目标点的数据，用此数据进行成像处理，得到精确的三维立体图像。激光雷达采集的物体信息呈现一系列分散的、具有准确角度和距离信息的点，将其称为点云。通常，激光 SLAM 系统通过对不同时刻两片点云的匹配与对比，计算激光雷达相对运动的距离和姿态的改变，即完成对承载激光雷达载体自身的定位。VSLAM 系统则以照相机拍摄的图片作为系统的输入。该系统首先提取照相机所拍摄的一系列图片中的图像特征，包括全局特征和局部特征。为了降低系统的复杂度并提高效率，一般需要对可以提取特征的图片进行筛选，以事先设定的时间或空间阈值作为间隔，在每个间隔范围内挑选最能代表周围环境的一幅图像，即关键帧图像。然后在关键帧图像的基础上，根据相邻两张图片的视差求取距离，或者直接利用深度照相机获取距离，并利用相邻两张图片中配对好的特征点，求解照相机的距离和姿态变化，即机器人的距离和姿态变化。最后加入一系列的优化措施，即可从一系列图片中恢复机器人的运动情况，完成机器人的自身定位。

8. 视觉定位技术

视觉定位技术也分为离线和在线两个阶段。离线阶段需要建立室内图像数据库，在线阶段需要先利用移动终端的照相机获取物体图像，然后通过计算机进行图像处理，并利用计算机视觉技术获得移动终端的位置。在视觉定位过程中，所需的基本数学原理包括本质矩阵、基本矩阵和对极几何。本质矩阵包含物理空间中两台照相机之间的旋转和平移信息。旋转和平移信息描述了一台照相机相对于另一台照相机在全局坐标系下的相对位置关系。本质矩阵是单几何意义上的，它将一台照相机观测到的点的物理坐标和另一台照相机观测到的相同点的物理坐标关联起来。基本矩阵除了包含本质矩阵的信息，即外参数，还包含两台照相机的内参数。由于基本矩阵包含这些内参数，因此它可以在像素坐标系下将两台照相机关联起来。基本矩阵将一台照相机的图像平面上的点在图像坐标系（像素）上的坐标和另一台照相机的图像平面上的点关联起来。对极几何是两幅图像之间内在的射影几何，它独立于物体结构，只依赖照相机的内参数和相对姿态。本质上，两幅图像之间的对极几何是图像平面与以基线（连接两台照相机中心的直线）为轴的平面束的交集形成的几何。

1.2 计算机视觉

1.2.1 计算机视觉简介

视觉是人类最重要的感觉之一，大部分的外界信息是通过视觉获得的。人的大脑通过对人眼获取的视觉信息进行处理，从而感知、识别、理解外在的世界。视觉是制造业、检验、文档分析、医疗诊断等民用领域和军事领域各种智能系统不可分割的一部分。计算机视觉（Computer Vision）也称为机器视觉（Machine Vision），有人把它比喻为一种“教会计算机去看世界”的技术。更形象地说，计算机视觉即用照相机和计算机代替人眼对目标进行识别、跟踪与测量，并进一步进行图形处理，使其成为更适合人眼观察或传输给仪器检测的图像。计算机视觉就好比给计算机安装了眼睛（照相机）与大脑（算法），让计算机能够感知外界真实的环境。

人们希望用计算机视觉进行接近甚至超过人类视觉的模拟，获得更丰富、更精确的外在信息。由于计算机视觉的重要性，有些国家把对计算机视觉的研究列为对经济和科学有广泛影响的重大基本问题。计算机视觉可以建立从图像或多维数据中获取信息的人工智能系统，其主要任务是通过对采集的图片或视频进行处理，获得相应场景的三维信息。这里的信息指的是香农信息，即可以用来帮助做一个决定的信息。因为感知可以看作从感官信号中提取信息，因此，计算机视觉也可以看作研究如何使人工智能系统从图像或多维数据中感知的科学。

计算机视觉在目前的挑战主要是如何为计算机和机器人开发具有与人类水平相当的视觉能力。计算机视觉需要图像信号、纹理和颜色建模、几何处理与推理，以及物体建模。一个有能力的视觉系统应该把所有处理都紧密地集成在一起。计算机视觉作为一门学科，开始于 20 世纪 60 年代初，但计算机视觉基本研究中的许多重要进展是在 20 世纪 80 年代取得的。计算机视觉用各种成像系统代替视觉器官作为输入敏感手段，由计算机代替大脑完成处理和解释。计算机视觉的最终目标是使计算机能够像人类一样通过视觉观察和理解世界，并具有自主适应环境的能力。但是，这个目标只有经过长期的努力才能达到。因此，在实现最终目标前，人们努力的中期目标是建立一个视觉系统，这个系统能够依据视觉敏感和反馈某种程度的智能来完成一定的任务。例如，计算机视觉的一个重要应用领域是自主车辆的视觉导航，目前视觉系统还不能像人类一样识别和理解任何环境，形成自主导航系统，因此，人们努力研究的目标是实现在高速公路上具有道路跟踪能力且可避免与前方车辆碰撞的视觉辅助驾驶系统。

1.2.2 计算机视觉的应用方向

除了视觉定位，计算机视觉本身还包括了诸多不同的研究方向，其中比较基础和热门的研究方向有目标检测（Object Detection）、图像语义分割（Image Semantic Segmentation）、运动跟踪（Motion and Tracking）、三维重建（3D Reconstruction）、视觉问答（Visual Question Answering，VQA）、动作识别（Action Recognition）等。

1. 目标检测

目标检测一直是计算机视觉中非常基础且重要的一个研究方向。目标检测，顾名思义就是给定一张输入图片，算法能够自动识别图片中的常见物体，并输出其所属类别和位置，如图 1-1 所示。当然，这也就衍生出了诸如人脸检测（Face Detection）、车辆检测（Vehicle Detection）等细分类的目标检测算法。

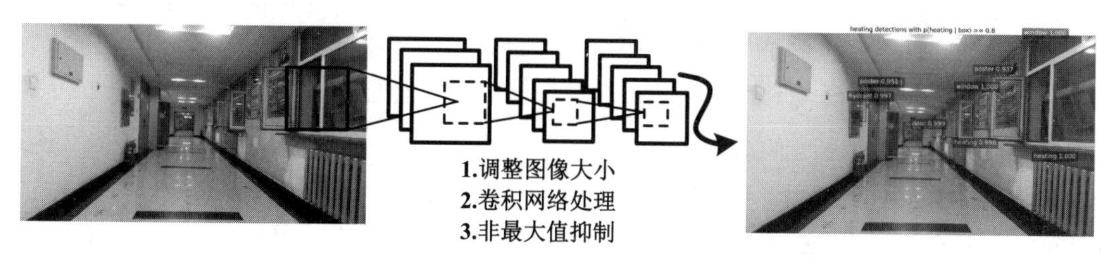

图 1-1 物体识别和目标检测示意图

2. 图像语义分割

图像语义分割从字面意思上理解就是让计算机根据图像的语义来进行分割。在语音识别领域，语义指的是语音的含义；而在图像领域，语义则指的是图像的内容，即对图片意思的理解。例如，在图 1-2 所示的图像语义分割示意图中，3 个人骑着 3 辆自行车，其中，左右两个人和自行车只露出一小部分。分割指的是从像素的角度分割出图片中的不同对象，并对原始图片中的每个像素都进行标注，如图 1-2 中的粉色代表人，绿色代表自行车。

图 1-2　图像语义分割示意图

3．运动跟踪

运动跟踪是指对图像序列中的同一个运动目标进行实时的检测、识别、提取，并最终获得运动目标的运动参数。运动跟踪可以实现对运动目标的行为理解，以完成更高一级的目标检测任务。运动跟踪算法需要从图像序列或视频中寻找被跟踪物体的位置，并适应各类光照变换、运动模糊和表观的变化等。当被跟踪物体发生了旋转、缩放等变化时，运动跟踪算法需要通过第一帧图像的建模学习很好地适应，以在后续的图像中完成连续的跟踪。然而，受限于第一帧图像的学习训练样本过少，尽管很多算法在随后的跟踪过程中会进行更新，但是仍然难以得到一个良好的运动跟踪模型。因此，当被跟踪物体的图像信息有较大变化时，对运动跟踪算法提出了巨大的挑战。

4．视觉问答

视觉问答是近年来非常热门的一个研究方向。一般来说，视觉问答系统需要将图片和问题作为输入，结合这两部分信息产生一个用人类语言表述的答案作为输出。针对一张特定的图片，如果想要机器通过自然语言处理来回答关于该图片的某一个特定问题，那么需要机器对图片的内容、问题的含义和意图，以及相关的常识有一定的理解。视觉问答的本质是一个多学科研究问题。

5．三维重建

基于视觉的三维重建是指先通过照相机获取场景物体的数据图像，经分析处理再结合计算机视觉知识，推导并呈现虚拟情境中的三维物体。三维重建的重点在于获取目标场景或物体的深度信息。在目标场景或物体的深度信息已知的条件下，经过点云数据的配准和融合即可实现目标场景或物体的三维重建。三维重建本身具有更细的划分，如航拍地形的三维重建、雕塑的三维重建等。

1.3 本书架构

本书共 5 部分，后续每部分的内容结构安排如下。

第 1 部分为图像获取，包括第 2 章和第 3 章。第 2 章介绍了关于图像的基础知识，包括常见的图像与视频格式介绍、图像的数字化，以及灰度图像、彩色图像、深度图像的相关知识。第 3 章介绍了照相机成像的相关知识，包括照相机模型、照相机内/外参数与标定，以及镜头畸变与校正。

第 2 部分为图像特征提取与匹配，包括第 4～6 章。第 4 章介绍了图像的全局特征，包括颜色特征和纹理特征。第 5 章介绍了图像的局部特征，包括 Harris 角点、FAST 特征、霍夫变换（霍夫线变换和霍夫圆变换）、SIFT 特征、SURF 特征、ORB 特征。第 6 章介绍了图像的特征点匹配优化算法，包括距离筛选算法、交叉匹配算法、KNN 算法、RANSAC 算法。

第 3 部分为视觉室内定位，包括第 7～9 章。第 7 章介绍了几何变换，这是视觉室内定位的基础知识，包括二维空间和三维空间中的变换、旋转向量等相关知识。第 8 章介绍了如何对照相机进行位置求解与估计，这是视觉室内定位的核心，主要介绍了采用对极几何约束实现室内定位的方法。第 9 章介绍了视觉室内定位的经典框架，即 SLAM，这一章对视觉室内定位进行了完整的系统方案阐述，并在最后简单介绍了几个典型的 SLAM 系统。

第 4 部分为数据库与地图建立，包括第 10～12 章。第 10 章是关于图像拼接的知识，首先介绍了图像预处理操作，然后介绍了 4 种图像拼接融合算法，包括平均值融合算法、加权平均融合算法、渐入渐出融合算法、多频段融合算法。第 11 章重点介绍了点云的相关知识，包括点云的基本数据类型、点云检索、点云滤波和点云匹配操作（ICP 算法）。第 12 章介绍了可视化建图与渲染，包括稠密建图、图形渲染和点云渲染与可视化的操作。

第 5 部分为图像语义识别，包括第 13 章和第 14 章。第 13 章介绍了图像语义的一些基本概念和两种图像标注方法。第 14 章介绍了图像语义的相关知识。

第 2 章

图像的基本概念

2.1 图像与视频

图像是对自然世界的一种客观反映。人们对图像最直观的理解是人眼所见或照相机所拍的图像。视频是由一系列与时间、空间相关的图像信息构成的集合。根据视觉暂留原理，人眼有一个动态视觉阈值，当图像之间进行连续切换的时间间隔小于这个阈值时，人眼观察到的是连续的视频。因此，视频比图像多了一个时间维度。目前，人们对图像或视频的理解一般都限定在可见光谱上。然而，在可见光谱外的图像已经被广泛应用。例如，工作在红外谱段的用于夜间监视的照相机，工作在红外谱段和电磁谱段之间频率的太赫兹成像，以及在电磁谱段之外的医学成像应用，包括磁共振（MR）、计算机断层扫描（CT）、超声等。

理论上，图像可以用函数表示。函数值对应图像中像素点的亮度，也可以表示其他物理量，如与观察点的距离、颜色等，不同的函数值对应不同的图像类型。在图像中包含与观察点的距离信息的图像即深度图像，它将图像采集器到场景中各观察点的距离（深度）作为像素值。常见的获取深度图像的图像采集器有红外结构光相机、激光雷达、多目摄像头。RGB 图像不包含与观察点的距离信息，它用红、绿、蓝（R、G、B）3 个颜色通道来表示每个像素点的函数值，即形成了人眼能够识别的颜色图像。当 R、G、B 的值相等时，即 R=G=B，图像变为灰度图像。常用的 RGB 图像格式有 GIF、PNG、BMP、JPG 等，其中，PNG、BMP、JPG 图像都是静态的，而 GIF 图像既可以是静态的，又可以是动态的。常用的视频格式有 AVI、MP4、RMVB，它们都是非实时的视频格式，而 H.264 是实时的视频格式。下面将介绍常见的图像格式和视频格式。

2.1.1 GIF

GIF（Graphics Interchange Format，图形交换格式）是由美国 CompuServe 公司于 1987 年提出的图像格式，它最初的目的是希望每个互联网使用者能够通过 GIF 文件轻易存储并交换图像数据。GIF 图像是基于颜色列表的，最多支持 8 位（256 色）。GIF 图像允许在一个文件中存放多幅彩色图像，并能够进行连续的动画展示，从而形成一个循环播放的视频。

一个 GIF 文件的结构可分为 GIF 文件头、GIF 数据流和 GIF 文件尾 3 部分，图 2-1 所示为 GIF 文件结构。

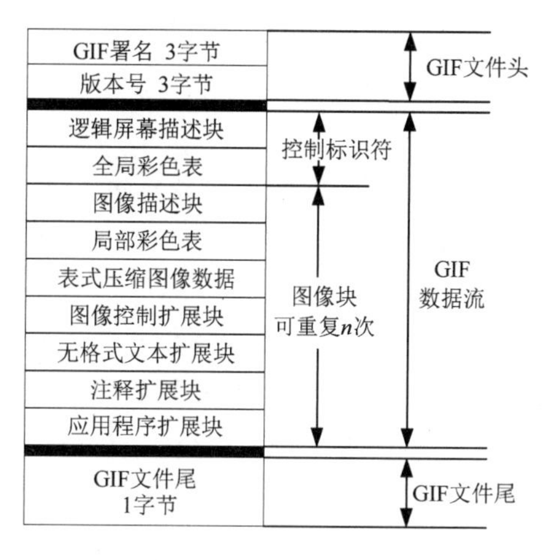

图 2-1　GIF 文件结构

GIF 文件头由 GIF 署名和版本号组成，大小为 6 字节（Byte），用来说明使用的文件格式是 GIF 格式和当前所用的版本号。其中，GIF 署名占用 3 字节，存放的是 G、I、F 3 个字母，每个字母占用 1 字节。版本号占用 3 字节，存放的是 1987 年 5 月发布的“87a”（8、7、a 3 个字符）或 1989 年 7 月发布的“89a”（8、9、a 3 个字符），或者更新的版本号。同样，每个数字或字母占用 1 字节。

GIF 数据流由控制标识符、图像块组成。

GIF 文件尾表示文件的结束，大小为 1 字节，其固定值为 0x3B。

GIF 文件以数据块为单位进行图像存储。数据块可分成 3 类，分别是控制块（Control Block）、图形描述块（Graphic-rendering Block）和专用块（Special Purpose Block）。在这些数据块中，逻辑屏幕描述块和全局彩色表的作用范围是整个数据流，除此之外，其他所有控制块仅控制跟在它们后面的图形描述块。

下面给出各种数据块的分类和作用。

（1）控制块：用来控制数据流或设置硬件参数的信息，包括 GIF 文件头、逻辑屏幕描述块、图像控制扩展块、GIF 文件尾。

（2）图形描述块：用来描绘在显示设备上显示图像的信息和数据，包括全局彩色表、图像描述块、局部彩色表、表式压缩图像数据和无格式文本扩展块。

（3）专用块：存储与图像处理无关的信息，包括注释扩展块和应用程序扩展块。

2.1.2　PNG

便携式网络图形（Portable Network Graphics，PNG）是一种无损压缩的位图图像格式。最初提出这种格式是为了替代 GIF 和 TIFF（Tag Image File Format，标签图像文件格式），同时增加一些 GIF 文件格式所不具备的特性。PNG 使用无损数据压缩算法，压缩比高，生成的文件体积小，一般应用于网页、Java 程序中。PNG 文件的结构如图 2-2 所示。

PNG文件标志 8字节	PNG数据块	……	PNG数据块

图 2-2　PNG 文件的结构

PNG 文件主要包括两部分：PNG 文件标志和多个 PNG 数据块。

PNG 文件标志是识别是否为 PNG 文件的标志，大小为 8 字节，固定值为 89-50-4E-47-0D-0A-1A-0A。

PNG 文件至少有 3 个 PNG 数据块，定义了两种数据块类型：一种是关键数据块（Critical Chunk），是标准的数据块；另一种是辅助数据块（Ancillary Chunk），是可选的数据块。关键数据块定义了 4 种标准的数据块，每个 PNG 文件都必须包含它们，PNG 读写软件也都必须支持这些数据块。表 2-1 所示为 PNG 文件中的数据块类型，并使用深色背景标记关键数据块。

表 2-1　PNG 文件中的数据块类型

数据块符号	数据块名称	是否为多数据块	是否可选	位置限制
IHDR	文件头数据块	否	否	第一块
cHRM	基色和白色点数据块	否	是	在 PLTE 和 IDAT 之前
gAMA	图像 γ 数据块	否	是	在 PLTE 和 IDAT 之前
sBIT	样本有效位数据块	否	是	在 PLTE 和 IDAT 之前
PLTE	调色板数据块	否	是	在 IDAT 之前
bKGD	背景颜色数据块	否	是	在 PLTE 之后 IDAT 之前
hIST	图像直方图数据块	否	是	在 PLTE 之后 IDAT 之前
tRNS	图像透明数据块	否	是	在 PLTE 之后 IDAT 之前
oFFs	专用公共数据块	否	是	在 IDAT 之前
pHYs	物理像素尺寸数据块	否	是	在 IDAT 之前
sCAL	专用公共数据块	否	是	在 IDAT 之前
IDAT	图像数据块	是	否	与其他 IDAT 连续
tIME	图像最后修改时间数据块	否	是	无限制
tEXt	文本信息数据块	是	是	无限制
zTXt	压缩文本数据块	是	是	无限制
fRAc	专用公共数据块	是	是	无限制
gIFg	专用公共数据块	是	是	无限制
gIFt	专用公共数据块	是	是	无限制
gIFx	专用公共数据块	是	是	无限制
IEND	图像结束数据	否	否	最后一个数据块

2.1.3　BMP

BMP（BitMap，位图）是微软 Windows 操作系统中的标准图像文件格式，能够被多种 Windows 应用程序支持。BMP 格式的特点是几乎不进行压缩，包含的图像信息丰富，但也导致了占用磁盘空间过大的问题。因此，BMP 在单机上更为流行。BMP 文件默认的文件扩展名是.BMP 或.bmp，有时也会以.DIB 或.RLE 作为扩展名。BMP 文件的数据存放格式为从下到上、从左到右，即 BMP 数据是倒置的。在读取 BMP 文件时，从最下面的数据开始读取，依次从下到上读取数据。BMP 文件的结构如图 2-3 所示。

BMP文件头 14字节	BMP信息头 40字节	调色板	BMP数据

图 2-3　BMP 文件的结构

BMP 文件主要由 4 部分构成：BMP 文件头、BMP 信息头、调色板和 BMP 数据。

1．BMP 文件头

BMP 文件头大小为 14 字节，包括以下字段。

（1）文件标识符：2 字节，必须为 BM，即 0x424D。

（2）文件大小：4 字节，表示整个 BMP 文件的大小。

（3）保留字 1：2 字节，必须设置为 0。

（4）保留字 2：2 字节，必须设置为 0。

（5）偏移量：4 字节，表示从 BMP 文件头起始位置到 BMP 数据的字节偏移量（以字节为单位）。因为 BMP 文件的调色板长度根据 BMP 格式的不同而变化，所以可以利用偏移量快速从 BMP 文件中读取图像数据。

2．BMP 信息头

BMP 信息头大小为 40 字节，包括以下字段。

（1）数据长度：4 字节，表示 BMP 信息头的数据长度。

（2）图像宽度：4 字节，以像素为单位。

（3）图像高度：4 字节，以像素为单位。图像高度的值可以指明图像是正向的还是倒向的。若该值是正数，则说明图像是倒向的，即 BMP 存储是从下到上的；若该值是负数，则说明图像是正向的，即 BMP 存储是从上到下的。大多数 BMP 是倒向存储的。

（4）图像数据平面：2 字节，表示目标设备的位面数，BMP 存储的是 RGB 数据，该值总为 1。

（5）图像像素比特数：2 字节，表示一个像素点所用的比特数。该值可为 1、4、8、16、24、32。

（6）压缩类型：4 字节，0 表示 BI_RGB，不压缩，是最常用的；1 表示 BI_RLE8，即 8bit 游程编码，只用于 8bit BMP；2 表示 BI_RLE4，即 4bit 游程编码，只用于 4bit BMP；3 表示 BI_BITFIELDS 比特域，只用于 16/32bit BMP。

（7）图像数据大小：4 字节，表示图像数据长度，图像数据信息大小=（图像宽度×图像高度×记录像素的比特）/8，单位为字节。当用 BI_RGB 格式时，设置为 0。

（8）水平分辨率：4 字节，是一个有符号整数，单位为像素/米。

（9）垂直分辨率：4 字节，是一个有符号整数，单位为像素/米。

（10）实际使用的调色板索引数：4 字节，当该值为 0 时，表示使用所有的调色板索引。

（11）重要的调色板索引数：4 字节，表示对图像显示有重要影响的颜色索引数目，当该值为 0 时，表示所有的调色板索引都重要。

3. 调色板和 BMP 数据

调色板是对灰度图像或索引图像而言的，彩色图像不需要调色板，其 BMP 信息头后紧接着 BMP 数据。1bit、4bit、8bit 图像需要使用调色板，16bit、24bit、32bit 图像不需要使用调色板，因此，调色板最多只需要 256 项，索引值为 0～255。

调色板的大小由 BMP 信息头中的图像像素比特数（biBitCount）确定。

当 biBitCount=1 时，为 2 色图像，BMP 中有 2 个调色板，每个调色板占用 4 字节，因此，2 色图像的调色板长度为 8 字节。

当 biBitCount=4 时，为 16 色图像，BMP 中有 16 个调色板，每个调色板占用 4 字节，因此，16 色图像的调色板长度为 64 字节。

当 biBitCount=8 时，为 256 色图像，BMP 位图中有 256 个调色板，每个调色板占用 4 字节，因此，256 色图像的调色板长度为 1024 字节。

当 biBitCount=16、24 或 32 时，没有调色板。调色板中每 4 字节表示一种颜色，依次代表 B（蓝色）、G（绿色）、R（红色）、alpha（透明度，32bit BMP 一般不需要透明度值）。

对于用到调色板的 BMP，BMP 数据就是该像素颜色在调色板中的索引值；对于真彩色图像，BMP 数据就是实际的 R、G、B 值。需要注意的是，BMP 数据每行的字节数必须是 4 的整数倍，否则需要补齐。

BMP 数据记录了 BMP 的每个像素值，记录顺序是在扫描行内从左到右，扫描行之间从下到上。BMP 的一个像素值所占用的字节数由 BMP 信息头中的图像像素比特数确定。当 biBitCount=1 时，8 个像素值占用 1 字节；当 biBitCount=4 时，2 个像素值占用 1 字节；当 biBitCount=8 时，1 个像素值占用 1 字节；当 biBitCount=24 时，1 个像素值占用 3 字节。

2.1.4 JPEG

JPEG 图像为静止连续色调图像，是一种常见的图像格式。它由联合图像专家组（Joint Photographic Experts Group，JPEG）开发。JPEG 文件的扩展名为.jpg 或.jpeg，它用有损压缩算法去除冗余的图像和彩色数据，在获得极高压缩比的同时展现丰富生动的图像，即可以用较小的磁盘空间得到较好的图像质量。然而，有损压缩算法将 JPEG 局限于显示格式，在每次保存为 JPEG 图像时都会丢失一些数据，因此，通常只在图像处理的最后阶段保存图像为 JPEG 格式。

JPEG 可分为标准 JPEG（Baseline JPEG）、渐进式 JPEG（Progressive JPEG）和 JPEG2000 3 类。

（1）标准 JPEG：以 24bit 存储单个光栅图像，是与平台无关的图像格式，支持最高级别的压缩。但是，这种压缩是有损耗的。在网页下载此类图像时，只能从上到下按顺序显示图像，直至图像资料全部下载完毕才能看到全貌。

（2）渐进式 JPEG：为标准 JPEG 的改良格式，支持交错式传输。在网页下载此类图像时，先呈现图像的粗略外观，再慢慢呈现完整的内容，即先传输图像的轮廓，再逐步传输数据，让图像由朦胧到清晰显示。

（3）JPEG2000：为了改进 JPEG 基于离散余弦变换压缩方式的不足，联合图像专家组提出了 JPEG2000。JPEG2000 是基于小波变换的图像压缩标准，文件的扩展名通常为.jp2。在有损压缩下，JPEG2000 的一个比较明显的优点是没有传统的 JPEG（标准 JPEG 和渐进式 JPEG）压缩中的马赛克失真效果。JPEG2000 的失真主要是模糊失真。模糊失真产生的主要原因是在编码过程中高频量一定程度的衰减。传统的 JPEG 压缩也存在模糊失真的问题。在低压缩比情况下（压缩比小于 10∶1），传统的 JPEG 图像质量有可能要比 JPEG2000 好。JPEG2000 在压缩比较高的情况下，优势才开始明显。整体来说，和传统的 JPEG 相比，JPEG2000 仍然有很大的技术优势，通常压缩性能大概可以提高 30%以上。一般在压缩比达到 100∶1 的情况下，采用 JPEG 压缩的图像已经严重失真并开始难以识别了，但采用 JPEG2000 格式的图像仍可识别。有损压缩图像质量或失真程度一般用峰值信噪比（PSNR）指标来衡量。虽然峰值信噪比不能完全反映人类视觉效果，但是它仍是一个比较流行的量化指标。传统的 JPEG 与 JPEG2000 的对比如表 2-2 所示。

表 2-2　传统的 JPEG 与 JPEG2000 的对比

对　比　项	传统的 JPEG	JPEG2000
编码	离散余弦变换	小波变换
压缩	只支持有损压缩	支持有损/无损压缩
渐进传输	是	是
感兴趣区域	不支持	支持
失真	马赛克失真	模糊失真
编码时间	短	长
支持软件	很多	较少
文件格式	JPEG、JPG、TIF	JP2、LWF

在 JPEG 文件格式中，一个字（16bit）的存储使用的是摩托罗拉格式正序存放，而不是英特尔格式的逆序存放，即一个字的高字节（高 8bit）在前，低字节（低 8bit）在后。

JPEG 文件是按段存储的，段的数量和长度并不是固定的。JPEG 文件只要包含了足够的信息就能被打开。一般来说，JPEG 文件常见的段有 8 个，分别是图像开始（Start Of Image，SOI）、图像识别信息（Application 0，APP0）、应用信息（Application *n*，APP*n*）、定义量化表（Define Quantization Table，DQT）、帧图像开始（Start Of Frame，SOF0）、定义霍夫曼表（Define Huffman Table，DHT）、扫描开始（Start Of Scan，SOS）、图像结束（End Of Image，EOI）。JPEG 文件结构如图 2-4 所示。

SOI 2字节	APP0	APP*n*	DQT	SOF0	DHT	SOS	EOI 2字节

图 2-4　JPEG 文件结构

每个段包含两部分，分别是标记码和压缩数据。段的一般结构如图 2-5 所示。

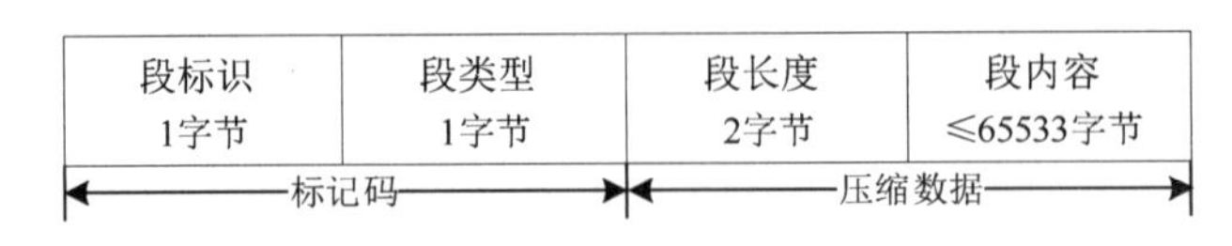

图 2-5　段的一般结构

段长度按大端序存放，高位在前，低位在后。有些段没有段长度，也没有段内容，只有段标识和段类型，如 SOI、EOI。

下面分别介绍标记码和压缩数据的含义。

（1）标记码。

标记码由 2 字节构成，第 1 字节是段标识，固定值为 0xFF，每个新段都以 0xFF 开头。第 2 字节是段类型，不同的值代表不同类型的段。例如，SOI 的标记码为 0xFFD8。段类型有 30 种，然而只有 10 种必须被所有的程序识别，其他类型都可以忽略。表 2-3 所示为常见的 8 种类型标记码。

表 2-3　常见的 8 种类型标记码

名　称	标　记　码		说　明
	段标识	段类型	
SOI	0xFF	0xD8	图像开始
APP0	0xFF	0xE0	定义交换格式和图像识别信息
APP*n*	0xFF	0xE1～0xEF	应用详细信息
DQT	0xFF	0xDB	定义量化表
SOF0	0xFF	0xC0	帧开始
DHT	0xFF	0xC4	定义霍夫曼表
SOS	0xFF	0xDA	扫描开始
EOI	0xFF	0xD9	图像结束

需要注意的是，在 JPEG 中，0xFF 具有标记的意思，因此在压缩图像数据流时，如果出现了 0xFF，则需要判断是标记码还是压缩数据。

判断方法是：如果在图像数据流中遇到 0xFF，则应该检测其紧接着的字符，根据该字符对应的以下各种情况，进行不同的处理。

① 0x00：表示 0xFF 是图像数据流的组成部分，需要进行译码。

② 0xD9：表示与 0xFF 组成标记 EOI，代表图像数据流的结束和图像文件的结束。

③ 0xD0～0xD7：组成 RST*n* 标记，需要忽视整个 RST*n* 标记，即不对当前 0xFF 和紧接着的 0xD*n* 2 字节进行译码，并按 RST 标记的规则调整译码变量。

④ 0xFF：忽略当前 0xFF，对后一个 0xFF 进行判断。

⑤ 其他数值：忽略当前 0xFF，并将此数值及其之后的数值用于译码。

（2）压缩数据。

一个完整的 2 字节标记码后面，就是该标记码对应的压缩数据，它记录了关于 JPEG 文件的若干信息。其中，紧接着标记码的 2 字节存放的是这个段的长度，包括段内容和段长度本身，但不包括段标识和段类型的长度。段内容应不大于65533字节。

下面按一般JPEG文件中常见的8个段的排列顺序介绍各段的结构。

1. SOI

SOI是JPEG文件的文件头，格式非常简单，只包括1字节的段标识0xFF和1字节的段类型0xD8，没有数据内容。

2. APP0

APP0的标记码为0xFFE0，该标记码后包含9个具体的字段。

（1）段长度：2字节，用来表示（1）到（9）的9个字段的总长度，即不包含标记码，但包含本字段。

（2）交换格式：5字节，固定值为0x4A46494600，即字符串“JFIF0”的ASCII码。通常使用JFIF的JPEG交换格式和TFIF的JPEG交换格式。

（3）版本号：2字节，前一字节为主版本号，后一字节为次版本号。固定值一般为0x0102，表示JFIF的版本号为1.2，但也可能为其他数值，表示其他版本号。

（4）密度单位：1字节，可选值，取值为0表示无单位；取值为1表示点数/英寸；取值为2表示点数/厘米。

（5）*X*方向像素密度：2字节，表示水平方向的密度。

（6）*Y*方向像素密度：2字节，表示垂直方向的密度。

（7）缩略图水平像素数：1字节。

（8）缩略图垂直像素数：1字节。

（9）缩略图RGB位图：长度是3字节的倍数，即$3\times n$字节，n为缩略图像素总数（缩略图*X*方向像素数与缩略图*Y*方向像素数的乘积），保存了一个24bit的RGB位图。通常情况下，如果没有缩略图，则字段（7）和（8）的取值均为0，且删除本字段。

3. APP*n*

APP*n*标记是一种扩展标记，用于存储与特定应用程序相关的数据。这些标记允许应用程序在JPEG文件中存储自定义信息，而不会影响图像的解码和显示。每个APP*n*标记都包含一个特定的标识符和相关的数据。*n*的取值范围为1～15，标记码为0xFFE1～0xFFEF，包含了应用详细信息。

APP1（标识符为“Exif”）：这是用于存储图像的Exif元数据的标记。Exif数据包含有关拍摄设备、拍摄参数和其他图像信息的详细信息。

APP2（标识符为“ICC_PROFILE”）：这是用于存储图像的ICC（International Color Consortium）配置文件的标记。ICC配置文件包含颜色管理信息，可用于确保图像在不同设备和软件之间的一致性显示。

APP14（标识符为“Adobe”）：这是由Adobe Systems定义的一个标记，用于存储与Adobe应用程序相关的数据。它可以包含特定于Adobe软件的信息，如色彩设置和转换参数。

除了上述常见的标记，APP*n*标记还可以根据应用程序的需求进行自定义。每个标记的数据部分的格式及含义由相关的应用程序定义和解释。总之，APP*n* 标记是 JPEG 文件中用于存储应用程序特定信息的扩展标记。它们允许应用程序在 JPEG 图像中附加自定义数据，以满足特定的应用需求。

4．DQT

JPEG 文件一般有两个 DQT，*Y* 值（亮度）和 *C* 值（色度）各定义了一个 DQT 段。DQT 的标记码为 0xFFDB，标记码后包含两个具体的字段。

（1）段长度：2 字节，表示段长度和多个量化表（QT）字段的总长度。

（2）量化表：一个 DQT 可以包含多个量化表，量化表数量最多为 4 个，每个量化表都有自己的信息字节，其中包括以下两项内容。

- 精度及量化表 ID：1 字节，高 4bit 表示精度，只有两个可选值，即 0 表示 8bit，1 表示 16bit。低 4bit 表示量化表 ID，取值范围为 0～3。
- 表项：64×(精度取值+1)字节。例如，当精度取值为 0 时，即 8bit 精度，其表项长度为 64×(0+1)=64 字节。

5．SOF0

SOF0 标记码为 0xFFC0，标记码后包含 6 个具体的字段。

（1）段长度：2 字节，（1）～（6）共 6 个字段的总长度。

（2）样本精度：1 字节，表示每个数据样本的比特数，通常是 8bit。

（3）图像高度：2 字节，表示以像素为单位的图像高度。

（4）图像宽度：2 字节，表示以像素为单位的图像宽度。

（5）颜色分量个数：1 字节，1 表示灰度图像，3 表示 YCrCb 或 YIQ 彩色图像，4 表示 CMYK 彩色图像。JPEG 通常采用 YCrCb 彩色模型，其中，Y 表示亮度，Cr 表示红色分量，Cb 表示蓝色分量。

（6）颜色分量信息：颜色分量个数×3 字节，通常为 9 字节，并依次表示如下信息。

- 颜色分量 ID：1 字节，取值为 1 表示 Y，2 表示 Cb，3 表示 Cr，4 表示 I，5 表示 Q。
- 采样系数：1 字节，高 4bit 表示水平采样因子，低 4bit 表示垂直采样因子。采样系数以水平和垂直方向的采样率表示，通常以“水平采样率乘垂直采样率”的形式表示。采样系数决定了色度分量相对于亮度分量的采样密度，从而影响了图像的颜色信息和细节。较高的采样率可以提供更好的色彩保真度，但会增加图像文件的大小。
- 量化表号：1 字节，表示当前分量使用的量化表 ID。

6．DHT

JPEG 文件里有两类霍夫曼表：一类用于 DC（直流分量）；另一类用于 AC（交流分量）。一般有 4 个霍夫曼表，即亮度 DC 霍夫曼表、亮度 AC 霍夫曼表、色度 DC 霍夫曼表、色度 AC 霍夫曼表，最多可有 6 个霍夫曼表，包括两个额外的亮度霍夫曼表和色度霍夫曼表。DHT 标记码为 0xFFC4，该标记码后包含两个具体的字段。

（1）段长度：2 字节，表示（1）～（2）两个字段的总长度。

（2）霍夫曼表（HT）：一个 DHT 可以包含多个霍夫曼表，每个霍夫曼表都有自己的信息字节，其中包含以下字段。

- 表 ID 和表类型：1 字节，高 4bit 表示表的类型，取值只有两个，即 0 表示 DC，1 表示 AC。低 4bit 表示霍夫曼表 ID。
- 霍夫曼表位表：16 字节，这 16 个数的和应该小于或等于 256。
- 霍夫曼表值表：长度为霍夫曼表位表 16 个数的和。例如，霍夫曼表位表的值为 00-01-05-01-01-01-01-01-01-00-00-00-00-00-00-00，共 16 字节，其和为 12，则霍夫曼表值表为 12 字节。

7. SOS

SOS 标记码为 0xFFDA，SOS 后紧接的是压缩的图像数据，数据存放顺序是从左到右、从上到下。SOS 标记码后包含 4 个具体的字段。

（1）段长度：2 字节。

（2）颜色分量个数：1 字节，只有 3 个可选值，1 表示灰度图像，3 表示 YCrCb 或 YIQ 彩色图像，4 表示 CMYK 彩色图像。

（3）颜色分量信息：按颜色分量个数重复出现，每个颜色分量包括以下字段。

- 颜色分量 ID：1 字节，1 表示 Y，2 表示 Cb，3 表示 Cr，4 表示 I，5 表示 Q。
- 霍夫曼表 ID：1 字节，高 4bit 表示 DC 霍夫曼表 ID；低 4bit 表示 AC 霍夫曼表 ID。

（4）压缩图像数据：3 字节，包括以下字段。

- 谱选择开始：1 字节，固定值为 0x00。
- 谱选择结束：1 字节，固定值为 0x3F。
- 谱选择：1 字节，固定值为 0x00。

8. EOI

EOI 只有 2 字节的标记码，标记码为 0xFFD9，表示 JPEG 文件的结束。

2.1.5 H.264

H.264 是由 ITU-T 视频编码专家组（Video Coding Experts Group，VCEG）和 ISO/IEC 动态图像专家组（Moving Picture Experts Group，MPEG）组成的联合视频组（Joint Video Team，JVT）提出的高度压缩数字视频编/解码器标准，同时是 MPEG-4 第 10 部分。这个标准通常被称为 H.264/AVC，也被称为 H.264/MPEG-4 AVC，这个名称很明确地说明了 H.264 两方面的开发者。

在 MPEG 中定义了 3 种帧类型：帧内帧 I 帧、预测帧 P 帧，以及向前、向后或双向预测帧 B 帧。其中，I 帧压缩效率最低，P 帧压缩效率较高，B 帧压缩效率最高。GOP（Group of Pictures）指的是一组相关帧的序列，其中包括 3 种类型的帧：I 帧、P 帧和 B 帧。

I 帧通常是每个 GOP 的第一个帧，经过适度的压缩，作为随机访问的参考点。每个 GOP 中有且只有一个 I 帧，多个 P 帧或 B 帧，因此，两个 I 帧之间的帧数即一个 GOP。I 帧的压缩方法是帧内压缩法（P 帧、B 帧为帧间压缩方法），也称为关键帧压缩法。I 帧压缩基于离散余弦变换的压缩技术，这种压缩算法与 JPEG 压缩算法类似。采用 I 帧压缩可达到 6∶1 的压缩比，并且无明显的压缩痕迹。

P 帧通过充分降低图像序列中前面已编码帧的时间冗余信息来压缩传输数据量的编码图像，P 帧由在它前面的 P 帧或 I 帧预测而来。它与它前面的 P 帧或 I 帧比较其中相同的信息或数据，即考虑运动的特性进行帧间压缩。P 帧的压缩方法是根据本帧与相邻的前一帧（I 帧或 P 帧）的不同点压缩本帧数据。采取 P 帧和 I 帧联合压缩的方法能够实现更高的压缩比，并且无明显的压缩痕迹。

B 帧通过考虑源图像序列前面已编码帧和源图像序列后面已编码帧之间的时间冗余信息来压缩传输数据量的编码图像。B 帧的压缩方法是双向预测的帧间压缩方法。当把一帧压缩成 B 帧时，根据相邻的前一帧、本帧和后一帧数据的不同点来压缩本帧，记录本帧与前一帧和后一帧的差值。只有采用 B 帧压缩，才能达到 200∶1 的高压缩比。

2.2 图像的数学表征

2.2.1 图像基本模型

由前面内容可知，图像可以用函数来表示。假设一幅图像被定义为一个二维函数 $I(x,y)$，其中，(x,y) 是空间二维平面坐标，在任何一个空间坐标 (x,y) 处的函数幅值 $I(x,y)$ 称为图像在该点处的强度、亮度或灰度。当 x 、y 和 $I(x,y)$ 是有限的离散数值时，该图像称为数字图像。数字图像是由有限数量的元素组成的，每个元素都有一个特定的位置 (x,y) 和幅值 $I(x,y)$，这些元素称为图像元素或像素（Pixel）。

$I(x,y)$ 是一个正的标量，其强度值正比于物理源（电磁波）所辐射的能量。因此，$I(x,y)$ 具有非零性和有限性，即

$$0<I(x,y)<\infty \tag{2-1}$$

$I(x,y)$ 可由两个分量来表征：一是入射到被观察场景的光照总量；二是场景中物体所反射的光照总量。这两个分量分别称为入射分量和反射分量，且分别表示为 $i(x,y)$ 和 $r(x,y)$，因此，这两个分量相乘就可以得到 $I(x,y)$，即

$$I(x,y)=i(x,y)r(x,y) \tag{2-2}$$

式中：

$$0<i(x,y)<\infty \tag{2-3}$$

$$0<r(x,y)<1 \tag{2-4}$$

式（2-4）指出，反射分量限制在 0（全吸收）和 1（全反射）之间。$i(x,y)$ 的性质取决于照射光源，而 $r(x,y)$ 的性质取决于成像物体的特征。这种表示方式还可用于照射光通过一个媒体形成图像的情况，如胸透 X 射线图片，用透射系数代替反射系数，其余不变。

2.2.2 图像数字化

为了用计算机存储、处理图像，我们必须用合适的离散数据结构来表示图像，如采用矩阵的形式，因此，图像就需要进行数字化。图像的数字化过程一般包含两部分：采样和量化。假设图像采集器所获取的图像是平面上两个坐标的函数 $I(x,y)$，采样是指将 $I(x,y)$ 采样为一个 M 行 N 列的矩阵，即对坐标 x 和 y 进行数字化；而量化则是指将 $I(x,y)$ 的幅值划分为 k 个区间，为每个区间赋予一个整数数字，即对 $I(x,y)$ 的幅值进行量化。采样及量化越精细（M、N、k 越大），$I(x,y)$ 对原始图像的近似就越好。

1. 采样

图像采样有两个问题：一是确定采样的间隔，即相邻采样图像点的距离；二是设置采样点的几何排列，即采样栅格。一幅图像在采样点处被数字化，这些采样点是在平面上有规则排列的，称它们的几何关系为栅格。因此，数字图像就成为一个数据结构，通常是矩阵。在此需要注意栅格与光栅的区别，光栅是指在点之间定义了相邻关系的栅格。在实际应用中，栅格通常是方形的或是正六边形的，如图 2-6 所示。

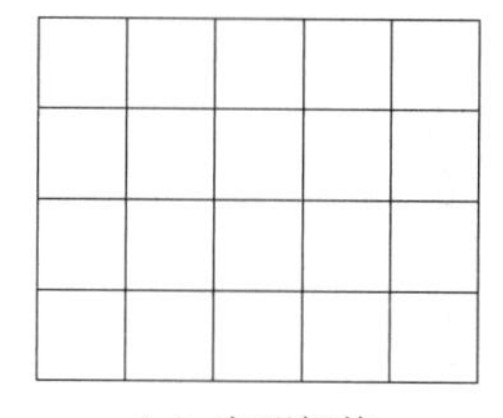

（a）方形栅格

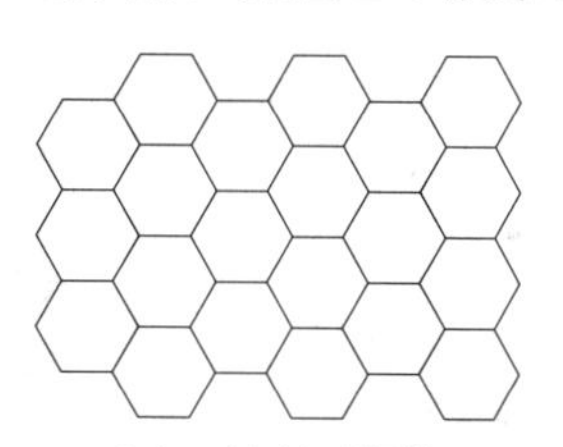

（b）正六边形栅格

图 2-6 栅格示意图

栅格中一个无限小的采样点对应于数字图像中的一个像素，称为图像元素、像元（Image Element），整幅图像被全体像素覆盖，这个定义与前面的定义实质上是一样的。实际的数字转换器捕捉的像素具有有限的尺寸，这是因为采样函数不是一组理想的狄拉克冲击，而是一组有限冲击。从图像分析的角度看，像素是不能再分割的一个单位，通常也用一个“点”来表示一个像素。

2. 量化

在图像处理中，采样的图像数值用一个数字来表示。量化是将图像函数 $I(x,y)$ 的连续数值（亮度值）转变为其数字等价量的过程。为了使人们能够察觉图像的细致变化，量化级别要足够高。大部分数字图像处理都采用 k 个等间隔区间的量化方式。如果用 b bit 表示像素的亮度值，那么亮度级别是 $k=2^b$。通常采用每个像素每个通道 8bit 的表示方式，也有一些系统使用其他表示方式，如 16bit。对于数字图像，每个像素的亮度值在计算机中的有效表示一般需要 8bit、4bit 或 1bit，即计算机存储的每字节相应地可以存储 1、2、8 个像素的亮度值。

当量化级别不够时，图像会出现伪轮廓（False Contours）问题。当亮度级别小于人眼能够分辨的量化级别时，也会出现伪轮廓问题。量化级别与许多因素有关，如平均的局部亮度值，通常在显示时需要最少 100 级才能避免出现伪轮廓问题。伪轮廓问题可以通过非等间隔的量化策略来解决，具体的方法是对图像中较少出现的亮度值用比较大的量化间隔。

2.2.3 数字图像表示

根据 2.2.2 节的内容，通过采样和量化可以把连续图像函数转换为数字图像。假设我们把一个连续图像采样为一个二维矩阵 $\boldsymbol{I}(x,y)$，该矩阵包含 M 行和 N 列，其中，(x,y) 是二维离散坐标。我们对这些离散坐标使用整数值，即 $x=0,1,2,\cdots,M-1$ 和 $y=0,1,2,\cdots,N-1$。这样，数字图像在原点处的值是 $I(0,0)$，第 1 行中下一个坐标处的值是 $I(0,1)$。这里，符号 $(0,1)$ 表示第 1 行的第 2 个样本，它并不意味着对图像采样时的物理坐标值。通常，图像在任何坐标 (x,y) 处的值记为 $I(x,y)$，其中，x 和 y 都是整数。由一幅图像的坐标构成的实平面部分称为空间域，x 和 y 称为空间变量或空间坐标。

通常表示图像的方法有 3 种，如图 2-7 所示。

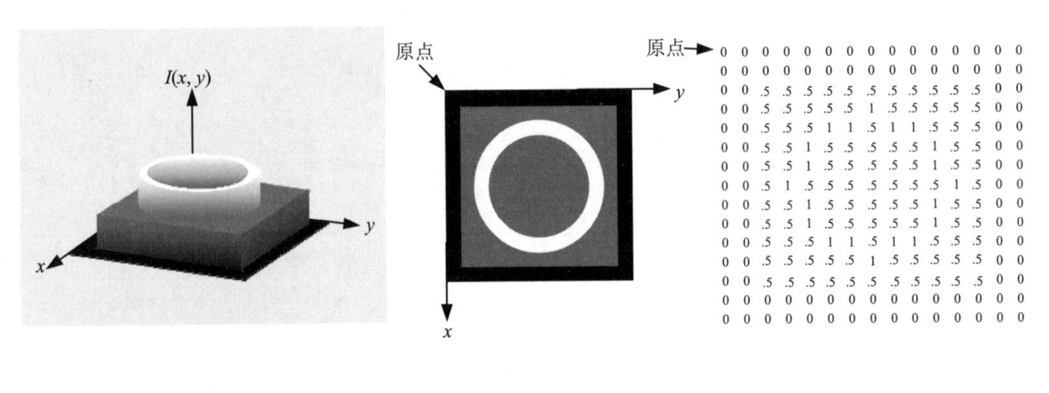

（a）函数图表示　（b）图像直接表示　（c）矩阵表示

图 2-7　表示图像的 3 种方法

第 1 种方法是函数图表示，如图 2-7（a）所示，用两个坐标轴 x、y 决定空间位置，第 3 个坐标轴是灰度值 $I(x,y)$。通常，复杂图像的细节太多，用函数图很难解释图像的结构。但是，当用三维坐标 (x,y,I) 的形式表示灰度值时，这种表示是很有用的。

第 2 种方法是图像直接表示，如图 2-7（b）所示。它显示了 $I(x,y)$ 出现在显示器或图片上的情况。该情况下每个点的灰度值与该点处的 $I(x,y)$ 的值成正比。图 2-7（b）中仅有 3 个等间隔的灰度值。如果灰度值被归一化到区间 $[0,1]$，那么图 2-7（b）中每个点的灰度值都只有 0、0.5、1 三种情况。

第 3 种方法是矩阵表示，即将 $\boldsymbol{I}(x,y)$ 的值简单地显示为一个矩阵，如图 2-7（c）所示。在这个例子中，矩阵 $\boldsymbol{I}(x,y)$ 的大小为 600×600，即 360000 个数字。打印整个矩阵是很麻烦的，且传达的信息并不直观，但是，在算法开发中对图像进行分析处理时用矩阵表示很有用。

以上 3 种表示方法的原点都位于左上角，其中，正 x 轴向下延伸，正 y 轴向右延伸。这种表示主要基于图像显示的方式，即大多数图像显示都从左上角开始，然后一次向下移动一行。更重要的是，矩阵的第 1 个元素按惯例应该在阵列的左上角，因此，原点选择在左上角在数学上是讲得通的。这种表示也是基于标准的右手笛卡儿坐标系的。

在这 3 种表示方法中，后两种是最有用的。图像显示有利于快速观察结果，数值矩阵有利于处理分析和算法开发。将一个 $M \times N$ 的数值矩阵表示为

$$\boldsymbol{I}(x,y)=\begin{bmatrix} I(0,0) & I(0,1) & \cdots & I(0,N-1) \\ I(1,0) & I(1,1) & \cdots & I(1,N-1) \\ \vdots & \vdots & & \vdots \\ I(M-1,0) & I(M-1,1) & \cdots & I(M-1,N-1) \end{bmatrix} \tag{2-5}$$

式（2-5）的两边以等效的方式定量地表达了一幅数字图像。右边是一个实数矩阵，该矩阵中的每个元素 $I(i,j)$ 为像素。在某些情况下，使用传统的矩阵表示法来表示数字图像及其像素更为方便，即

$$\boldsymbol{A}=\begin{bmatrix} a_{0,0} & a_{0,1} & \cdots & a_{0,N-1} \\ a_{1,0} & a_{1,1} & \cdots & a_{1,N-1} \\ \vdots & \vdots & & \vdots \\ a_{M-1,0} & a_{M-1,1} & \cdots & a_{M-1,N-1} \end{bmatrix} \tag{2-6}$$

式中，显然有 $a_{i,j}=I(x=i,y=j)=I(i,j)$，因此，式（2-5）和式（2-6）是相同的矩阵。

2.3 数字图像性质

2.3.1 距离度量与距离变换

一般来说，一幅数字图像可以被认为是由有限大小的像素组成的，像素反映图像特定位置处的亮度信息。通常，像素按照矩形采样栅格布置。我们用二维矩阵来表示这样的数字图像，矩阵的元素是自然数，对应于亮度范围的量化级别。假设有来自数字图像 $I(x,y)$ 的 3 个像素 p、q、r，如果函数 D 作用于这 3 个像素后能够满足以下 3 个条件，则该函数 D 可以被认为是一种距离度量或度量。

（1）同一性：$D(p,q)\geqslant 0$，当且仅当 $p=q$ 时，$D(p,q)=0$。

（2）对称性：$D(p,q)=D(q,p)$。

（3）三角不等式：$D(p,r)\leqslant D(p,q)+D(q,r)$。

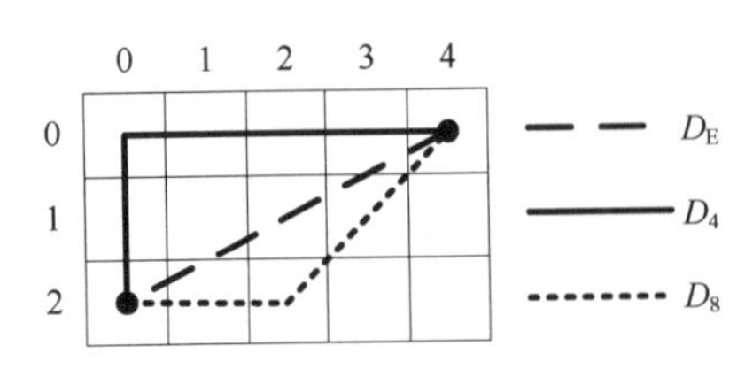

图 2-8　距离度量的 3 种形式

一般来说，对于两个像素坐标(i,j)和(h,k)之间的距离度量，可以有以下 3 种形式：欧氏距离（Euclidean Distance）D_E、城市街区（City Block）距离D_4、棋盘（Chessboard）距离D_8，如图 2-8 所示。

在经典几何学中，D_E定义为

$$D_E\left[(i,j),(h,k)\right]=\sqrt{(i-h)^2+(j-k)^2} \tag{2-7}$$

欧氏距离的优点是直观，缺点则是平方根的计算复杂度较高，并且其值不是整数。

两个像素点之间的距离也可以表示为在数字栅格上从起点移动至终点所需的最少步数。如果只允许横向和纵向移动，则这个距离就是D_4。由于这种移动方式类似于在具有栅格状街道和封闭房子块的城市中两个位置间的移动，因此D_4也称为城市街区距离，其定义为

$$D_4\left[(i,j),(h,k)\right]=|i-h|+|j-k| \tag{2-8}$$

如果在数字栅格中允许对角线方向的移动，则这个距离就是D_8，常称为棋盘距离。D_8等于国际象棋中国王在棋盘上从一处移动至另一处所需的步数，即以这两点为一条对角线的矩形较长的那条边，其定义为

$$D_8\left[(i,j),(h,k)\right]=\max\left\{|i-h|,|j-k|\right\} \tag{2-9}$$

距离变换也称为距离函数、斜切算法或简单斜切，它是距离概念的一个简单应用。距离变换提供了像素与某个图像子集（可能表示物体或某些特征）的距离。所产生的图像在该子集元素位置处的像素为 0，距离图像子集近的像素具有较小的值，而距离图像子集远的像素具有较大的值。

考虑一幅二值图像，其中，1 表示物体，0 表示背景。定义该图像的每个像素到最近物体的距离为D_4距离变换。物体内部的像素的距离变换等于 0。距离变换示意图如图 2-9 所示，其中，输入图像如图 2-9（a）所示，D_4距离变换结果如图 2-9（b）所示。

0	0	0	0	0	0	0	0
0	1	1	0	0	1	0	0
0	1	0	0	1	0	1	0
0	1	0	0	0	0	1	0
0	1	1	0	0	0	1	0
0	0	0	0	1	1	0	0
0	0	0	1	0	0	0	0
0	0	0	0	0	0	0	0

（a）输入图像

2	1	1	2	2	1	2	3
1	0	0	1	1	0	1	2
1	0	1	1	0	1	0	1
1	0	1	2	1	1	0	1
1	0	0	1	1	1	0	1
2	1	1	1	0	0	1	2
3	2	1	0	1	1	2	3
4	3	2	1	2	2	3	4

（b）D_4距离变换结果

图 2-9　距离变换示意图

对于距离度量D_4和D_8，有学者提出了一个计算距离变换的两遍算法。它的思想是

用一个小的局部掩膜遍历图像。第一遍计算从左上角开始，先水平从左到右直至图像边界，然后返回下一行开始处继续。第二遍计算从右下角开始，使用一个不一样的掩膜从右到左、从下到上进行遍历。该算法有效性源于以波浪状的方式传播前一步勘测的数值，掩膜示意图如图 2-10 所示。

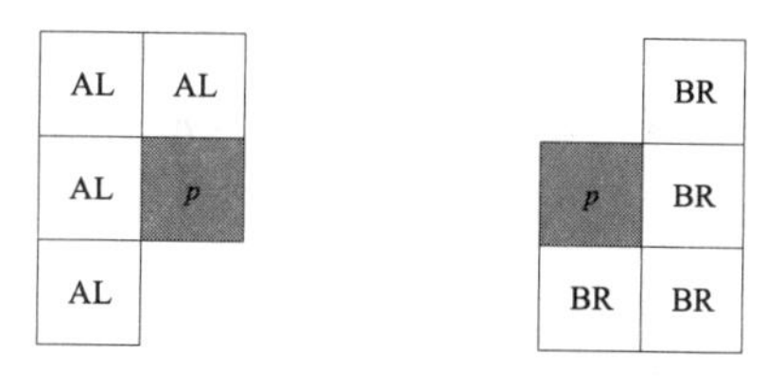

图 2-10　掩膜示意图

在图 2-10 中，像素 p 位于中心，左侧的邻域用于第一遍计算（从上到下，从左到右），右侧的邻域用于第二遍计算（从下到上，从右到左）。

两遍算法的步骤如下。

（1）按照一种距离度量 D（D 是 D_4 或 D_8），对大小为 $M\times N$ 的图像的一个子集 S 计算距离变换，建立一个 $M\times N$ 的数组 F 并进行初始化。子集 S 中的像素置为 0，其他像素置为∞。

（2）按行遍历图像，从上到下，从左到右，对于上方和左面的邻接像素（图 2-10 所示的 AL 集合），设 $F(p)=\min\limits_{q\in \mathrm{AL}}\left[F(p),D(p,q)+F(q)\right]$。

（3）按行遍历图像，从下到上，从右到左，对于下方和右面的邻接像素（图 2-10 所示的 BR 集合），设 $F(p)=\min\limits_{q\in \mathrm{BR}}\left[F(p),D(p,q)+F(q)\right]$。

（4）数组 F 中得到的是子集 S 的斜切。

两遍算法在图像边界处需要做出调整，因为在边界处，掩膜不能全部覆盖图像，这时可以将掩膜中没有对应像素的位置的值当作 0 来处理。

2.3.2　像素邻接性和区域性质

像素邻接性（Adjacency）是数字图像中的一个重要概念。如果任意两个像素之间的距离 $D_4(p,q)=1$，则称彼此是 4-邻接的。类似地，如果任意两个像素之间的距离 $D_8(p,q)=1$，则称彼此是 8-邻接的。中间灰色像素的邻接性如图 2-11 所示。

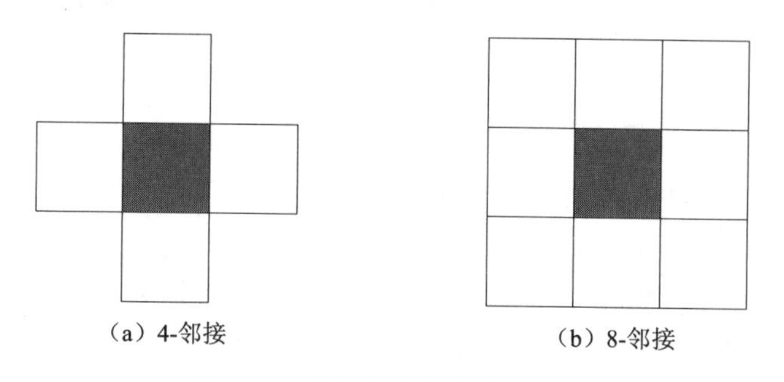

图 2-11　中间灰色像素的邻接性

由一些彼此邻接的像素组成的重要集合称为区域（在集合论中，区域是一个连通集）。如果定义从像素 p 到 q 的路径为一个点序列 $A_1, A_2, \cdots, A_n$，其中，$A_1 = p$，$A_n = q$，且 A_{i+1} 是 A_i 的邻接点，$i = 1, 2, \cdots, n-1$，那么区域是指这些点序列的集合，其中，任意两个像素之间都存在完全属于该集合的路径。

如果两个像素之间存在一条路径，那么这些像素就是连通的。因此，可以说区域是彼此连通的像素的集合。连通关系是自反的、对称的、传递的，因此，它定义了集合（图像）的一个分解，即等价类（区域）。如图 2-12 所示，一幅二值图像按照连通关系分解为 3 个区域。

图 2-12　图像连通性示意图

假设 R_i 是连通关系产生的不相交的区域，为了避免特殊情况，进一步假设这些区域与图像边界不接触。设区域 R 是所有这些区域 R_i 的并集，R^C 是 R 相对于图像的补集合。我们称包含图像边界的 R^C 的连通子集合为背景，称 R^C 的其他部分为孔。如果区域中没有孔，则该区域称为简单连通区域。等价地，简单连通区域的补集合是连通的，有孔的区域称为复连通。我们常称图像中的一些区域为物体。

一个区域是凸（Convex）的是指区域内的任意两点连成一条线段，这条线段完整地在区域内，如图 2-13（a）所示。区域的凸性将所有区域划分为两个等价类：凸的和非凸的。一个区域的凸包（Convex Hull）是指包含输入区域（可能是非凸的）的一个最小凸区域。图 2-13（b）所示为一个形状类似于字母 B 的物体，这个物体的凸包如图 2-13（b）的右半部分所示。

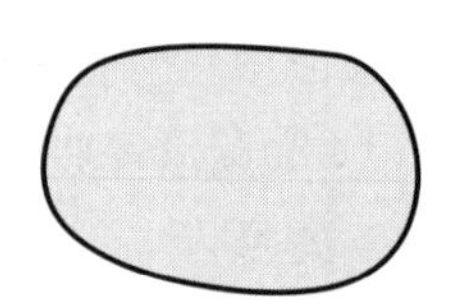

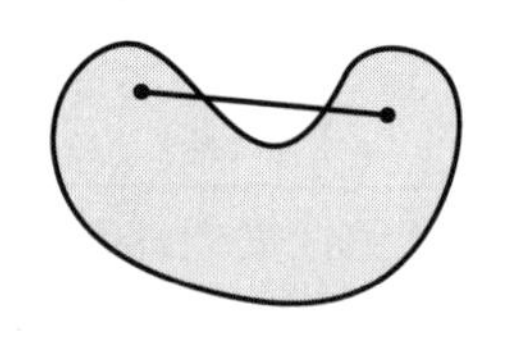

（a）区域的凸（左）和非凸（右）

（b）区域的凸包

图 2-13　区域的凸性和凸包

一个区域的边缘（Edge）和边界（Border）也是数字图像中的重要概念。边缘是一个像素和其邻接邻域的局部性质，是一个具有大小和方向的向量。边缘表明在一个像素的小邻域内图像亮度变化的快慢，边缘计算的对象是具有很多亮度级别的图像，计算边缘的方式是计算图像函数的梯度。边缘的方向与梯度的方向垂直，梯度的方向指向函数增长的方向。

区域的边界是它自身的一个像素集合，其中的每个像素具有一个或更多个区域外的邻接点。该定义与人们对边界的直观理解相对应，即边界是区域的边界点的集合，称这类边界为内部边界。外部边界是区域的背景（区域的补集合）的边界。内部边界和外部边界如图 2-14 所示，其中，白色圆点表示内部边界，黑色方格表示外部边界。

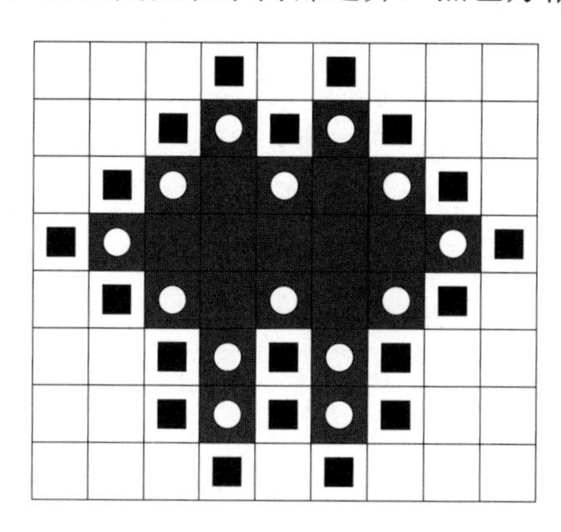

图 2-14　内部边界和外部边界

边缘与边界虽然相关，但它们不是同一个概念，边缘只表示图像函数的局部性质，而边界是与区域有关的全局概念。

定义在方形栅格上的邻接性和连通性会产生一些悖论，如图 2-15 所示。

图 2-15（a）给出了 4 条 45°的数字直线。一种悖论是，如果使用 4-邻接，则直线上的点都是不连通的。其中，显示了一种与直线性质的直觉理解相矛盾的更糟糕的情况：两条相互垂直的直线在一种情况下（左边）的确相交，但在另一种情况下（右边）不相交，这是因为它们根本没有任何共同点，即它们的交集为空集。

另一种悖论是，在欧氏几何学中，每个封闭曲线将平面分割成两个不连通区域。如果图像数字化为一个 8-邻接的方形栅格，则可以从封闭曲线的内部到其外部画一条线但不与该曲线相交，如图 2-15（b）所示。这意味着曲线的内部和外部构成一个区域，这是因为线上的所有点都属于一个区域。

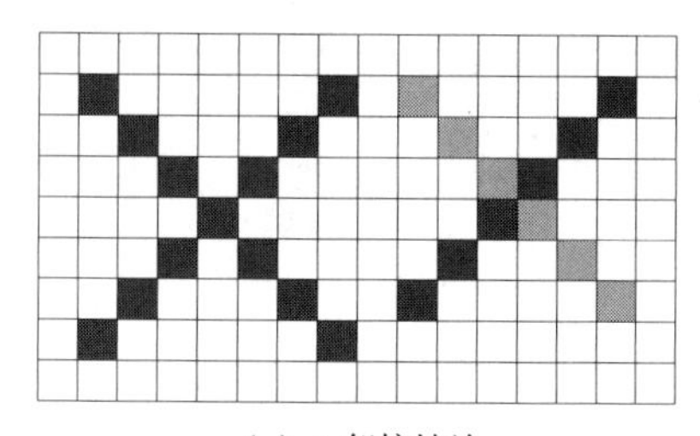

（a）4-邻接悖论

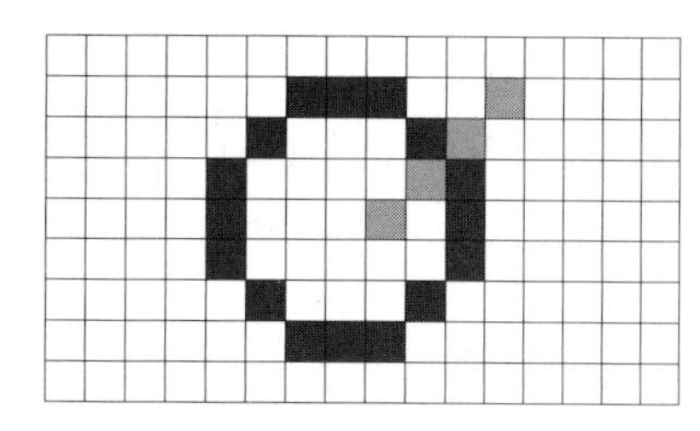

（b）8-邻接悖论

图 2-15　交叉直线悖论

对于方形栅格，这些悖论是很典型的。但是，对于六边形栅格，很多问题就不存在了，因为六边形栅格中的任何点与其 6 个邻接点的距离都是相同的。但是，六边形栅格很难用傅里叶变换表示，为了简单和易于处理，多数数字化转换器使用方形栅格。解决邻接性和连通性悖论的一种方法是对物体使用 4-邻接处理，而对背景使用 8-邻接处理（或反过来）；另一种方法是使用基于单元复合的离散拓扑。

2.3.3 拓扑性质

不同于上述几个基于距离的性质，数字图像的拓扑性质不是基于距离概念的，它对于 Homeomorphic 变换具有不变性。对图像而言，Homeomorphic 变换可以解释为橡皮面变换（Rubber Sheet Transformations）。以在一个表面上绘制了物体的小橡皮球为例，物体的拓扑性质是指在橡皮表面任意伸展时都具有不变性的那部分性质。伸展不会改变物体各部分的连通性，也不会改变区域中孔的数目。区域的拓扑性质用于描述对小变化具有不变性质的定性性质，如凸性的性质。严格来说，一个任意的 Homeomorphic 变换可以将凸区域变为非凸区域，反之亦然。

非规则形状的物体可以用一组它的拓扑分量来表示。凸包中非物体的部分称为凸损（Deficit of Convexity），它可以分解为两个子集：完全被物体包围的湖（Lakes）和与物体凸包的边界连通的海湾（Bays）。

2.4 彩色图像

2.4.1 彩色基础

人类和某些动物感知一个物体的颜色是由物体反射光的性质决定的。光的特性是彩色科学的核心。如果光是无色的（缺乏颜色），那么它的属性仅仅只是亮度或数值。无色光是观察者在黑白电视上看到的光，而灰度仅提供了一个亮度的标量度量，它的范围是从黑色到灰色最终到白色。

对于一个物体反射的光，如果在所有可见光波长范围内是平衡的，那么对观察者来说，这个物体显示为白色。然而，如果一个物体反射有限的可见光谱，那么这个物体将呈现某种颜色。例如，绿色物体主要反射波长范围为 500～570nm 的光，吸收其他波长光的多数能量。

人眼中的锥状细胞是负责彩色视觉的传感器，可分为 3 类，分别对应红色、绿色和蓝色。大约 65%的锥状细胞对红色光敏感，33%对绿色光敏感，只有 2%对蓝色光敏感。图 2-16 所示为人眼中红色、绿色和蓝色锥状细胞对可见光的吸收曲线。

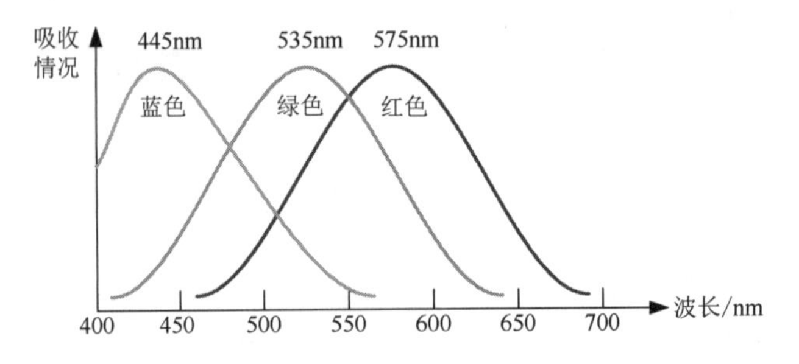

图 2-16　人眼中红色、绿色、蓝色锥状细胞对可见光的吸收曲线

根据人眼对光的吸收特性，人们所看到的彩色就是红（R）、绿（G）、蓝（B）三原色的各种组合。国际照明委员会于 1931 年对三原色波长值进行了标准化，即红色光波长为 700nm，绿色光波长为 546.1nm，蓝色光波长为 435.8nm。应该注意的是，原色并不意味着 3 个固定的标准化 R、G、B 分量单独作用就能产生所有光谱，3 个固定标准原色以各种强度比混合在一起时可以产生所有可见彩色的这一说法是错误的，只有波长允许变化，才能产生所有可见彩色，而在这种情况下将不再有 3 个固定的标准原色。

原色相加可以产生二次色，如红色加蓝色产生深红色，绿色加蓝色产生青色，红色加绿色产生黄色，如图 2-17 所示。需要注意的是，颜料的原色与光的原色有所区别，颜料的原色定义为减去或吸收光的一种原色，并反射或传输另外两种原色，因此，颜料的原色和二次色与光相反。

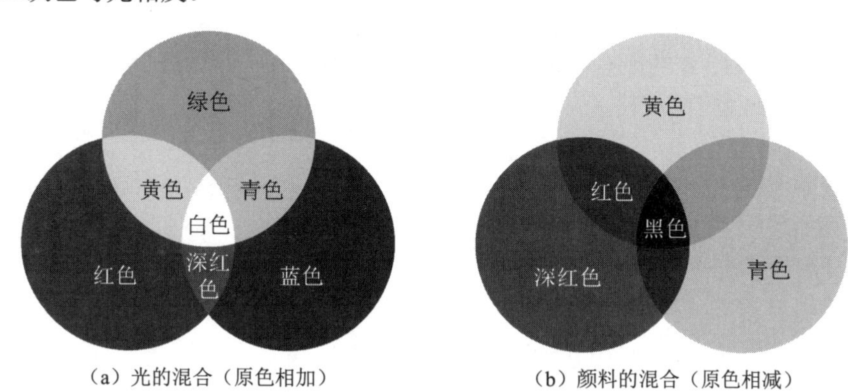

图 2-17　光和颜料的原色与二次色

通常用于区别不同颜色特性的是亮度、色调和饱和度。亮度表示无色的强度概念。色调指的是光波混合中与主波长有关的属性，表示观察者感知的主要颜色。当我们说一个物体为橙色时，指的是其色调。饱和度指的是相对纯净度，或者说一种颜色混合白光的数量。纯谱色是全饱和的，但是，如深红色（红色加蓝色）和淡紫色（紫色加白色）这样的彩色是欠饱和的。饱和度与所混合白光的数量成反比。色调和饱和度一起称为色度，因此，颜色可用其亮度和色度来表征。形成任何特殊彩色的红色、绿色、蓝色的数量称为三色值，并分别表示为 R、G、B。这样，一种颜色可由其三色值定义为

$$\begin{cases} r = \dfrac{R}{R+G+B} \\ g = \dfrac{G}{R+G+B} \\ b = \dfrac{B}{R+G+B} \end{cases} \tag{2-10}$$

由式（2-10）可得

$$r + g + b = 1 \tag{2-11}$$

2.4.2 RGB 彩色模型

RGB 彩色模型（彩色空间或彩色系统）是指在某些标准下用通常可以接受的方式方便地对彩色加以说明。本质上，RGB 彩色模型是坐标系统和彩色子空间的说明，其中，位于坐标系统中的每种颜色都由单个点来表示。

在 RGB 彩色模型中，每种颜色出现在红色、绿色、蓝色的原色光谱中。该模型基于笛卡儿坐标系，所考虑的彩色子空间是图 2-18 所示的 RGB 彩色立方体，图中 RGB 原色值位于 3 个角上，二次色青色、深红色和黄色位于另外 3 个角上，黑色位于原点处，白色位于离原点最远的角上。在该模型中，灰度（R=G=B 的点）沿着连接这两点的直线从黑色延伸到白色。在此模型中的不同颜色是位于立方体上或立方体内部的点，且由自原点延伸的向量来定义。为方便起见，假定所有颜色值都归一化，则此立方体是一个单位立方体，即 R、G、B 的所有值都假定在范围[0,1]内，而在计算机中实际用来产生颜色的像素值范围是[0,255]。

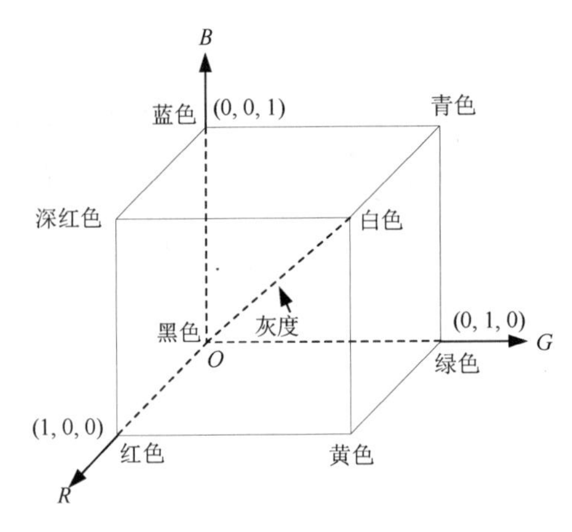

图 2-18　RGB 彩色立方体

在 RGB 彩色模型中表示的图像由 3 个分量图像组成，每个原色对应一幅分量图像。这 3 幅分量图像混合生成一幅彩色图像。在 RGB 彩色子空间中，用于表示每个像素的比特数称为像素深度。考虑一幅 RGB 彩色图像，其中，每幅红色、绿色、蓝色图像都是一幅 8bit 图像，在这种条件下，每个 RGB 彩色像素（RGB 值的三元组）的深度为 24bit。一幅 24bit 的 RGB 彩色图像通常称为全彩色图像。在 24bit 的 RGB 彩色图像中，颜色总数是 $(2^8)^3=16777216$ 。其中，000000 表示黑色，FFFFFF 表示白色，FF0000 表示红色，这 3 种颜色也可分别表示为(0,0,0)、(255,255,255)、(255,0,0)，表 2-4 所示为常见颜色的 RGB 值。

表 2-4　常见颜色的 RGB 值

颜　色	R 值	G 值	B 值
红色	255	0	0
绿色	0	255	0

续表

颜　色	R 值	G 值	B 值
蓝色	0	0	255
黄色	255	255	0
深红色	255	0	255
青色	0	255	255
白色	255	255	255
黑色	0	0	0

RGB 彩色图像的像素点矩阵对应 3 个颜色向量矩阵，分别是 **R** 矩阵、**G** 矩阵、**B** 矩阵。如果每个矩阵的第一行第一列的值分别为 R=240、G=223、B=204，则 RGB 彩色图像左上角第一个像素点的颜色是 $(240,223,204)$。

2.4.3　灰度图像

在计算机领域，灰度图像（Gray Image）是每个像素只有一种采样颜色的图像。这类图像通常显示为从最暗的黑色到最亮的白色的灰度。灰度图像与黑白图像不同，在计算机图像领域，黑白图像只有黑色和白色两种颜色，但灰度图像在黑色与白色之间还有许多级的颜色深度。但是，在计算机图像领域之外，黑白图像也表示灰度图像，如灰度的图片通常叫作黑白图片。在一些书中，将单色图像等同于灰度图像，也等同于黑白图像。

灰度即没有色彩，RGB 彩色分量相等。图像的灰度化就是让像素点矩阵中的每个元素都满足 R=G=B，并称其为灰度值，如 (100,100,100) 代表灰度值为 100，(50,50,50) 代表灰度值为 50。灰度图像的灰度值范围为 0～255。

将 RGB 彩色图像转换为灰度图像一般有以下几种方法。

（1）浮点法：$\text{gray} = 0.3R + 0.59G + 0.11B$。

（2）整数法：$\text{gray} = (30R + 59G + 11B) / 100$。

（3）移位法：$\text{gray} = (28R + 151G + 77B) >> 8$。

（4）平均值法：$\text{gray} = (R + G + B) / 3$。

（5）仅取绿色法：$\text{gray} = G$。

通过上述任意一种方法求得灰度值后，将 R、G、B 值统一用灰度值替换，形成新的颜色，即灰度图像。

2.5　深度图像

2.5.1　深度图像概念

深度图像（Depth Image）也称为距离影像（Range Image），是指将从图像采集器到场景中各点的距离（深度）作为像素灰度值的图像，它直接反映了物体可见表面的几何形状。深度图像经过坐标转换可以计算为点云数据，有规则和必要信息的点云数据也可以反计算为深度图像数据。在深度数据流提供的图像帧中，每个像素的值表示在图像采集器视野中特定坐标处的物体到图像采集器摄像头平面的距离，该距离通常以 mm 为单位。

需要说明的是，深度图像与图像深度是有区别的。图像深度是指存储每个像素所用的比特数，也用于度量图像的色彩分辨率。它确定了一幅图像中最多能使用的颜色数，即彩色图像的每个像素最大的颜色数，或者确定了灰度图像的每个像素最大的灰度数。例如，对于一幅单色图像，若每个像素用 8bit 表示，则最大灰度数为 2^8，即 256。

2.5.2 深度图像的获取

深度图像是通过对三维空间深度维数据进行采集而获得的。这种采集技术也被称为深度测量（Depth Measurement）或深度感知（Depth Sensing）。按测量过程中测量仪器是否直接接触被测量物体，可以将深度测量分为接触式和非接触式两种。深度测量的具体分类如图 2-19 所示。

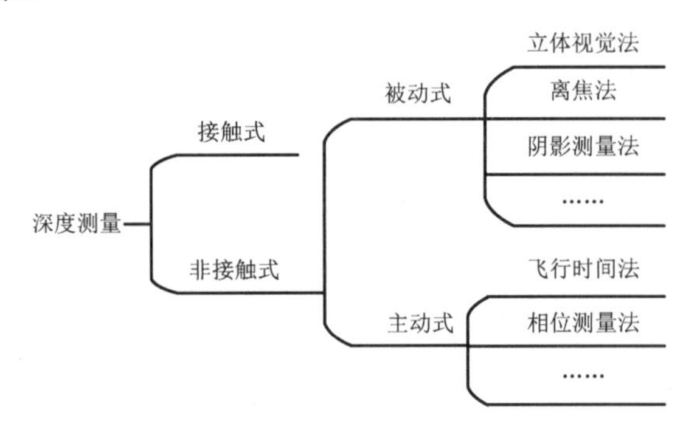

图 2-19 深度测量的具体分类

最具代表的接触式深度测量仪器是坐标测量机（Coordinate Measuring Machine，CMM）。坐标测量机的探测系统一般由测头和接触式探针构成，通过探针轻微接触被测物体的表面来获得测量点的几何坐标。

由于接触式深度测量可能会对被测物体造成一定的损害，因此非接触式深度测量的应用更为广泛。在非接触式深度测量中，根据深度数据获取时是否需要对周围场景主动投射某些携带信息的信号，可以将非接触式深度测量分为被动式深度图像获取和主动式深度图像获取。

1. 被动式深度图像获取

被动式深度图像获取最常用的方法是双目立体视觉法，属于立体视觉法中最基本的方法。该方法通过两个相隔一定距离的摄像机同时获取同一场景的两幅图像，先通过立体匹配算法找到这两幅图像中对应的像素点，然后根据三角原理计算视差信息，视差信息通过转换可用于表征场景中物体的深度信息。基于立体匹配算法，可以通过拍摄同一场景下不同角度的一组图像来获取该场景的深度图像。除此之外，场景的深度信息还可以通过对图像的光度特征、明暗特征等进行分析间接估算得到。通过立体匹配算法得到的视差图像虽然可以得到场景的大致三维信息，但部分像素点的视差存在较大误差。通过双目立体视觉获取视差图像的方法受限于基线长度和左右图像之间像素点的匹配精度，所获得的视差图像的范围与精度存在一定的限制。

2．主动式深度图像获取

主动式深度图像获取相较于被动式深度图像获取，最明显的特征是：设备本身需要发射能量来完成对深度信息的采集。这保证了深度图像的获取独立于彩色图像的获取。近年来，主动式深度测量在市面上的应用愈加丰富，包括结构光、激光扫描等，其深度测量方法主要是飞行时间（Time Of Flight，TOF）法和相位测量（Phase Measurement）法。

飞行时间法获取深度图像的原理是：先通过发射器对目标场景发射连续的光脉冲，然后用传感器接收目标场景中物体反射的光脉冲。通过比较发射光脉冲与经过物体反射的光脉冲的相位差，可以推算得到光脉冲之间的传输延迟，进而得到物体相对于发射器的距离，最终得到一幅深度图像。

相位测量法测量信号或光源的相位变化，以计算目标场景中物体表面的深度。通过分析相位差异，可以推断出物体表面的高度信息。常见的相位测量法包括相位移法、三步相移法等，适用于高精度的深度测量和表面形状分析。

结构光结合了飞行时间法和相位测量法来实现深度信息的获取。飞行时间法在结构光中用于测量光的传播时间，从而计算物体表面的深度。在结构光中，通常会将光源设置为脉冲光源，通过测量从光源发射到物体表面反射回来的时间，可以计算光的飞行时间，从而得到深度信息。相位测量法在结构光中扮演着重要的角色。通过分析结构光在物体表面上的相位差异，可以推断出不同点的深度差异。常见的相位测量法，如相位移法和三步相移法等可被应用于结构光中，用于计算结构光的相位变化，进而推导出深度信息。结构光适用于近距离的测量任务。

激光扫描采用飞行时间法，利用激光雷达发送信号和接收信号之间的时间间隔来计算目标场景的深度。激光雷达主要由激光发射器、激光接收器和激光检测采集 3 个基本部分组成。激光雷达有较高的距离分辨率和角分辨率，抗干扰能力强，可测的景深范围大。激光雷达能够精确测量目标位置，广泛应用于目标探测、识别和跟踪。由于激光雷达在强烈的太阳光下仍可以正常工作，且可以采集大景深的数据，因此它在无人驾驶领域获得了广泛的应用。在三维环境建模和 SLAM 定位上，激光雷达和光学多目照相机相辅相成，取得了较好的性能。但是，与高质量的彩色图像相比，激光雷达采集的深度数据是稀疏的。

2.6 数字图像的采集

2.6.1 采集装置

数字图像的采集装置是指对某个电磁能量谱波段敏感的物理器件，可以接收电磁辐射，产生与所接收的电磁辐射能量成正比的模拟电信号，并将模拟电信号转化为数字离散的形式（模数转换），以输入计算机。

常用的采集装置有电荷耦合器件、互补性金属氧化物和电荷注入器。这 3 种采集装置在原理、结构和应用方面有所差异，适用于不同的应用需求和场景。选择合适的采集装置应考虑具体的应用要求、性能指标和成本因素。

1. 电荷耦合器件

电荷耦合器件（Charge-Coupled Device，CCD）是一种用于光电转换的半导体器件，广泛应用于图像和视频捕捉、数字摄像机、天文学观测、科学研究等领域。CCD 是一种基于金属氧化物半导体结构的集成电路，可以将光子转换为电荷，并在芯片内部进行储存和传输。在图像或视频捕捉中，光线通过透镜系统聚焦到 CCD 芯片上的感光元件上，感光元件将光子转换为电荷，并通过电荷传输阱逐行或逐列地传输到输出端。最终，CCD 芯片输出的电荷被读取并转换为数字信号，形成图像或视频数据。

2. 互补性金属氧化物

互补性金属氧化物（Complementary Metal-Oxide Semiconductor，CMOS）传感器包括传感器核心、模数转换器、输出寄存器、控制寄存器、增益放大器。感光像元电路有以下两种结构。

（1）光电二极管无源像素结构：由一个反置的光电二极管和一个开关管构成，当开关管与垂直的列线连通时，位于列线末端的放大器读出放大器电压；当光电二极管存储的信号被读取时，电压被复位，次数放大器将与输入光信号成正比的电荷转化为电压输出。

（2）光栅型有源像素结构：信号电荷在光栅下积分，在输出前，先将扩散点复位，然后改变光栅脉冲，收集光栅下的信号电荷，并将其转移到扩散点，复位电压水平之差即输出电压。

3. 电荷注入器

电荷注入器（Charge Injection Device，CID）有一个和图像矩阵对应的电极矩阵，在每个像素位置有两个隔离/绝缘的能产生电位阱的电极。其中，一个电极与同一行所有像素的对应电极连通，另一个电极与同一列所有像素的对应电极连通，这两个电极的电压可分别为正、负、零。访问像素通过访问行和列实现。CID 有以下两种工作模式。

（1）积分模式：两个电极的电压为正，光电子会累加，所有的行和列均保持正电压，整个芯片将给出一幅完整的数字图像。

（2）非消除性模式：CID 感光元件在每次感光过程后不会清除电荷。相反，电荷会累积并叠加在感光区域。每次感光后，新的电荷被注入，并与之前的电荷叠加在一起。这种模式适用于需要连续记录光强度变化的应用，如光强度测量或光谱分析。

CID 的工作模式可以根据具体的设计和应用需求进行选择。这两种模式是 CID 最常见和广泛应用的工作模式。通过控制电荷注入、传输和存储的时序、电压和信号等参数，可以实现不同的工作模式，满足不同应用场景的需求。

2.6.2 性能指标

衡量数字图像采集的性能指标主要有以下几个。

（1）分辨率（Resolution）：分辨率是指图像中可见细节的清晰度和精细程度，通常以像素为单位来表示，较高的分辨率意味着图像具有更多的细节和更高的清晰度。

（2）噪声（Noise）：噪声是指图像中不希望的随机变化，它可能导致图像质量下降。常见的噪声类型包括高斯噪声、热噪声等。较低的噪声水平表示图像更清晰，细节更明显。

（3）动态范围（Dynamic Range）：动态范围是指图像中能够表示的亮度范围。较大的动态范围意味着图像能够同时捕捉到较暗和较亮的细节，避免了细节丢失和过曝。

（4）色彩准确性（Color Accuracy）：色彩准确性表示图像中颜色的还原程度和准确性。准确的色彩还原能够呈现真实的色彩信息。

（5）响应时间（Response Time）：响应时间是指图像采集设备从接收到信号到生成图像的时间间隔。较短的响应时间意味着设备能够快速捕捉到变化和运动的对象。

（6）饱和度（Saturation）：饱和度表示图像中颜色的鲜艳程度。较高的饱和度表示图像颜色更加鲜艳和生动。

（7）灵敏度（Sensitivity）：灵敏度是指图像采集设备对光信号的感知能力。较高的灵敏度意味着设备能够在弱光条件下获得清晰的图像。

除了以上指标，还可以考虑其他因素，如图像失真、几何畸变、线性性、平坦度等。具体的性能指标选择会根据具体应用和需求而有所不同。

2.6.3 采集模型

1．几何成像模型

数字图像的采集过程从几何角度可看作一个将客观世界的场景通过投影进行空间转换的过程，如用照相机进行数字图像采集时要将三维客观场景投影到二维图像平面，这个投影过程可以用投影变换（成像变换或几何透视变换）描述。一般情况下，客观场景、照相机和图像平面各有自己不同的坐标系，所有的投影变换都涉及在不同坐标系之间的转换。几种坐标系如下。

（1）世界坐标系：也称真实或现实世界坐标系 O_w-xyz，它是客观时间的绝对坐标。一般的三维客观场景都是用这个坐标系表示的。

（2）照相机坐标系：是以照相机为中心制定的坐标系 O_c-uvw，一般取照相机的光轴为 w 轴。

（3）图像坐标系：是在照相机内形成的图像平面的坐标系 O_1-XY。一般取图像平面与照相机坐标系的 uv 平面平行，且 X 轴与 u 轴、Y 轴与 v 轴分别重合，这样，图像平面的原点就在照相机的光轴上。

我们实际上使用的焦距并不总是 1，且在图像平面上是使用像素而不是物理距离来表示位置的。图像坐标系与世界坐标系的联系是 $X = sx/z$（s 是尺度因子），焦距的改变和传感器中光子接收单元的间距变化都会影响图像坐标系与世界坐标系的联系。一个世界坐标系中的点可用笛卡儿坐标向量形式表示为 $\boldsymbol{w}=[x,y,z]^{\mathrm{T}}$，则该点对应的齐次坐标向量形式表示为 $\boldsymbol{w}_{\mathrm{h}}=[kx,ky,kz]^{\mathrm{T}}$。

当照相机坐标系与世界坐标系不重合时，可通过平移和旋转使其重合，其中，平移矩阵为

$$\begin{bmatrix}1 & 0 & 0 & -D_u \\ 0 & 1 & 0 & -D_v \\ 0 & 0 & 1 & -D_w \\ 0 & 0 & 0 & 1\end{bmatrix}$$

u 轴与 x 轴夹角用旋转矩阵表示为

$$\begin{bmatrix}\cos\gamma & \sin\gamma & 0 & 0 \\ -\sin\gamma & \cos\gamma & 0 & 0 \\ 0 & 0 & 1 & 0 \\ 0 & 0 & 0 & 1\end{bmatrix}$$

w 轴与 z 轴夹角用旋转矩阵表示为

$$\begin{bmatrix}1 & 0 & 0 & 0 \\ 0 & \cos\alpha & \sin\alpha & 0 \\ 0 & -\sin\alpha & \cos\alpha & 0 \\ 0 & 0 & 0 & 1\end{bmatrix}$$

2. 亮度模型

数字图像的灰度值是由物体亮度转化而来的，成像时将物体亮度转化为数字图像的灰度值遵循一定规律。数字图像的灰度值由入射到可见物体上的光通量（照度函数）和物体对入射光的反射率（反射函数）的乘积表示，即 $I(x,y)=i(x,y)r(x,y)$。

2.6.4 成像方式

图像采集方式主要由光源、采集器和物体三者的相对关系决定。根据光源、采集器和物体三者不同的相互位置和运动情况，可构成多种成像方式。

（1）单目成像：这是最常见的成像方式，使用一个固定位置的采集器（如照相机）来捕获场景的图像。光源通常是固定的，而采集器可以是静止的或移动的。

（2）多目成像：使用多个采集器在不同位置同时或连续地对同一场景进行成像。多目成像可以提供更多的视角和深度信息，常用于三维重建和立体视觉应用。

（3）光移成像：在光移成像中，采集器相对于场景是固定的，而光源围绕着场景进行运动。通过捕获不同位置的光源投影，可以获取场景的深度信息。光移成像常用于结构光和投影测量。

（4）主动视觉成像：在主动视觉成像中，光源是固定的，而采集器运动以跟踪场景

或目标物体。这种方式常用于目标跟踪、运动分析和机器人视觉等应用。

（5）主动视觉自运动成像：在主动视觉自运动成像中，采集器和场景或目标物体同时运动。这种方式通常用于导航、自主控制和场景重建等应用，其中采集器的运动和场景的运动相互关联。

（6）结构光成像：用可控光源照射物体，通过采集的投影模式来解释物体的表面形状。

结构光采集图像是直接获取深度信息的方法，基本思想是：用照明中的几何信息来获取物体自身的几何信息。结构光成像系统主要由光源和照相机两部分组成，与被观察物体形成一个三角形。光源先产生一系列的点或线激光照射到物体表面，再由照相机将物体被照明的部分记录下来，最后通过三角计算获得深度信息，该方法称为主动三角测距法，其测距精度可达微米级别。结构光成像的方法有很多，包括光条法、栅格法、随机编码法、相位偏移法、时间编码法等。这些结构光成像方法各自具有优势和适用范围，可以根据具体的应用需求选择合适的方法。结构光成像方法广泛应用于三维扫描、物体测量、工业检测、计算机视觉等领域。

第3章

照相机与照相机参数

3.1 照相机种类

3.1.1 单目照相机

单目照相机是一种最常用的图像采集设备，其成像原理可以用照相机针孔成像原理解释。在照相机针孔成像模型的建模过程中，坐标系的建立是至关重要的部分。一般来说，坐标系模型包括4个坐标系。坐标系模型示意图如图3-1所示。

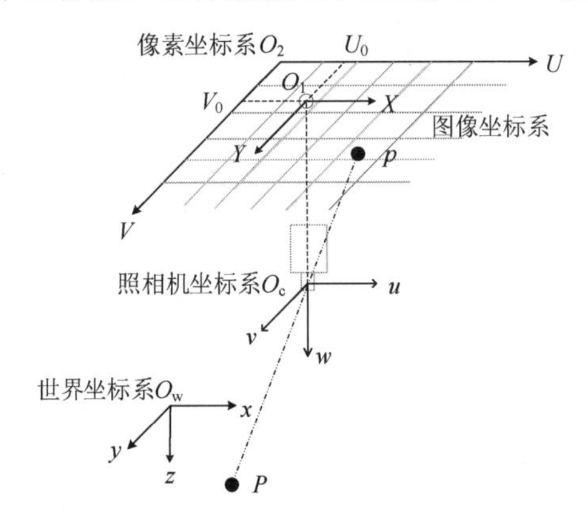

图3-1　坐标系模型示意图

图3-1中4个坐标系的具体建立过程如下。

（1）建立世界坐标系O_w-xyz，定义该坐标系原点为O_w。通常情况下，根据特定研究要求适当选取坐标原点和坐标轴的方向，建立世界坐标系有助于更加方便地表示研究对象所处空间的具体位置。

（2）建立照相机坐标系O_c-uvw，定义照相机光心为该坐标系原点O_c，其中，u轴与v轴重合于照相机的镜头平面，w轴为照相机光轴方向。

（3）建立图像坐标系O_1-XY，定义照相机的光轴与二维图像平面的交点为该坐标系原点O_1，其中，X轴、Y轴分别平行于图像的两边。该坐标系建立在照相机的CCD传感器上，单位与CCD传感器的尺寸大小保持一致。

（4）建立像素坐标系 O_2-UV ，定义二维图像平面的左上顶点为该坐标系的原点 O_2 ，U 轴、V 轴分别与图像坐标系的 X 轴、Y 轴平行。像素坐标系与图像坐标系之间的映射关系属于等比例的缩放和坐标系原点之间的平移。形象地说，我们需要在图像坐标系下对图像进行采样量化操作。

若不考虑照相机成像过程中的畸变问题，则世界坐标系中的空间点 P 经过小孔 O_c 投影到图像平面，即图像坐标系上，并最终在照相机中转换成图像像素点 p ，整个过程包括3次转换：从世界坐标系到照相机坐标系的转换；从照相机坐标系到图像坐标系的转换；从图像坐标系到像素坐标系的转换。经过上述转换，最终将空间点呈现在像素坐标系中。

像素坐标系在 U 轴和 V 轴上缩放的尺度为CCD传感器的物理尺寸，分别记作 $\mathrm{d}X$ 和 $\mathrm{d}Y$ 。原点 O_1 在像素坐标系下的坐标变为 $O_2\left(U_0,V_0\right)$。具体的齐次坐标表达式为

$$\begin{bmatrix} U \\ V \\ 1 \end{bmatrix} = \begin{bmatrix} \dfrac{1}{\mathrm{d}X} & 0 & U_0 \\ 0 & \dfrac{1}{\mathrm{d}Y} & V_0 \\ 0 & 0 & 1 \end{bmatrix} \begin{bmatrix} X \\ Y \\ 1 \end{bmatrix} \tag{3-1}$$

式中，$\mathrm{d}X$ 和 $\mathrm{d}Y$ 的单位为米/像素。

照相机坐标系与图像坐标系之间的转换关系满足照相机针孔成像模型。该模型对空间点进行一定比例的缩放操作，经过小孔 O_c ，投影到二维图像平面，由于该过程是三维坐标系到二维坐标系的转换，因此在转换过程中丢失了w轴代表的深度信息。设二维图像平面到小孔 O_c 的距离为 f ，即照相机的焦距，因此，在忽略镜头畸变的情况下，得到这两个坐标系之间的线性转换模型为

$$w\begin{bmatrix} X \\ Y \\ 1 \end{bmatrix} = \begin{bmatrix} f & 0 & 0 & 0 \\ 0 & f & 0 & 0 \\ 0 & 0 & 1 & 0 \end{bmatrix} \begin{bmatrix} u \\ v \\ w \\ 1 \end{bmatrix} \tag{3-2}$$

式中，f 的单位为米。

因此，将式（3-1）和式（3-2）表示成更加简洁的矩阵形式为

$$w\begin{bmatrix} U \\ V \\ 1 \end{bmatrix} = \begin{bmatrix} f_x & 0 & U_0 & 0 \\ 0 & f_y & V_0 & 0 \\ 0 & 0 & 1 & 0 \end{bmatrix} \begin{bmatrix} u \\ v \\ w \\ 1 \end{bmatrix} \tag{3-3}$$

式中，$f_x = \dfrac{f}{\mathrm{d}X}$，$f_y = \dfrac{f}{\mathrm{d}Y}$，$f_x$ 和 f_y 称为有效焦距，单位为像素。

世界坐标系与照相机坐标系都属于三维坐标系，二者能够通过图 3-2 所示的三维坐

标系之间的旋转和平移关系建立联系。

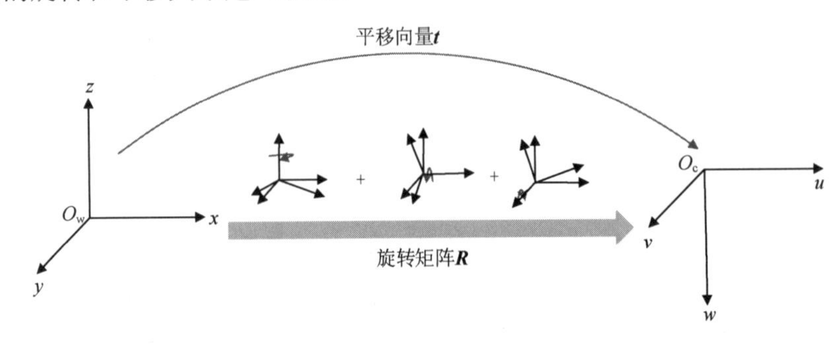

图 3-2　三维坐标系之间的旋转和平移关系

根据坐标系转换原理，通过旋转矩阵 $\boldsymbol{R}$ 和平移向量 $\boldsymbol{t}$，空间点在世界坐标系和照相机坐标系中的坐标转换关系可以表示为

$$\begin{bmatrix} u \\ v \\ w \\ 1 \end{bmatrix} = \begin{bmatrix} \boldsymbol{R} & \boldsymbol{t} \\ \boldsymbol{0}_3^{\mathrm{T}} & 1 \end{bmatrix} \begin{bmatrix} x \\ y \\ z \\ 1 \end{bmatrix} \tag{3-4}$$

因此，联立式（3-1）、式（3-2）和式（3-4）可以计算出世界坐标系中坐标点与像素坐标系中对应像素点的一一映射关系，即

$$w\begin{bmatrix} U \\ V \\ 1 \end{bmatrix} = \begin{bmatrix} f_x & 0 & U_0 & 0 \\ 0 & f_y & V_0 & 0 \\ 0 & 0 & 1 & 0 \end{bmatrix} \begin{bmatrix} \boldsymbol{R} & \boldsymbol{t} \\ \boldsymbol{0}_3^{\mathrm{T}} & 1 \end{bmatrix} \begin{bmatrix} x \\ y \\ z \\ 1 \end{bmatrix} = \boldsymbol{M}_1\boldsymbol{M}_2\boldsymbol{P} = \boldsymbol{MP} \tag{3-5}$$

式中，矩阵 $\boldsymbol{M}$ 表示照相机的透视投影矩阵；$\boldsymbol{P}$ 表示空间中任意一点，空间中该点的坐标为 (x, y, z)；矩阵 $\boldsymbol{M}_1$ 表示照相机内部参数（照相机内参），与照相机的中心坐标、照相机的焦距、CCD 传感器的物理尺寸等有关，通常情况下，照相机内参不会在使用过程中发生改变；矩阵 $\boldsymbol{M}_2$ 表示照相机外部参数（照相机外参），它与照相机的位置和世界坐标系的设定有关，包括旋转矩阵 $\boldsymbol{R}$ 和平移向量 $\boldsymbol{t}$，描述了照相机的位姿变换方式。

3.1.2　双目照相机

在已知单目照相机各参数的条件下，只能得到关于空间点 $P(x, y, z)$ 的两个线性方程，将投影点确定到一条射线上，而无法唯一确定对应真实世界的三维坐标，其原因可以用图 3-3 所示的像素点 P 可能存在的位置来说明。对于像素坐标系下的某像素点 P，从照相机光心到像素点 P 连线上的所有像素点都可以认为是空间点目标可能的位置。只有当像素点 P 的深度确定时，才能确定空间点目标的空间位置。因此，需要增加一个照相机来唯一确定真实世界的三维坐标，这就是双目照相机在计算机视觉中被广泛应用于深度测量的重要原因。

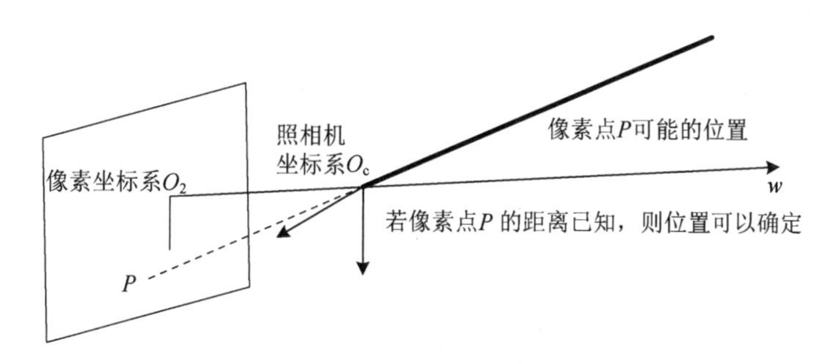

图 3-3　像素点 P 可能存在的位置

测量像素点距离（深度）的方式有很多种，如人眼可以根据左眼和右眼看到的物体差异（视差）来判断物体与我们之间的距离。双目照相机的原理就是通过同步采集左右照相机的图像，计算图像之间的视差来估计每个像素点的深度。图 3-4 所示为双目照相机成像模型，其中，O_L、O_R 分别为左、右光圈中心，方框为图像平面，f 为焦距，u_L 和 u_R 分别为物体在左、右图像平面的坐标。

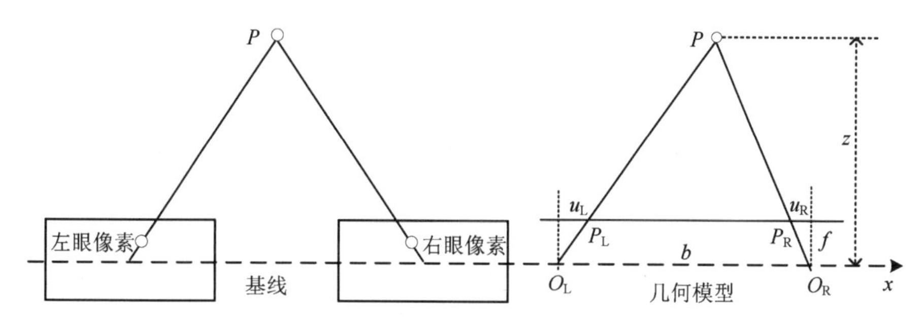

图 3-4　双目照相机成像模型

双目照相机一般由左眼照相机和右眼照相机两台水平放置的照相机组成，也可以由垂直放置的两台照相机组成，即做成上下两个目，但通常见到的主流双目照相机都是左右形式的。在双目照相机中，可以把两台照相机都看作针孔照相机。它们是水平放置的，意味着两台照相机的光圈中心都在 x 轴上。两者之间的距离称为双目照相机的基线（Baseline），通常记作 b，是双目照相机的重要参数。

考虑一个空间点 P，它在左眼照相机和右眼照相机中各自成像，记作 P_L、P_R。由于双目照相机基线的存在，这两个成像位置是不同的。理想情况下，由于左眼照相机和右眼照相机只在 x 轴上有位移，因此 P 点的成像也只在 x 轴（对应像素坐标系的 u 轴）上有差异。P 点的左侧坐标记作 u_L，右侧坐标记作 u_R，这样，P 点及其在左眼图像和右眼图像的像素点的几何关系如图 3-4 右侧所示。根据 ΔPP_LP_R 和 ΔPO_LO_R 的相似关系，有

$$\frac{z-f}{z}=\frac{b-\left(u_L+u_R\right)}{b} \tag{3-6}$$

整理可得

$$z=\frac{bf}{d} \tag{3-7}$$

式中，$d=|u_L - u_R|$，表示左眼图像和右眼图像的横坐标之差，称为视差。根据视差，可以估计一个像素点与照相机之间的深度。视差与深度成反比，即视差越大，深度越小。同时，由于视差的最小值为一个像素值，所以双目照相机所能测得的深度存在一个理论上的最大值，由 bf 确定。可以看到，当基线越长时，双目照相机能测得的最大深度就会越大；反之，小型双目照相机则只能测量很小的深度。相似地，人们在看远距离的物体时，通常不能准确判断其距离。

虽然由视差计算深度的公式很简洁，但视差本身的计算比较困难。这需要确切地知道左眼图像某个像素点出现在右眼图像的哪个位置（对应关系），属于“人类觉得容易而计算机觉得困难”的任务。在计算每个像素点的深度时，计算量与精度都将成为问题，且只有在图像纹理变化丰富的地方才能计算视差。由于计算量的原因，双目照相机的深度估计仍需要使用 GPU 或 FPGA 来计算。

3.1.3 深度照相机

相比于双目照相机通过视差计算深度，深度照相机的测距更为主动。它能够主动测量每个像素点的深度。目前，深度照相机按工作原理的不同，可分为两大类，如图 3-5 所示。

（1）通过结构光原理来测量像素点距离，如 Kinect 一代、ProjectTango 一代、IntelRealSense 等。

（2）通过 TOF 原理测量像素点距离，如 Kinect 二代中一些现有的 TOF 传感器等。

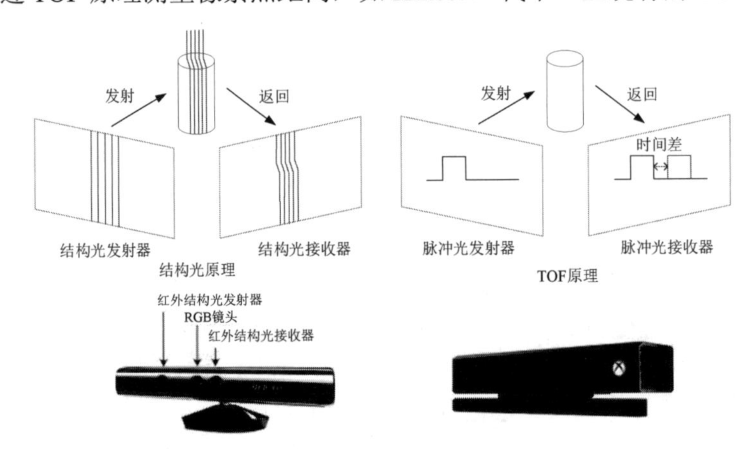

图 3-5　深度照相机

无论哪种类型，深度照相机都需要向探测目标发射一束光线，光线通常是红外光。在结构光原理中，深度照相机根据返回的结构光计算物体与照相机自身的距离；而在 TOF 原理中，照相机向目标发射脉冲光，根据发射到返回之间的光束飞行时间确定物体与照相机自身之间的距离。TOF 原理与激光传感器十分相似，只不过激光传感器是通过逐点扫描来获取距离的，而 TOF 照相机则可以获取整个图像的像素点深度，这正是深度照相机的特点。因此，一台深度照相机除包括一台普通的 RGB 照相机外，至少有一个用于测量深度的发射器和一个接收器，这样的深度照相机便形成了一台 RGB-D 照相机。图 3-6 所示为 Kinetic 照相机，即一台典型的 RGB-D 照相机，它不仅有 RGB 照相机，还有用于测量深度的红外线发射器和接收器。

图 3-6　Kinetic 照相机

在测量深度后，RGB-D 照相机一般会按照各照相机的摆放位置自动完成深度与彩色图像像素点之间的配对，输出一一对应的彩色图像和深度图像。可以在同一个图像位置同时读取色彩信息和深度信息，计算像素点的三维照相机坐标，生成点云。对于 RGB-D 数据，既可以在图像层面进行处理，又可以在点云层面进行处理。RGB-D 照相机能够实时测量每个像素点的距离。它使用物理测距方法测量深度，因此避免了纯视觉传感器的问题，在没有光照、快速运动的情况下都可以测量深度。这在某些应用场合是非常有优势的。同时，相对于双目照相机，RGB-D 照相机输出帧率较高，更适合运动场景，并且输出的深度比较准确，结合 RGB 信息，容易实现手势识别、人体姿态估计等应用。

但是，RGB-D 照相机会受到外部环境的影响。用红外光测量深度的 RGB-D 照相机容易受日光或其他传感器发射的红外光干扰，在遇到透射材料、反光表面、黑色物体情况下表现不好，造成深度图像缺失。因此，RGB-D 照相机不能在室外场景使用，同时使用多台 RGB-D 照相机时也会相互干扰。对于透射材质的物体，因为接收不到反射光，所以无法测量这些物体之间点的位置。此外，RGB-D 照相机在成本、功耗方面都有一些劣势。因此，考虑到 RGB-D 照相机测量范围小、易受日光干扰等缺点，RGB-D 照相机通常只用于室内场景。

3.1.4　鱼眼照相机

鱼眼照相机是指带有鱼眼镜头的照相机。鱼眼镜头是一种焦距极短且视角极大的镜头，16mm 焦距或更短焦距的镜头通常可认为是鱼眼镜头，视角一般可以达到 220°或 230°，是一种极端的广角镜头。为使镜头达到最大的摄影视角，鱼眼镜头的前镜片直径呈抛物状向镜头前部凸出，与鱼眼睛颇为相似，鱼眼镜头因此得名。

鱼眼镜头属于超广角镜头中的一种特殊镜头，它的视角力求达到或超出人眼所能看到的范围。鱼眼镜头中的物体与人们眼中真实世界的物体存在很大的差别，因为在实际生活中看见的物体是有规则的固定形态的，而通过鱼眼镜头产生的画面效果则超出了这一范畴。

鱼眼镜头最大的特点是视角范围大，为近距离拍摄大范围物体创造了条件。鱼眼镜头在接近被拍摄物拍摄时能造成非常强烈的透视效果，强调被拍摄物近大远小的对比，使所拍摄的图像具有一种震撼人心的感染力。此外，鱼眼镜头具有相当大的景深，有利于表现图像的大景深效果。然而，为了达到 180°的超大视角，鱼眼镜头所拍摄的图像会产生桶形畸变，结果是除了画面中心的物体保持不变，其他本应水平或垂直的物体都发生了相应的变化。图 3-7 所示为鱼眼镜头拍摄的图像。

图 3-7　鱼眼镜头拍摄的图像

鱼眼镜头的成像有两种：一种成像与其他镜头一样，充满画面；另一种成像为圆形。无论哪种成像，用鱼眼镜头所拍摄的图像变形都较为严重，透视汇聚感强烈，因此，鱼眼镜头常被用作特殊效果镜头。鱼眼照相机可被用于视觉里程计、VSLAM、VR（虚拟现实）、监控系统和要求捕获 360°视角的场景中。鱼眼照相机使用了一系列复杂的镜头扩大了照相机的视角，能够捕获广阔的全景图像或半球形图像。

3.2　照相机参数

3.2.1　旋转与平移

在前面介绍照相机针孔成像模型时用到了旋转和平移的概念，下面我们具体分析。一般日常生活的空间是三维的，因此，我们对三维空间的运动较为习惯。三维空间由 3 个轴组成，因此，一个空间点的位置可以由 3 个坐标指定。如果考虑的是一个物体，那么通常会把该物体看成一个刚体。刚体是指在运动中和受力作用后，形状和大小不变且内部各点的相对位置不变的物体，它不仅有位置，还有自身的姿态。照相机就可以看成三维空间的一个刚体。这样，照相机的位置是指照相机在空间中的哪个地方，而姿态则是指照相机的朝向，位置和姿态二者结合在一起被称为位姿。

在描述刚体位姿时，经常会用到点和向量的概念。点的几何意义比较容易理解，向量的意义也较为明确。向量也称为欧几里得向量、几何向量、矢量，是指具有大小和方向的量。它可以形象化地表示为从坐标系原点出发带箭头的线段，箭头所指方向代表向量的方向，线段长度代表向量的大小。需要注意的是，向量与坐标是两个不同的概念。

三维空间中的某个向量 $\boldsymbol{a}$ 的坐标可以用$\mathbb{R}^3$中的 3 个数来描述，某个点的坐标也可以用$\mathbb{R}^3$来描述。如果已经确定了一个坐标系，即一个线性空间的基$(\boldsymbol{e}_1,\boldsymbol{e}_2,\boldsymbol{e}_3)$，那么可以定义向量 $\boldsymbol{a}$ 在此基下的坐标为

$$\boldsymbol{a}=[\boldsymbol{e}_1 \quad \boldsymbol{e}_2 \quad \boldsymbol{e}_3]\begin{bmatrix} a_1 \\ a_2 \\ a_3 \end{bmatrix}=a_1\boldsymbol{e}_1+a_2\boldsymbol{e}_2+a_3\boldsymbol{e}_3 \tag{3-8}$$

式中，(a_1,a_2,a_3)称为向量 $\boldsymbol{a}$ 在此基下的坐标。

坐标的具体取值既与向量本身有关，又与坐标系的选取有关。坐标系通常由 3 个正交的坐标轴组成。根据定义方式的不同，坐标系分为左手系和右手系。左手系的第 3 个轴与右手系第 3 个轴的方向相反。

向量与向量之间、向量与数之间的运算可以有多种形式，如加法、减法、内积、外积。前两种运算比较简单，不再赘述。对于内积和外积，下面简单给出它们的运算方式。

对于两个向量 $\boldsymbol{a}$、$\boldsymbol{b}\in\mathbb{R}^3$，内积可以写为

$$\boldsymbol{a}\boldsymbol{b}=\boldsymbol{a}^{\mathrm{T}}\boldsymbol{b}=\sum_{i=1}^{3}a_i b_i=|\boldsymbol{a}||\boldsymbol{b}|\cos\langle\boldsymbol{a},\boldsymbol{b}\rangle \tag{3-9}$$

式中，$\langle\boldsymbol{a},\boldsymbol{b}\rangle$是指向量 $\boldsymbol{a}$、$\boldsymbol{b}$ 的夹角。内积也可以描述向量之间的投影关系。

向量 $\boldsymbol{a}$、$\boldsymbol{b}$ 的外积可以表示为

$$\boldsymbol{a}\times\boldsymbol{b}=\begin{vmatrix} \boldsymbol{e}_1 & \boldsymbol{e}_2 & \boldsymbol{e}_3 \\ a_1 & a_2 & a_3 \\ b_1 & b_2 & b_3 \end{vmatrix}=\begin{bmatrix} a_2b_3-a_3b_2 \\ a_3b_1-a_1b_3 \\ a_1b_2-a_2b_1 \end{bmatrix}=\begin{bmatrix} 0 & -a_3 & a_2 \\ a_3 & 0 & -a_1 \\ -a_2 & a_1 & 0 \end{bmatrix}\boldsymbol{b}=\boldsymbol{a}^{\wedge}\boldsymbol{b} \tag{3-10}$$

外积的结果是向量，方向垂直于这两个向量，大小为$|\boldsymbol{a}||\boldsymbol{b}|\sin\langle\boldsymbol{a},\boldsymbol{b}\rangle$，是两个向量张成的四边形的有向面积。对于外积运算，引入了符号“ ^ ”，把向量 $\boldsymbol{a}$ 改写为一个矩阵。事实上，它是一个反对称矩阵，可以将 ^ 记作一个反对称符号。这样，就把外积 $\boldsymbol{a}\times\boldsymbol{b}$ 改写为矩阵与向量的乘法 $\boldsymbol{a}^{\wedge}\boldsymbol{b}$，即把外积变成了线性运算。这个符号是一个一一对应的映射，意味着任意向量都对应着唯一的反对称矩阵，即

$$\boldsymbol{a}^{\wedge}=\begin{bmatrix} 0 & -a_3 & a_2 \\ a_3 & 0 & -a_1 \\ -a_2 & a_1 & 0 \end{bmatrix} \tag{3-11}$$

与向量之间的旋转类似，坐标系之间的变换关系可以描述两个坐标系之间的旋转关系和平移关系。在对照相机运动过程的描述中，一般会设定一个世界坐标系，并认为它是固定不动的，如图 3-8 中 x_{w}、y_{w}、z_{w} 定义的坐标系所示。同时，照相机坐标系是一个移动的坐标系，如图 3-8 中 x_{c}、y_{c}、z_{c} 定义的坐标系所示。照相机视野中某个向量 $\boldsymbol{p}$ 的坐标为 $\boldsymbol{p}_{\mathrm{c}}$，而在世界坐标系下看，它的坐标为 $\boldsymbol{p}_{\mathrm{w}}$。这两个坐标之间互相转换时，需要先得到该点针对照相机坐标系的坐标值，再根据照相机位姿转换到世界坐标系中，这

个转换关系可以由一个矩阵 $\boldsymbol{T}$ 来描述。

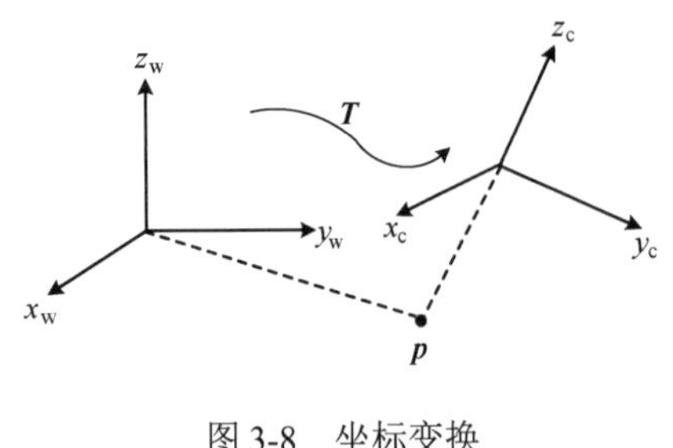

图 3-8　坐标变换

两个坐标系之间的运动由一个旋转加上一个平移组成，这种运动称为刚体运动。照相机运动是一个刚体运动，保证了同一个向量在各坐标系下的长度和夹角都不会发生变化，这种变换称为欧氏变换。无论照相机如何旋转与平移，照相机作为刚体，最终位姿可以通过世界坐标系与照相机坐标系的一次欧氏变换确定。在一次欧氏变换中，可以分解为旋转和平移两部分。

首先考虑旋转部分。设某个单位正交基 $(\boldsymbol{e}_1,\boldsymbol{e}_2,\boldsymbol{e}_3)$ 经过一次旋转变成了 $(\boldsymbol{e}_1',\boldsymbol{e}_2',\boldsymbol{e}_3')$，因此，对于同一个向量 $\boldsymbol{a}$，它在两个坐标系下的坐标分别为 (a_1,a_2,a_3) 和 (a_1',a_2',a_3')，由于向量本身没有变化，所以根据坐标的定义有

$$[\boldsymbol{e}_1,\boldsymbol{e}_2,\boldsymbol{e}_3]\begin{bmatrix}a_1\\a_2\\a_3\end{bmatrix}=[\boldsymbol{e}_1',\boldsymbol{e}_2',\boldsymbol{e}_3']\begin{bmatrix}a_1'\\a_2'\\a_3'\end{bmatrix} \tag{3-12}$$

为了描述两个坐标系之间的关系，对式（3-12）左右两边同时左乘 $\left[\boldsymbol{e}_1^\text{T},\boldsymbol{e}_2^\text{T},\boldsymbol{e}_3^\text{T}\right]^\text{T}$，因此，左边的系数就变成了单位矩阵，并得

$$\begin{bmatrix}a_1\\a_2\\a_3\end{bmatrix}=\begin{bmatrix}\boldsymbol{e}_1^\text{T}\boldsymbol{e}_1' & \boldsymbol{e}_1^\text{T}\boldsymbol{e}_2' & \boldsymbol{e}_1^\text{T}\boldsymbol{e}_3'\\ \boldsymbol{e}_2^\text{T}\boldsymbol{e}_1' & \boldsymbol{e}_2^\text{T}\boldsymbol{e}_2' & \boldsymbol{e}_2^\text{T}\boldsymbol{e}_3'\\ \boldsymbol{e}_3^\text{T}\boldsymbol{e}_1' & \boldsymbol{e}_3^\text{T}\boldsymbol{e}_2' & \boldsymbol{e}_3^\text{T}\boldsymbol{e}_3'\end{bmatrix}\begin{bmatrix}a_1'\\a_2'\\a_3'\end{bmatrix}\triangleq \boldsymbol{R}\boldsymbol{a}' \tag{3-13}$$

将式（3-13）中间的矩阵定义为矩阵 $\boldsymbol{R}$，该矩阵由两组基之间的内积组成，描述了同一个向量在旋转前后的坐标变换关系，因此，矩阵 $\boldsymbol{R}$ 又被称为旋转矩阵。观察旋转矩阵 $\boldsymbol{R}$ 可知，矩阵中的各元素是旋转前后两个坐标系中单位正交基的内积，由于单位正交基向量长度为 1，旋转矩阵 $\boldsymbol{R}$ 中的每个元素实际上是各单位正交基向量夹角的余弦值，所以这个矩阵也被称为方向余弦矩阵（Direction Cosine Matrix）。

旋转矩阵是一个行列式为 1 的正交矩阵。反之，行列式为 1 的正交矩阵也是一个旋转矩阵。另外，由于旋转矩阵为正交矩阵，因此旋转矩阵 $\boldsymbol{R}$ 的逆或转置表示一个相反的旋转，即

$$\boldsymbol{a}'=\boldsymbol{R}^{-1}\boldsymbol{a}=\boldsymbol{R}^\text{T}\boldsymbol{a} \tag{3-14}$$

在欧氏变换中，除了旋转，还有平移。考虑世界坐标系中的向量 $\boldsymbol{a}$，经过一次旋转 $\boldsymbol{R}$ 和一次平移 $\boldsymbol{t}$ 后，得到了 $\boldsymbol{a}'$，因此，把旋转和平移合到一起有

$$\boldsymbol{a}'=\boldsymbol{R}\boldsymbol{a}+\boldsymbol{t} \tag{3-15}$$

式中，$\boldsymbol{t}$ 称为平移向量。

相比于旋转，平移只需把平移向量加到旋转之后的坐标上。这样，通过式（3-15）就可以用一个旋转矩阵 $\boldsymbol{R}$ 和一个平移向量 $\boldsymbol{t}$ 完整地描述一个欧氏空间的坐标变换关系。

3.2.2 照相机标定

在计算机视觉应用中，为确定空间物体表面某点的三维几何位置及其在图像中对应点之间的相互关系，必须建立照相机成像的几何模型，这些几何模型的参数即照相机参数。照相机标定（Camera Calibration）简单来说是从世界坐标系变换为图像坐标系的过程，即确定式（3-5）中的矩阵 $\boldsymbol{M}_1$ 和矩阵 $\boldsymbol{M}_2$，并最终确定该照相机的透视投影矩阵 $\boldsymbol{M}$。在获得透视投影矩阵 $\boldsymbol{M}$ 后，可以对空间中任意点 $P(x,y,z)$ 计算它对应的像素点坐标 (U,V) 。无论是在图像测量还是在定位导航的应用中，照相机标定都是非常关键的环节，标定结果的精度和标定方法的稳定性都直接影响后续图像测量等计算机视觉应用。正如前文所述，照相机的内参通常不会发生改变，然而，照相机生产制作的工艺误差、使用过程中镜头的震动位移或松动都会使内参发生改变，因此，在进行精确视觉应用前，需要通过实验与计算来重新获取内参。这也就是为什么经过一段时间后需要对照相机进行重新标定。

传统单目照相机的标定方法包括线性标定法、非线性标定法和两步标定法。线性标定法较为简单，而非线性标定法在镜头畸变明显时必须引入畸变模型，将线性标定模型转化为非线性标定模型，通过非线性优化的方法求解照相机参数。两步标定法主要是指 Tsai 所提出的基于径向排列约束（Radial Alignment Constraint，RAC）的方法。该方法的第一步利用最小二乘法求解超定线性方程组，给出外参。第二步求解内参，如果照相机无透镜畸变，则可通过一个超定线性方程解出内参；如果存在径向畸变，则需要通过一个包含 3 个变量的目标函数进行优化搜索求解。此外，张正友在 2000 年提出了一种基于二维平面靶标的标定方法。该方法要求照相机在两个以上不同方向角度对一个平面靶标进行拍摄，将黑白棋盘格点作为标定点，利用靶标平面及图像平面之间的映射矩阵对照相机参数进行求解。该方法是目前进行照相机标定的最广泛的方法，本书中不再赘述。

对于双目照相机来说，内参和由相对位姿关系表示的外参是必不可少的先验条件，需要通过双目照相机标定过程来获取照相机的内参和外参，从而建立世界坐标系中目标物体与像素坐标系中的像素点的一一对应关系。双目照相机标定包括两方面：首先，分别标定两台单目照相机各自的内参；其次，通过两台单目照相机的联合标定来计算双目照相机之间的外参。这样，双目照相机可以被认为是在一台单目照相机基础上加入另一台单目照相机而组成的系统，如图3-9所示。

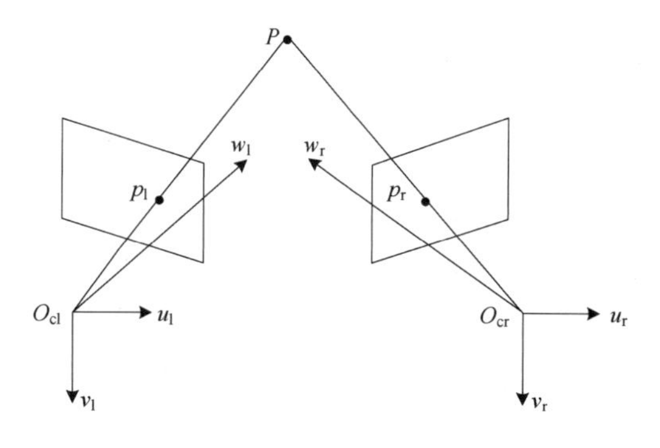

图 3-9　双目视觉系统模型

在图 3-9 所示的双目视觉系统模型中，两台单目照相机任意放置，其中，$\boldsymbol{R}_1$、$\boldsymbol{t}_1$为左眼照相机的外参，$\boldsymbol{R}_2$、$\boldsymbol{t}_2$为右眼照相机的外参，规定两台照相机处于同一世界坐标系中，它们的外参关系为

$$\begin{cases} \boldsymbol{R} = \boldsymbol{R}_2 \boldsymbol{R}_1^{-1} \\ \boldsymbol{t} = \boldsymbol{t}_2 - \boldsymbol{R}_2 \boldsymbol{R}_1^{-1} \boldsymbol{t}_1 \end{cases} \tag{3-16}$$

从式（3-16）可以看出，当通过单目视觉标定获得两个照相机坐标系相对同一世界坐标系之间的旋转矩阵和平移向量时，能够求解两台照相机之间的外参。

3.3 镜头畸变

镜头畸变是光学透镜固有的透视失真的总称，这种失真对图片的成像质量是非常不利的。由于透镜的固有特性，镜头畸变是无法消除的，只能改善。在实际应用中，可以通过优化镜片组设计、选用高质量光学玻璃（萤石玻璃）来改善，从而使透视变形降到较低的程度。但是，这些方法仍然不能完全消除镜头畸变。目前，即使最高质量的镜头在极其严格的条件下测试，在镜头的边缘也会产生不同程度的失真。

失真发生的原因是透视。众所周知，眼睛感觉远近的一种方法是利用物体的相对大小，即近大远小。在图像采集中，也是用相同方法表达透视关系的，即平行的铁轨会随着向远处瞭望而显得越来越靠近，直至汇聚成一点。这一现象的本质是铁轨之间的距离在表面上看变小了。透视的一种表现是物体越近，透视效果越强烈。比如，图 3-7 所示的森林，距离较近的树木显得强烈突出，而距离较远的树木显得比较柔和平缓。透视的两方面特征同样适用于所有镜头，即被拍摄物体越远，物体显得越小，镜头离被拍摄物体越远，被拍摄物体在外观上的大小变化越小。实际上，被拍摄物体越来越远，透视畸变会变得越来越小，但开始变得扁平，即失去了层次和细节。由于被拍摄物体距离照相机非常遥远，从而产生了扁平的透视效果。

在几何光学和阴极射线管（Cathode Ray Tube，CRT）显示中，畸变是对直线投影的一种偏移。简单来说，直线投影是场景内的一条直线投影到图像上也保持为一条直线，畸变是一条直线投影到图像上不能保持为一条直线了，这是一种光学畸变。

通常，畸变可以分为两大类：径向畸变和切向畸变。

由透镜形状引起的畸变称为径向畸变。在实际拍摄中，照相机的透镜往往使真实环境中的一条直线在图像中变成了曲线。越靠近图像的边缘，这种现象越明显。实际加工制作的透镜往往是中心对称的，使得不规则的畸变通常是径向对称的。径向畸变主要分为两大类：桶形畸变和枕形畸变，如图 3-10 所示。

对于桶形畸变，图像放大率随着光轴距离的增加而减小，而枕形畸变却恰好相反。在这两种畸变中，穿过图像中心并与光轴有交点的直线能保持形状不变。

除了透镜的形状会引起径向畸变，在照相机的组装过程中，透镜和图像平面（垂直平面）不能严格平行也会引起切向畸变，如图 3-11 所示。

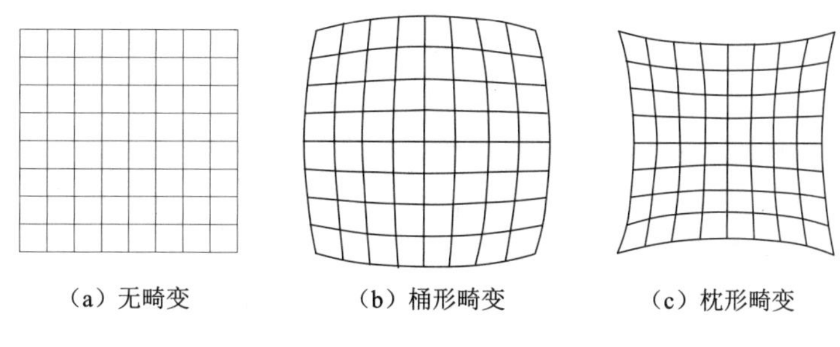

图 3-10　径向畸变示意图

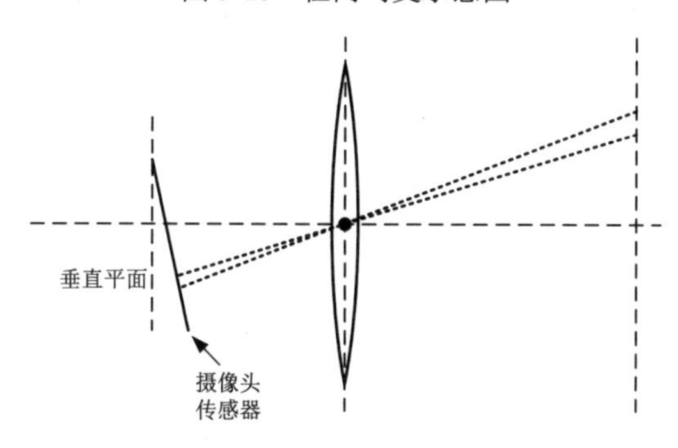

图 3-11　切向畸变示意图

平面上任意一点 p 可以用笛卡儿坐标表示为(x,y)，也可以把它写成极坐标的形式(r,θ)，其中，r 表示点 p 离坐标系原点的距离，θ 表示其与水平轴的夹角。径向畸变可以看成坐标点沿着长度方向发生了变化δr，即坐标点距离原点的长度发生了变化。切向畸变可以看成坐标点沿着切线方向发生了变化，即水平夹角发生了变化$\delta\theta$。

对于径向畸变，无论桶形畸变还是枕形畸变，由于它们都是随着中心距离增加而增加的，因此可以用一个多项式函数来描述畸变前后的坐标变化，即这类畸变可以用与中心距离有关的二次多项式函数和高次多项式函数进行纠正，即

$$\begin{cases} x_{\text{corrected}} = x\left(1 + k_1 r^2 + k_2 r^4 + k_3 r^6\right) \\ y_{\text{corrected}} = y\left(1 + k_1 r^2 + k_2 r^4 + k_3 r^6\right) \end{cases} \tag{3-17}$$

式中，(x,y)是未畸变纠正的点的坐标，$(x_{\text{corrected}}, y_{\text{corrected}})^{\text{T}}$是畸变纠正后的点的坐标。注意，它们都是归一化平面上的点，而不是像素平面上的点。

对于畸变较小的图像中心区域，畸变纠正主要是 k_1 起作用，而对于畸变较大的边缘区域，畸变纠正主要是 k_2 起作用。普通摄像头用这两个系数就能很好地纠正径向畸变。对畸变很大的摄像头，如鱼眼镜头，可以加入 k_3 畸变项对畸变进行纠正。

对于切向畸变，可以使用两个参数 p_1、p_2 来进行纠正：

$$\begin{cases} x_{\text{corrected}} = x + 2p_1 xy + p_2\left(r^2 + 2x^2\right) \\ y_{\text{corrected}} = y + p_1\left(r^2 + 2y^2\right) + 2p_2 xy \end{cases} \tag{3-18}$$

联合式（3-17）和式（3-18），对于照相机坐标系中的一点$P(X,Y,Z)$，能够通过 5 个畸变系数找到这个点在像素平面上的正确位置，具体步骤如下。

（1）将三维空间点投影到归一化图像平面，设它的归一化坐标为(x,y)。

（2）对归一化图像平面上的点进行径向畸变和切向畸变纠正。给定归一化坐标，可以求出点 P 在原始图像坐标系上的坐标，即

$$\begin{cases} x_{\text{corrected}} = x\left(1+k_1r^2+k_2r^4+k_3r^6\right)+2p_1xy+p_2\left(r^2+2x^2\right) \\ y_{\text{corrected}} = y\left(1+k_1r^2+k_2r^4+k_3r^6\right)+p_1\left(r^2+2y^2\right)+2p_2xy \end{cases} \tag{3-19}$$

（3）将畸变纠正后的点通过内参数矩阵投影到像素平面，得到该点在图像上的正确位置：

$$\begin{cases} u = f_x x_{\text{corrected}} + c_x \\ v = f_y y_{\text{corrected}} + c_y \end{cases} \tag{3-20}$$

上面的畸变纠正过程使用了 5 个畸变系数。在实际应用中，可以灵活选择畸变纠正模型，如只选择k_1、p_1、p_2这 3 个畸变系数等。

3.4 实践：计算机图像处理

3.4.1 OpenCV 的使用

OpenCV 是一个基于 BSD 许可（开源）发行的跨平台计算机视觉库，可以运行在 Linux、Windows、Android 和 macOS 操作系统上。它轻量级且高效，即由一系列 C 函数和少量 C++类构成，同时提供了 Python、Ruby、MATLAB 等语言的接口，可以实现图像处理和计算机视觉方面的很多通用算法。

OpenCV 由 C++语言编写，主要接口也是 C++语言接口，但依然保留了大量的 C 语言接口。OpenCV 也有大量的 Python、Java、MATLAB/OCTAVE（版本 2.5）语言的接口。这些语言的 API 接口函数可以通过在线文档获得。目前，OpenCV 对 C#、Ch、Ruby、GO 也提供支持。

在 Ubuntu 系统下，OpenCV 有从源代码安装和只安装库文件两种安装方式，而使用较新版本的 OpenCV，必须选择从源代码安装的方式来安装。首先需要安装 OpenCV 的相关依赖项，然后从 OpenCV 官网下载 OpenCV 压缩包，编译后安装 OpenCV。

下面用一个程序演示如何在 OpenCV 中获取、存取与访问图像。

```
1    #include <iostream>
2    #include <chrono>
3    #include <opencv2/core/core.hpp>
4    #include <opencv2/highgui/highgui.hpp>
5    using namespace std;
6
```

```
7   int main(int argc, char **argv)
8   {
9       //读取 argv[1]指定的图像
10      cv::Mat image;
11      image = cv::imread(argv[1]);        //cv::imread 函数读取指定路径下的图像
12      if (image.data == nullptr) {
13      //判断图像文件是否被正确读取，若数据不存在，则可能是图像文件不存在
14      cerr << "文件" << argv[1] << "不存在." << endl;
15      return 0;
16      }
17      //输出基本信息
18      cout << "图像宽为" << image.cols <<",高为" << image.rows << ",通道数为" <<
19      image.channels() << endl;
20      cv::imshow("image", image);        //用 cv::imshow 显示图像
21      cv::waitKey(0);                     //暂停程序，等待一个按键输入
22      //判断 image 的类型
23      if (image.type() != CV_8UC1 && image.type() != CV_8UC3) {
24      //图像类型不符合要求
25      cout << "请输入一幅彩色图像或灰度图像." << endl;
26      return 0;
27      }
28      //遍历图像，使用 std::chrono 给算法计时
29      chrono::steady_clock::time_point t1 = chrono::steady_clock::now();
30      for (size_t y = 0; y < image.rows; y++) {
31      //用 cv::Mat::ptr 获得图像的行指针
32      unsigned char *row_ptr = image.ptr<unsigned char>(y);  //row_ptr 是头指针
33          for (size_t x = 0; x < image.cols; x++) {
34          //访问位于 x、y 处的像素值
35          unsigned char *data_ptr = &row_ptr[x * image.channels()];
36          //输出该像素点的每个通道，如果是灰度图像，就只有一个通道
37              for (int c = 0; c != image.channels(); c++) {
38              unsigned char data = data_ptr[c];           //data 为 I(x,y)第 c 个通道的值
39              }
40          }
41      }
42      chrono::steady_clock::time_point t2 = chrono::steady_clock::now();
43      chrono::duration<double>time_used=chrono::duration_cast<chrono::duration
44      <     double >> (t2 - t1);
45      cout << "遍历图像用时：" << time_used.count() << " 秒。" << endl;
46
47      //关于 cv::Mat 的复制，直接赋值并不会复制数据
48      cv::Mat image_another = image;
49      //修改 image_another 会导致 image 发生变化
50      image_another(cv::Rect(0,0,100,100)).setTo(0);    //将左上角 100×100 的块置为 0
```

```
51          cv::imshow("image", image);
52          cv::waitKey(0);
53          //使用 clone 函数复制数据
54          cv::Mat image_clone = image.clone();
55          image_clone(cv::Rect(0, 0, 100, 100)).setTo(255);
56          cv::imshow("image", image);
57          cv::imshow("image_clone", image_clone);
58          cv::waitKey(0);
59          //对于图像还有很多基本的操作，如剪切、旋转、缩放等，请参看 OpenCV 官方文档
60          cv::destroyAllWindows();
61          return 0;
62      }
```

该程序演示了图像读取、显示、像素遍历、赋值等操作，经过 OpenCV 操作后的输出图像如图 3-12 所示。该图像宽为 480 像素，高为 280 像素，通道数为 3，遍历这幅图像的时间大约为 13ms。

图 3-12　经过 OpenCV 操作后的输出图像

实际上，OpenCV 并不是唯一的图像库，它只是众多图像库中适用范围较广的一个。不过，这些图像库的使用大同小异，只要掌握了其中一个的原理和方法，就对图像的计算机表达有了一定的理解。

3.4.2　图像畸变纠正

3.3 节中介绍了照相机的镜头畸变，包括径向畸变和切向畸变，OpenCV 提供的畸变纠正函数 cv:：Undistort()可以直接进行图像畸变纠正，还可以从畸变的原理出发计算畸变前后的像素点坐标。图 3-13 所示为存在畸变的图像，由于畸变，图像中的直线看起来是弯曲的。

图 3-13　存在畸变的图像

下面尝试对一幅图像进行畸变纠正，得到畸变前的图像，程序如下：

```
1    #include <opencv2/opencv.hpp>
2    #include <string>
3    using namespace std;
4
5    string image_file = "./distorted.png";      //请确保路径正确
6    int main(int argc, char **argv)
7    {
8        double k1=-0.28340811, k2=0.07395907, p1=0.00019359, p2=1.76187114e-05;
9        //畸变系数
10       double fx = 458.654, fy = 457.296, cx = 367.215, cy = 248.375;      //内参
11       //图像是灰度图像，图像数据类型为 CV_8UC1，表示图像为 8 位无符号数，图像通道数为 1
12       cv::Mat image = cv::imread(image_file, 0);
13       int rows = image.rows, cols = image.cols;
14       cv::Mat image_undistort = cv::Mat(rows, cols, CV_8UC1);          //畸变纠正后的图像
15       //计算畸变纠正后图像的内容
16       for (int v = 0; v < rows; v++) {
17           for (int u = 0; u < cols; u++) {
18           //计算点(u,v)对应的畸变纠正后图像中的坐标(u_distorted, v_distorted)
19               double x = (u - cx) / fx, y = (v - cy) / fy;
20               double r = sqrt(x * x + y * y);
21               double x_distorted =x * (1 + k1 * r * r + k2 * r * r * r * r) + 2
22               * p1 * x * y + p2 * (r * r + 2 * x * x);
23               double y_distorted =y * (1 + k1 * r * r + k2 * r * r * r * r) + p1
24               * (r * r + 2 * y * y) + 2 * p2 * x * y;
25               double u_distorted = fx * x_distorted + cx;
26               double v_distorted = fy * y_distorted + cy;
27               //赋值（最近邻插值）
28               if (u_distorted >= 0 && v_distorted >= 0 && u_distorted < cols &&
29               v_distorted < rows) {
```

```
30                    image_undistort.at<uchar>(v, u) = image.at<uchar>((int)
31                    v_distorted, (int) u_distorted);
32                } else {
33                    image_undistort.at<uchar>(v, u) = 0;
34                }
35            }
36        }
37
38        //展示畸变纠正后图像
39        cv::imshow("distorted", image);
40        cv::imshow("undistorted", image_undistort);
41        cv::waitKey();
42        return 0;
43    }
```

畸变纠正前后的图像如图 3-14 所示，可以发现，去畸变后图像中的直线变直了。

（a）畸变纠正前图像

（b）畸变纠正后图像

图 3-14　畸变纠正前后的图像

第4章 图像全局特征

4.1 概述

特征是数字图像中最本质的部分，是许多计算机图像处理算法的起点，一个图像处理算法的成功往往由它使用和定义的特征决定。因此，特征提取最重要的一个特性是可重复性，同一场景的不同图像所提取的特征应该是相同的。然而，图像特征到目前还没有比较通用和确切的定义，特征的精确定义往往由问题或应用类型决定。

特征提取是计算机视觉和图像处理中的一个重要概念。它指的是通过计算机提取图像信息，判断图像的每个点是否属于一个图像特征。特征提取是图像处理中的一个初级运算，即对一幅图像进行的第一次运算处理。特征提取通过检查每个像素确定该像素是否代表一个特征。特征提取的结果是把图像上的点分为不同的子集，这些子集往往属于孤立的点、连续的曲线或连续的区域。将输入图像通过高斯模糊核在尺度空间平滑是特征提取的一个前提运算，此后通过局部导数运算来计算图像的一个或多个特征。

图像的全局特征是指图像的整体特性，常见的全局特征包括颜色特征、纹理特征和形状特征。由于全局特征是像素级的底层可视特征，所以全局特征具有良好的不变性、计算简单、表示直观等优点，但特征维数高、计算量大是其弱点。此外，全局特征的描述在处理图像混叠和有遮挡的情况下存在一定的局限性。

由于全局特征是在整个图像范围内提取的，所以它们往往无法有效地区分混叠或被遮挡的物体。当图像中存在多个物体重叠或部分被遮挡时，全局特征可能会受到影响，难以准确地捕捉每个物体的细节和特征。

4.2 颜色特征

颜色特征是一种全局特征，描述了图像或图像区域所对应的物体的表面性质。通常颜色特征基于像素的特征，此时，所有属于图像或图像区域的像素都有各自的贡献。由于颜色信息对图像或图像区域的方向、大小等的变化不敏感，所以颜色特征不能很好地捕捉图像或图像区域中对象的局部特征。另外，当仅使用颜色特征查询时，如果数据库很大，那么常会将许多不需要的图像也检索出来。颜色特征是图像检索中应用最广泛的视觉特征，主要原因在于颜色往往和图像中所包含的物体或场景相关。此外，与其他的视觉特征相比，颜色特征对图像本身的尺寸、方向、视角的依赖性较小，从而具有较高的鲁棒性。

4.2.1 HOG 特征

直方图是数据分布的一种图形表现，类似于柱形图，其中的柱形有不同的高度，每个柱形代表一组处于一定数值范围内的数据。这些柱形也称为组（Bins），柱形越高意味着某组数据越多。像素值的范围为 0～255，可以把这些值分成若干组。假设创建了 32 个组，每组包含 8 个像素值，因此，第 1 组范围是 0～7，第 2 组范围是 8～15，以此类推，直至 248～255。如果要创建直方图，就需要知道这幅图像中的各像素值，并将各像素值放到对应的组中。

方向梯度直方图（Histogram of Oriented Gradient，HOG）特征是一种在计算机视觉和图像处理中用来进行物体检测的特征描述子。HOG 特征通过计算和统计图像局部区域的 HOG 来构成特征。HOG 特征已经被广泛应用于图像识别，尤其在行人检测中获得了极大的成功。

在一幅图像中，局部目标的表象和形状能够被梯度或边缘的方向密度分布很好地描述。HOG 特征的本质是梯度的统计信息，而梯度主要存在于边缘。

HOG 特征的具体实现方法：首先将图像分成小的连通区域，通常把该连通区域称为细胞单元；然后采集细胞单元中各像素梯度或边缘的方向直方图；最后把这些直方图组合起来构成特征描述器。

为了提高性能，把这些局部直方图在图像的更大的范围（一般把它称为区间或 Block）内进行对比度归一化（Contrast-Normalized），所采用的方法是：先计算各直方图在这个区间中的密度，然后根据这个密度对区间中的各细胞单元进行归一化。通过归一化能对光照变化和阴影获得更好的效果。

由于 HOG 特征提取算法是在图像的局部细胞单元上操作的，所以得到的 HOG 特征对图像几何和光学的形变都能保持很好的不变性，这两种形变只会出现在更大的空间中。此外，HOG 特征非常适合进行图像中的人体检测。在粗的空域抽样、精细的方向抽样和较强的局部光学归一化等条件下，只要行人大体上能够保持直立的姿势，就可以容许行人有一些细微的肢体动作，这些细微的肢体动作可以被忽略而不影响检测效果。

下面具体介绍 HOG 特征提取算法的实现步骤。

第 1 步，将一幅图像（要检测的目标或扫描窗口）灰度化，即将图像看作一张 x、y、z（灰度）的三维图。

第 2 步，采用 Gamma 校正对输入图像进行颜色空间的标准化（归一化），其目的是调节图像的对比度，降低图像局部的阴影和光照变化所造成的影响，同时可以抑制噪声的干扰。

第3步，计算图像每个像素的梯度（包括大小和方向），以捕获轮廓信息，同时弱化光照的干扰。在该步骤中，需要将图像划分为小细胞单元（如6像素×6像素/细胞），统计每个细胞单元的HOG（不同梯度的个数），即形成每个细胞单元的描述子。将每几个细胞单元组成一个区间，将一个区间内所有细胞单元的描述子串联起来便得到该区间的HOG特征的描述子。

第4步，将图像内所有区间的HOG特征的描述子串联起来即可得到该图像（要检测的目标）的HOG特征，即最终的可供分类使用的特征向量。

HOG特征提取算法流程图如图4-1所示。

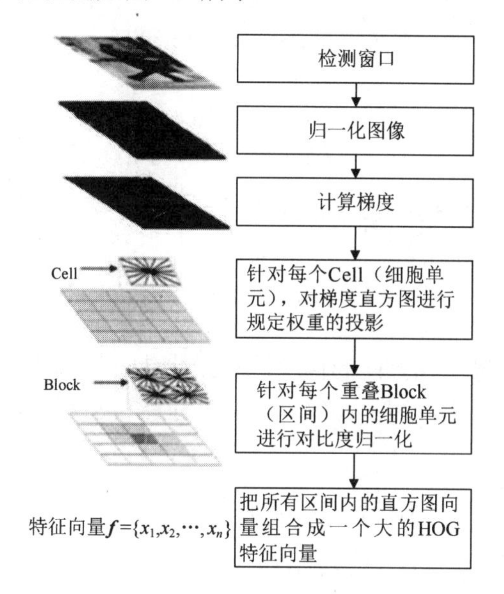

图4-1　HOG特征提取算法流程图

HOG特征提取算法每个步骤的详细过程如下。

1．Gamma校正和颜色空间

人眼对外界光源的感光值与输入光强不是呈线性关系的，而是呈指数型关系的。在低照度下，人眼更容易分辨出亮度的变化，随着照度的提高，人眼不易分辨出亮度的变化，而照相机的感光值与输入光强呈线性关系。为了减少光照因素的影响，首先需要将整幅图像进行归一化处理。在图像的纹理强度中，局部的表层曝光贡献比重较大，因此，归一化处理能够有效降低图像局部的阴影和光照变化。因为颜色信息作用不大，所以通常先将图像转化为灰度图像。

Gamma曲线是一种特殊的色调曲线，当Gamma校正的值等于1时，Gamma曲线为与坐标轴成45°的直线，这时表示输入和输出密度相同；当Gamma校正的值大于1时，图像的高光部分被压缩，而暗调部分被扩展；当Gamma校正的值小于1时，图像的高光部分被扩展，而暗调部分被压缩。Gamma校正一般用于平滑地扩展暗调的细节，如图4-2所示。

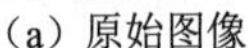

（a）原始图像

（b）γ=1/2.2

（c）γ=2.2

图 4-2　Gamma 校正示意图

Gamma 压缩公式为

$$I'(x,y)=I^{\gamma}(x,y) \tag{4-1}$$

式中，$I^{\gamma}(x,y)$表示图像的像素值。在此可以取γ=1/2，表示对图像 I 取指数值 1/2，即 $I'(x,y)=I^{1/2}(x,y)$。

2．计算图像梯度

计算图像横坐标和纵坐标方向的梯度，并据此计算每个像素位置的梯度方向值。求导操作不仅能捕获轮廓、人影和一些纹理信息，还能进一步弱化光照的干扰。图像中像素(x,y)的梯度为

$$G_x(x,y)=I(x+1,y)-I(x-1,y) \tag{4-2}$$

$$G_y(x,y)=I(x,y+1)-I(x,y-1) \tag{4-3}$$

式中，$G_x(x,y)$、$G_y(x,y)$、$I(x,y)$分别表示输入图像中像素(x,y)的水平方向梯度值、垂直方向梯度值和像素值。像素(x,y)的梯度幅值和梯度方向分别为

$$G(x,y)=\sqrt{G_x(x,y)^2+G_y(x,y)^2} \tag{4-4}$$

$$\alpha(x,y)=\tan^{-1}\left(\frac{G_y(x,y)}{G_x(x,y)}\right) \tag{4-5}$$

计算图 4-3（a）的梯度方向可得到图 4-3（b）所示的结果，图 4-3（c）所示为放大图像得到的结果。

3．为每个细胞单元构建梯度方向直方图

这个步骤的目的是为局部图像区域提供一个编码，同时保持对图像中姿态和外观的弱敏感性。

将图像分成若干个细胞单元，如每个细胞单元大小为 6 像素×6 像素。假设采用包含 9 个 bin（直方图通道）的直方图来统计该 6 像素×6 像素的梯度信息，即将细胞单元的梯

度方向的 360°分成 9 个方向块，如图 4-4 所示。

（a）原始图像

（b）图像的梯度方向

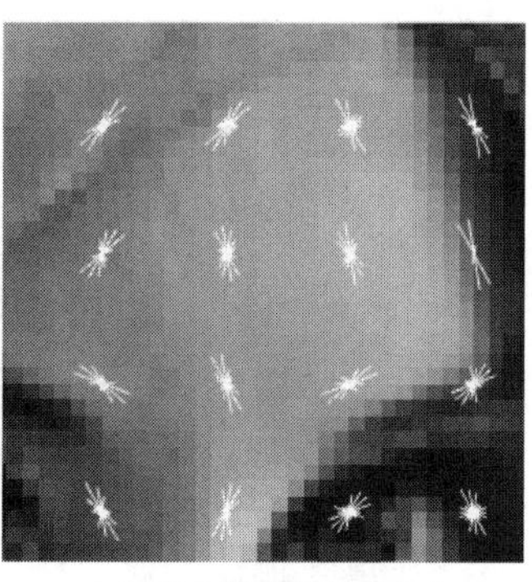

（c）放大图像的梯度方向

图 4-3　图像的梯度方向示意图

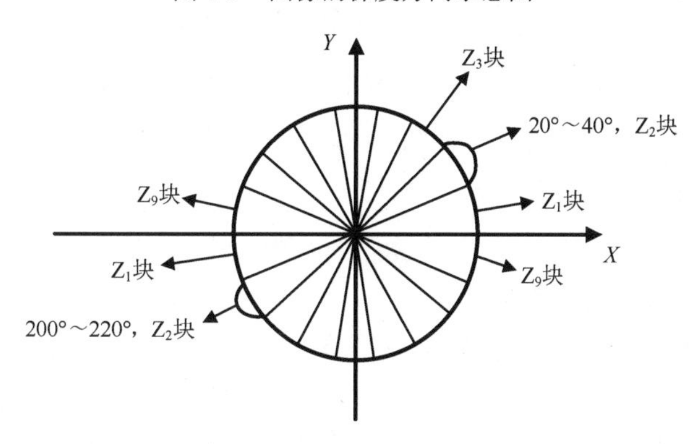

图 4-4　构建梯度方向直方图

例如，如果这个像素的梯度方向是 20°～40°，则直方图第 2 个 bin 的计数加 1，这样，只要对细胞单元内每个像素用梯度方向在直方图中进行加权投影（映射到固定的角度范围），就可以得到这个细胞单元的 HOG 了，即该细胞单元对应的 9 维特征向量，因为有 9 个 bin。除了像素的梯度方向，梯度大小是投影的权值。例如，这个像素的梯度方向是 20°～40°，假设它的梯度大小是 2，则直方图第 2 个 bin 的计数加 2，而不是加 1。细胞单元可以是矩形的，也可以是星形的。

4．把细胞单元组合成大的区间，在区间内归一化 HOG

由于局部光照的变化和前景-背景对比度的变化，梯度强度的变化范围非常大，因此需要对梯度强度进行归一化。归一化能够进一步对光照、阴影和边缘进行压缩。

在此采取的办法是：把各细胞单元组合成大的、空间上连通的区间，如图 4-5 所示。这样，将一个区间内所有细胞单元的特征向量串联起来便得到该区间的 HOG 特征。这些区间是互有重叠的，意味着每个细胞单元的特征会以不同的结果多次出现在最后的特征向量中。这样，将归一化之后的区间描述子（向量）称为 HOG 描述子。

区间有两个主要的几何形状：矩形区间（R-HOG）和环形区间（C-HOG）。矩形区间大体上是一些方形的格子，可以由 3 个参数来表征，即每个区间中细胞单元的数目、每个细胞单元中像素的数目、每个细胞单元中 bin 的数目。

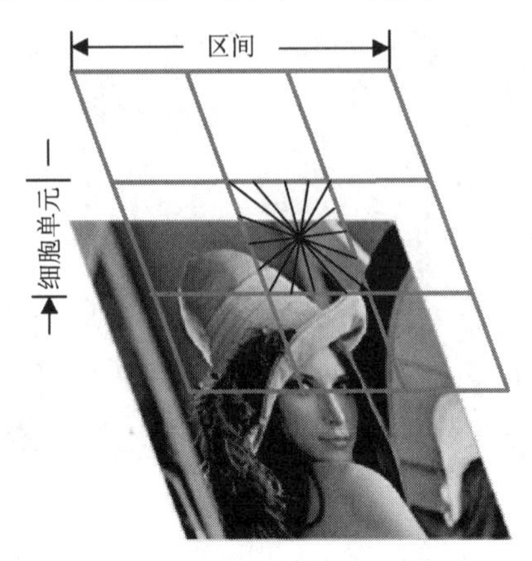

图 4-5　将各细胞单元组合成区间

例如，行人检测的最佳参数设置是 3 细胞单元×3 细胞单元/区间、6 像素×6 像素/细胞单元、9 个 bin，因此，一个区间的特征数表示为 3×3×9 个。

5．收集 HOG 特征

最后的步骤是对检测窗口中所有重叠的细胞单元进行 HOG 特征的收集，并将它们结合成最终的特征向量供分类使用。

综上所述，HOG 特征提取就是把样本图像分割为若干个像素的细胞单元，把梯度方向平均划分为 9 个 bin，在每个细胞单元中对所有像素的梯度方向在各方向区间进行直方图统计，得到一个 9 维的特征向量，每相邻的 4 个细胞单元构成一个区间，把一个区间内的特征向量连接起来得到 36 维的特征向量，用区间对样本图像进行扫描，扫描步长为一个细胞单元。最后将所有区间的特征向量串联起来，就得到了样本图像中物体的特征。例如，对于 64 像素×128 像素的图像而言，每 8 像素×8 像素组成一个细胞单元，每 2 细胞单元×2 细胞单元组成一个区间，因为每个细胞单元有 9 个特征，所以每个区间内有 4×9=36 个特征，如果以 8 像素为步长，那么水平方向将有 7 个扫描窗口，垂直方向将有 15 个扫描窗口，即 64 像素×128 像素的图像总共有 36×7×15=3780 个特征。

HOG 特征提取示意图如图 4-6 所示。

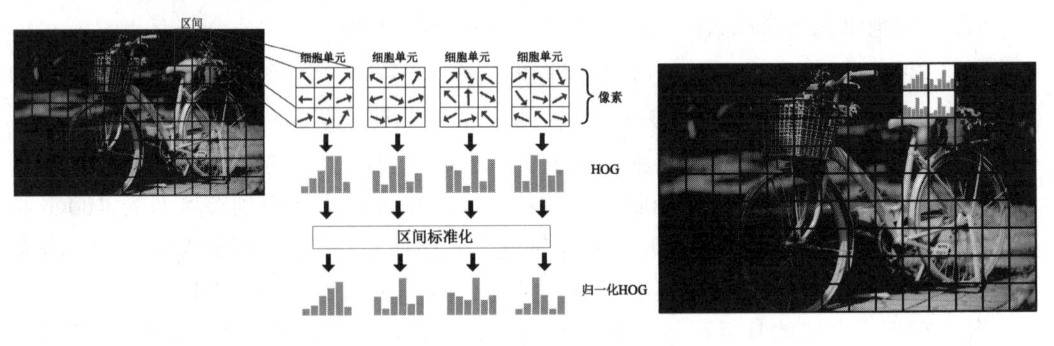

图 4-6　HOG 特征提取示意图

4.2.2 哈希特征

哈希是英文 Hash 的音译，也可翻译为散列、杂凑。哈希算法可以把任意长度的输入变换成固定长度的输出，该输出即哈希值。这种变换是一种压缩映射，哈希值的空间通常远小于输入的空间，不同的输入可能会哈希成相同的输出，因此不可能以哈希值来确定唯一的输入值。简单地说，哈希函数是一种将任意长度的消息压缩到某一固定长度的消息摘要的函数。

对于每幅图像，都可以通过某种哈希算法得到一个哈希值，称为图像指纹。指纹相近的两幅图像可以认为是相似图像。在一些以图搜图的应用中，它们的原理就是在获取查询图像指纹后与图库的图像指纹进行对比，查找出含有最相似图像指纹的若干幅图像。除了以图搜图，还可以通过图像的哈希值来检索图像、剔除重复图像、比较图像的相似度等。

图像是由像素矩阵组成的，图像信息可以保存在数组中。图 4-7 所示的 4×4（表示 16 个像素，本书后续定义与此相同）的图像，可以保存在二维数组中。

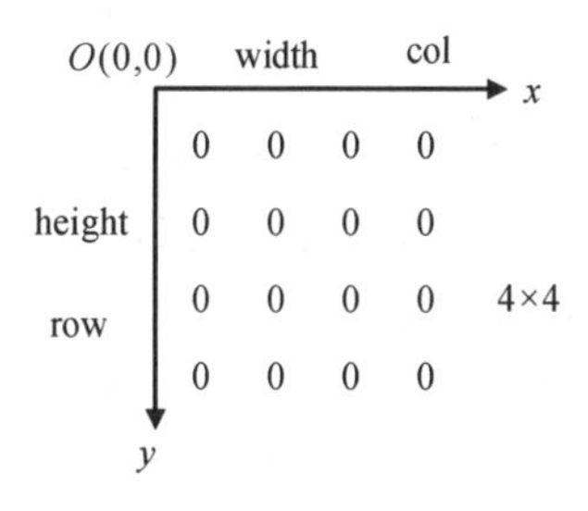

图 4-7　图像信息分解示意图

在图 4-7 中，左上角为起始点；row 表示行，对应图像的高 height，即 y 方向；col 表示列，对应图像的宽 width，即 x 方向。

一幅图像就是一个二维信号，包含了不同的频率成分。如图 4-8 所示，亮度变化小的区域是低频成分，描述大范围的信息；而亮度变化剧烈的区域（如物体的边缘）是高频成分，描述具体的细节。高频成分可以提供图像的详细信息，而低频成分可以提供一个框架。

（a）原始图像

（b）低频成分

（c）高频成分

图 4-8　图像的低频成分和高频成分

一张大尺寸的、详细的图片有很高的频率，而小尺寸的图片缺乏图像细节，只保留了较低频的信息。图像处理中的下采样，即缩小图片的过程，实际上是损失高频成分的过程。因此，为了减少图片相似性对比的计算量，哈希算法的第一步一般是缩小图片的尺寸。一般来说，哈希算法可以分为 4 种：差值哈希（Difference Hash，DHash）、均值哈希（Average Hash，AHash）、感知哈希（Perceptual Hash，PHash）和小波哈希（Wavelet Hash，WHash），常用的是前面 3 种，即 DHash、AHash、PHash。

接下来介绍常用的 3 种哈希算法的步骤。

1. DHash

DHash 计算每个像素的像素值差异，并将其与像素值差异的平均值进行比较。在实际应用中，很少使用 DHash，因为它比较敏感，同一张图片旋转一定角度或变形一下，哈希值差别就很大。但是，它的计算速度是最快的，通常可以用于查找缩略图。DHash 的具体计算过程如下。

（1）缩小尺寸。

一般将图片的尺寸缩小到 9×8（col=row+1），比较两张看起来完全相同的图片在实际上是否相同的最好方法是：将这张图片的像素数记为 m，对像素进行逐个对比，不同的像素数记为 n，如果每有一个不同的像素 n 就加 1，那么两张图片的相似度是 $1-n/m$。假设两张图片的尺寸是 1000×1000，则将进行一百万次对比，十分耗时。因此，要减少对比次数，就要减少像素数，进行基于抽样检测原理的图片压缩。将 1000×1000 的图片压缩到 9×8 后（每行每隔 111 个像素取一个像素，每列每隔 125 个像素取一个像素），只需对比 72 次。

（2）灰度化。

如果对比的两张图片，第二张图片是经过第一张图片转换过来的，或者由 PNG 格式转换为 JPG 格式时造成了色值失真，或者在传输过程中其他因素造成了色值失真，就需要进行灰度化。灰度化可以减小色值失真带来的影响，在计算哈希值时使相似度有所提高。

（3）计算灰度差值。

计算灰度差值是 DHash 的核心步骤，所有哈希算法一般最终都是采样 64（8×8）个点。DHash 之所以采样 9×8 个像素是因为比较差值的逻辑。DHash 将每行前一个像素值减去后一个像素值，如果差值大于或等于 0，则记为 1；如果差值小于 0，则记为 0。

假设 9×8 的数组是：$a_1 \sim a_9, b_1 \sim b_9, c_1 \sim c_9, \cdots, h_1 \sim h_9$，即记录 $a_1-a_2, a_2-a_3, a_3-a_4, \cdots, a_8-a_9$ 的差值；$b, c, \cdots, h$ 以此类推，一共记录 64 个差值。对差值进行判断，大于或等于 0 的记为 1，小于 0 的记为 0，得到的这个 64bit 的 0-1 序列就是这张图片的 DHash 值，或者称为指纹。

（4）图片配对，计算汉明距离。

如果要用 DHash 判断两张图片的相似度，则只需先计算两张图片的 DHash 值，然后计算两个 DHash 值之间的汉明距离，汉明距离越小，图片越相似。

2. AHash

AHash 对图片的每个像素值进行对比，如果大于或等于图像的像素值的平均值，则输出 1；否则，输出 0。

AHash 主要利用图片的低频成分，最大的优点是计算速度快。AHash 的具体计算过程如下。

（1）缩小尺寸。

去除高频和细节最快的方法是缩小图片的尺寸，与 DHash 不同，这里只需缩小到 8×8，因为实际操作中只需 64 个像素，而 DHash 缩小到 9×8 是因为前一个像素要与后一个像素做差，最后得到的也是 64 个像素。AHash 不需要保持纵横比，只需将其变成 8×8 的正方形，这样就可以比较任意大小的图片，摒弃不同尺寸、比例带来的图片差异。AHash 具体缩小尺寸的方法与 DHash 相同。

（2）灰度化。

将 8×8 的小图片转换成灰度图像，与 DHash 中的方法相同。

（3）计算灰度平均值并比较像素的灰度。

计算所有 64 个像素的灰度平均值。所谓均值哈希，就是指以所有像素的平均值作为基准点（这里就是 64 个像素的平均值），依次用每个像素值和平均值进行比较，大于或等于平均值的记为 1，小于平均值的记为 0，从而得到 64bit 的二进制数值。

（4）计算哈希值。

将上一步的比较结果组合在一起就构成了一个 64bit 的序列，即这张图片的指纹。组合的次序并不重要，只要保证所有图片都采用同样的次序即可。

3. PHash

AHash 虽然简单，但受平均值的影响非常大。例如，对图像进行 Gamma 校正或直方图均衡化就会影响平均值，从而影响最终的哈希值。PHash 将平均值的方法发挥到极致，使用离散余弦变换（Discrete Cosine Transform，DCT）获取图像的低频成分。

DCT 是一种图像压缩算法，它将图像从像素域变换到频域。通常图像存在很多的冗余和相关性，因此图像在变换到频域后，只有很少一部分频率分量的系数不为 0，其余大部分都为 0，或者接近 0。

PHash 的具体计算过程如下。

（1）缩小尺寸。

PHash 以小图片开始，但缩小后的图片尺寸大于 8×8，尺寸为 32×32 是最好的。这样做的目的是简化 DCT 的计算，而不是降低频率。

（2）灰度化。

将图片转换成灰度图像，进一步简化计算量，与 DHash 的灰度化过程相同。

（3）计算 DCT。

计算图片的 DCT，得到 32×32 的 DCT 系数矩阵。

（4）缩小 DCT。

虽然 DCT 的结果是 32×32 的矩阵，但只要保留左上角 8×8 的矩阵，就呈现了图片中的最低频率。

（5）计算 DCT 的平均值。

该过程同 AHash 一样，计算 DCT 的平均值。

（6）计算哈希值。

计算哈希值是最重要的一步，根据 8×8 的 DCT 系数矩阵，设置 0 或 1 的 64bit 哈希值，大于或等于 DCT 平均值的设为 1，小于 DCT 平均值的设为 0，将所有的 0 和 1 组合在一起，就构成了一个 64bit 的整数，即这张图片的指纹。

PHash 结果并不能告诉我们真实的低频率，只能粗略地告诉我们该结果与平均值频率的相对比例。只要图片的整体结构保持不变，PHash 结果的值就不变，就能够避免 Gamma 校正或直方图均衡化带来的影响。

4.2.3 颜色矩

颜色矩（Color Moments）是一种简单有效的颜色特征表示方法。这种方法的数学基础是图像中任何的颜色分布均可用它的矩来表示。此外，由于颜色分布信息主要集中在低阶矩中，因此仅采用颜色分布的一阶矩（Mean）、二阶矩（Variance）和三阶矩（Skewness）就足以表达图像的颜色分布。与颜色直方图相比，颜色矩的一个好处在于无须对特征进行向量化。因此，图像的颜色矩一共只需要 9 个分量（3 个颜色分量，每个分量上有 3 个低阶矩），与其他的颜色特征相比是非常简洁的。在实际应用中，为了避免低阶矩较弱的分辨能力，颜色矩常与其他特征结合使用，并且一般在使用其他特征前起到过滤、缩小范围（Narrow Down）的作用。

颜色矩是以数学方法为基础，通过计算矩来描述颜色分布的。颜色矩通常直接在 RGB 空间计算，颜色分布的一阶矩、二阶矩、三阶矩统称为前三阶颜色矩，分别表示为

$$\mu_i = \frac{1}{N}\sum_{j=1}^{N} p_{i,j} \tag{4-6}$$

$$\sigma_i = \left(\frac{1}{N}\sum_{j=1}^{N}\left(p_{i,j} - \mu_i\right)^2\right)^{\frac{1}{2}} \tag{4-7}$$

$$s_i = \left(\frac{1}{N}\sum_{j=1}^{N}\left(p_{i,j} - \mu_i\right)^3\right)^{\frac{1}{3}} \tag{4-8}$$

一阶矩式（4-6）表示颜色分量的平均强度，二阶矩式（4-7）表示颜色分量的方差，三阶矩式（4-8）表示颜色分量的偏斜度。其中，$p_{i,j}$ 表示彩色图像第 i 个颜色通道分量中灰度为 j 的像素出现的概率；N 表示图像中的像素数。

假设图像的 3 个分量分别为 Y、U、V，图像的前三阶颜色矩组成一个 9 维直方图向

量，即图像的颜色特征表示为

$$F_{\text{color}} = [\mu_Y, \sigma_Y, s_Y, \mu_U, \sigma_U, s_U, \mu_V, \sigma_V, s_V] \quad (4\text{-}9)$$

4.2.4 颜色相关图

颜色相关图（Color Correlogram）是图像颜色分布的另一种表达方法。这种特征不仅刻画了某一种颜色的像素数占整幅图像像素数的比例，还反映了不同颜色对之间的空间相关性。传统的颜色直方图只刻画了某一种颜色的像素数占像素总数的比例，只是一种全局的统计关系，而颜色相关图则表达了颜色随距离变换的空间关系，即颜色相关图不仅包含图像颜色统计信息，还包含颜色之间的空间关系。颜色相关图比颜色直方图具有更高的检索效率，特别是在查询空间关系一致的图像方面。

假设 I 表示整幅图像的全部像素，$I_{c(i)}$ 表示颜色为 $c(i)$ 的所有像素。颜色相关图可以表示为

$$\gamma_{c_i,c_j}^{(k)}(I) \triangleq \Pr_{p_1 \in I_{c_i}, p_2 \in I_{c_j}} \{p_2 \in I_{c_j} \,|\, |p_1 - p_2| = k\} \quad (4\text{-}10)$$

式中，$i, j \in \{1,2,\cdots,N\}$；$k \in \{1,2,\cdots,d\}$；$|p_1 - p_2|$ 表示像素 p_1 和 p_2 之间的距离。

颜色相关图可以看作一张用颜色对 $\langle i, j \rangle$ 索引的表。其中，$\langle i, j \rangle$ 的第 k 个分量表示颜色为 $c(i)$ 的像素和颜色为 $c(j)$ 的像素之间的距离小于 k 的概率。如果考虑任何颜色之间的相关性，那么颜色相关图会变得非常复杂和庞大，空间复杂度为 $O(N^2 d)$。

一种简化的变种是颜色自相关图，仅考察具有相同颜色的像素之间的空间关系，因此，它的空间复杂度降到 $O(Nd)$。假设图像的记号为 $I(x, y)$，x、y 为空间坐标，包含的颜色有 $C_1, C_2, \cdots, C_n$，设置两种颜色之间的距离为 d，则将生成这样的一个直方图，即它的 bin 的个数为 n 的平方（颜色的组合数目），对于其中的每个 bin，bin 的大小为

$$\text{bin}(C_i, C_j) = \sum x, y \{\|I(x, y, C_i) - I(x, y, C_j) = d\|\} \quad (4\text{-}11)$$

式中，$\|\cdot\|$ 表示像素值为 C_i 和 C_j 的两个像素之间的空间距离。式（4-11）的物理意义是统计相同距离的像素数。因此，如果设置不同的距离 $d_1, d_2, \cdots, d_D$，共 D 个，那么 bin 的维数为 $n \times n \times D$。进一步地，如果只考虑相同颜色之间的空间关系，那么称为颜色自相关图，bin 的维数为 $n \times D$。

4.3 纹理特征

纹理特征也是图像的一种全局特征，描述了图像或图像区域所对应物体的表面性质。但由于纹理只是一种物体表面的特性，并不能完全反映物体的本质属性，所以仅仅利用纹理特征是无法获得高层次图像内容的。

与颜色特征不同，纹理特征不是基于像素的特征，它需要在包含多个像素的区域中进行统计计算。在模式匹配中，这种区域性的特征具有较高的优越性，不会因局部的偏

差而无法匹配成功。作为一种统计特征，纹理特征具有旋转不变性，并且对噪声有较强的抵抗能力。但是，纹理特征很明显的一个缺点是，当图像的分辨率变化时，所计算的纹理可能会有较大偏差。另外，由于可能受到光照、反射情况的影响，从二维图像中反映的纹理不一定是三维物体表面的真实纹理。例如，物体在水中的倒影纹理会发生变化，光滑的金属面互相反射造成的影响也会导致纹理发生变化。由于上述的倒影和反射等不是物体本身的特性，因此在将纹理信息应用于图像检索时，这些虚假的纹理会对图像检索造成误导。当检索在粗细、疏密等方面具有较大差别的纹理图像时，利用纹理特征是一种有效的方法。但当纹理的粗细、疏密等易于分辨的信息相差不大时，通常的纹理特征很难准确地反映不同视觉感觉的纹理之间的差别。

4.3.1 小波变换

数字图像处理的方法主要分成两种：空域分析法和频域分析法。空域分析法是指对图像矩阵进行处理的方法，而频域分析法是指通过图像变换将图像从空域变换到频域，从另一个角度来分析图像的特征并进行处理的方法。频域分析法在图像增强、图像复原、图像编码压缩和特征编码压缩方面有着广泛应用。

从数学的角度看，信号与图像处理可以统一看作信号处理，其中，图像可以看作二维信号。用傅里叶变换提取信号的频谱需要利用信号的全部时域信息，但是，傅里叶变换并没有反映随着时间的变化信号频率成分的变化情况。它只能获取一段信号在总体上包含哪些频率成分，但并不知道各频率成分出现的时刻。短时傅里叶变换（Short Time Fourier Transform，STFT）时间窗的宽度不好确定，窗太窄、窗内的信号太短会导致频率分析不够精准，频率分辨率低；窗太宽，时域上又不够精细，时间分辨率低，并且STFT 的时间窗是固定的，在一次 STFT 中，时间窗宽度不会变化，因此，STFT 还是无法满足非稳态信号变化的频率需求。另外，STFT 做不到正交化。

小波变换（Wavelet Transform，WT）是一种新的变换分析方法，继承和发展了STFT 局部化的思想，同时克服了时间窗的宽度不随频率变化等缺点，能够提供一个随频率改变的“时间-频率”窗口，是进行信号时频分析和信号处理的理想工具。它的主要特点是通过变换能够充分突出问题某些方面的特征，能进行时间（空间）频率的局部化分析，通过伸缩平移运算对信号（函数）逐步进行多尺度细化，最终实现高频处时间细分、低频处频率细分，能自动适应时频信号分析的要求，从而聚焦到信号的任意细节，解决了 STFT 的困难问题，在科学方法上取得了重大突破。

下面具体介绍小波变换。

1．小波变换的原理

在信号处理中，傅里叶变换公式为

$$F(\omega)=\int_{-\infty}^{+\infty} f(t)\mathrm{e}^{-\mathrm{j}\omega t}\,\mathrm{d}t=F\left[f(t)\right] \tag{4-12}$$

在图像处理中，通常使用离散傅里叶变换（Discrete Fourier Transform，DFT），以二维图像为例，归一化的二维离散傅里叶变换为

$$F(u,v)=\frac{1}{\sqrt{NM}}\sum_{x=0}^{N-1}\sum_{y=0}^{M-1}I(x,y)\mathrm{e}^{-\frac{2\pi\mathrm{i}}{N}ux}\mathrm{e}^{-\frac{2\pi\mathrm{i}}{M}vy} \tag{4-13}$$

$$I(x,y)=\frac{1}{\sqrt{NM}}\sum_{u=0}^{N-1}\sum_{v=0}^{M-1}F(u,v)\mathrm{e}^{\frac{2\pi\mathrm{j}}{N}ux}\mathrm{e}^{\frac{2\pi\mathrm{j}}{M}vy} \tag{4-14}$$

式中，I 表示图像的空间域的值；F 表示图像的频域的值。傅里叶变换的结果为复数，表明傅里叶变换其实是实数图像与虚数图像叠加或幅度图像与相位图像叠加的结果。在实际的图像处理算法中，仅需要得到幅度图像，因为其包含了图像的所有几何结构信息。但是，如果想通过修改幅度图像和相位图像来修改原空间图像，则需要保留幅度图像和相位图像来进行傅里叶变换，从而得到修改后的图像。

在频域，高频部分代表了图像边缘、线条和纹理等细节信息，低频部分代表了图像的轮廓信息。其中，一般空间域的图像为 $I(x,y)$，也可以看作一个二维矩阵，每个坐标对应一个颜色值。对于图像来说，频率可以指图像颜色值的梯度，即灰度级的变化速度。图像的幅度指频率的权，即该频率所占的比例。

小波就是很小的波，小波直接把傅里叶变换的无限长的三角函数基换成了有限长的会衰减的小波基。这样不仅能够获取频率，还可以定位到时间。小波指的是一种能量在时域非常集中的波。它的能量有限，都集中在某点附近，且积分的值为零。这说明它与傅里叶波一样是正交波。

从数学上看，小波是函数空间 $L^2(R)$ 中满足容许性条件的一个函数或信号 $\psi(x)$。对于任意实数对 (a,b)，参数 a 必须为非零实数，称如下形式的函数：

$$\Psi_{a,b}(x)=\frac{1}{\sqrt{|a|}}\psi\left(\frac{x-b}{a}\right) \tag{4-15}$$

为由小波母函数 $\psi(x)$ 生成的依赖参数 (a,b) 的连续小波函数，简称小波函数。小波函数在原点附近才有明显偏离水平轴的波动，在远离原点时，函数值迅速衰减为零，因此，对任意参数 (a,b)，小波函数 $\Psi_{a,b}(x)$ 在 $x=b$ 附近存在明显的波动，在远离 $x=b$ 的地方迅速衰减到零。小波变换给出了一个可调节的频域窗口，该窗口的宽度随频率变化，频率提高时，频域窗口的宽度自动变窄，以提高分辨率。

小波变换定义为

$$W_f(a,\tau)=\frac{1}{\sqrt{|a|}}\int_{-\infty}^{+\infty}f(t)\psi\left(\frac{t-\tau}{a}\right)\mathrm{d}t \tag{4-16}$$

式中，信号 $f(t)$ 的小波变换是一个二元函数；参数 τ（相当于小波函数中的 b）表示分析的时间中心或时间点，即时间中心参数，一般称为平移量，控制小波函数的平移；参数 a 表示以 $t=\tau$ 为中心的波动范围，因此，参数 a 一般称为尺度参数，可以改变频谱结构和频域窗口的形状，控制小波函数的伸缩。尺度参数 a 对应频率的反比，平移量 τ 对应时间。

小波变换可以和傅里叶变换结合起来理解。傅里叶变换使用一系列不同频率的正余弦函数来分解原函数，变换后得到的是原函数在正余弦函数不同频率下的系数。小波变换使用一系列不同尺度的小波来分解原函数，变换后得到的是原函数在不同尺度的小波下的系数。不同的小波通过平移与尺度变换来分解原函数，平移是为了得到原函数的时间特性，尺度变换是为了得到原函数的频率特性。

小波变换有许多种类，这是因为小波变换与小波母函数$\psi(x)$有关，不同的小波母函数$\psi(x)$对应不同种类的小波变换，如Haar小波、Shannon小波、墨西哥草帽小波等。可以证明，小波函数$\varPsi_{a,b}(x)$的频域窗口面积与参数a、b无关，仅与小波母函数$\psi(x)$的选取有关。因此，不能通过选择参数a、b使时域窗口和频域窗口的半径同时缩小，时域和频域上的分辨率相互牵制，要想使两者的分辨率同时提高，就必须选择适当的小波母函数$\psi(x)$，小波母函数趋向于零的速度是衡量小波母函数性质好坏的一个重要指标。

图像的傅里叶变换将图像信号分解为各种不同频率的正弦波。同样，小波变换将图像信号分解为由原始小波进行位移和缩放后的一组小波。小波在图像处理中被称为图像显微镜，原因在于它的多分辨率分解能力可以将图像信息一层一层地分解剥离。剥离的手段是通过低通滤波器和高通滤波器。

2. 图像的二维离散小波变换

图像的二维离散小波变换如图 4-9 所示，小波分解的过程可描述为：首先对图像的每行进行一维离散小波变换（1D-DWT），获得原始图像在水平方向上的低频分量L和高频分量H；然后对变换所得的数据的每列进行 1D-DWT，获得原始图像在水平方向和垂直方向上的低频分量 LL、水平方向上的低频和垂直方向上的高频分量 LH、水平方向上的高频和垂直方向上的低频分量 HL、水平方向和垂直方向上的高频分量 HH。小波系数重构过程可描述为：首先对一维离散小波变换结果的每列进行一维离散小波逆变换，再对变换所得数据的每行进行一维离散小波逆变换，即可获得重构图像。

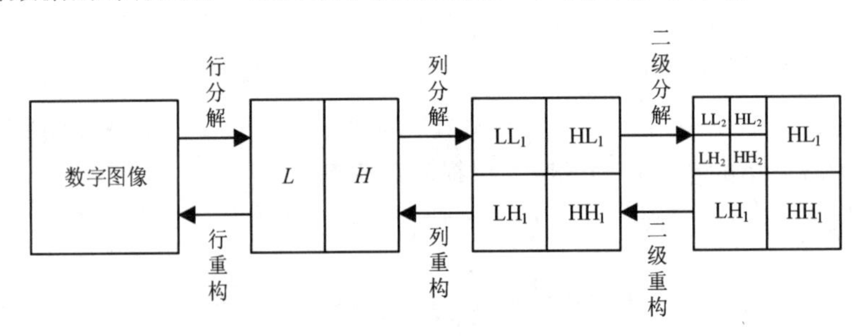

图 4-9　图像的二维离散小波变换

由上述过程可以看出，图像的小波分解是一个将信号按照低频和有向（水平方向或垂直方向）高频进行分离的过程，在小波分解过程中还可以根据需要对得到的分量 LL 进行进一步的小波分解，直至达到精度要求。

小波分解示意图如图 4-10 所示，这里对原始图像进行三级小波分解，方框 a 表示的是近似图像。

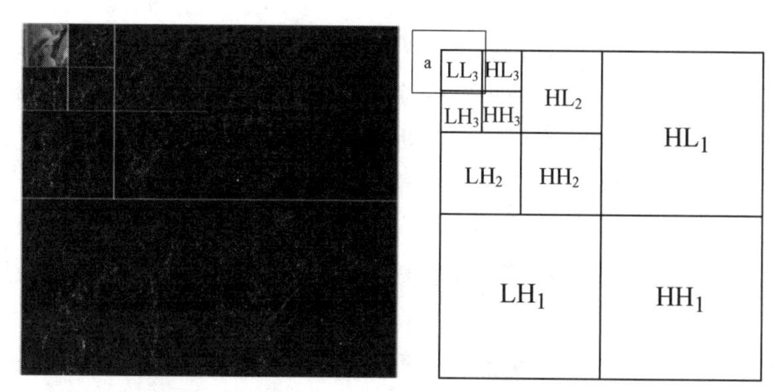

（a）Lena 图像三级小波分解　　（b）三级小波分解

图 4-10　小波分解示意图

以图 4-11 为例进行小波变换，对图 4-11（a）进行二级小波分解，得到图 4-11（b）所示的分解结果。进行图 4-11（c）所示的二级小波系数重构，得到重构的原始图像，如图 4-11（d）所示。

（a）原始图像　　（b）二级小波分解结果

（c）二级小波系数重构　　（d）重构的原始图像

图 4-11　二级小波分解和重构示意图

4.3.2　Gabor 变换

Gabor 变换是 D.Gabor 于 1946 年提出的。为了从信号的傅里叶变换中提取局部信息，引入了时间局部化的窗函数，得到了窗口傅里叶变换。由于窗口傅里叶变换只依赖部分时间的信号，所以现在窗口傅里叶变换又称为 STFT，或者称为 Gabor 变换。Gabor 变换可以在频域的不同尺度、不同方向上提取相关的特征。

Gabor 变换是傅里叶变换的一种特殊情况，实质上还是傅里叶变换，但它在一定程度上解决了傅里叶变换的时频分离不足的问题。Gabor 变换是通过模拟人类视觉系统而产生的，可以将视网膜成像分解成一组滤波图像，每个分解的图像能够反映频率和方向在局部范围内的变化。

Gabor 特征是一种可以用来描述图像纹理信息的特征，Gabor 滤波器的频率和方向与人类的视觉系统类似，非常适合纹理表示与判别。Gabor 特征主要依靠 Gabor 核在频域对信号进行加窗来描述信号的局部频率信息。通过一组多通道 Gabor 滤波器，可以获得图像纹理信息的特征。

Gabor 滤波器和脊椎动物视觉皮层感受野响应的比较如图 4-12 所示，第一行是脊椎动物的视觉皮层感受野响应，第二行是 Gabor 滤波器，第三行是两者的残差，可见两者相差极小。Gabor 滤波器的这一性质在视觉领域经常被用来进行图像的预处理。

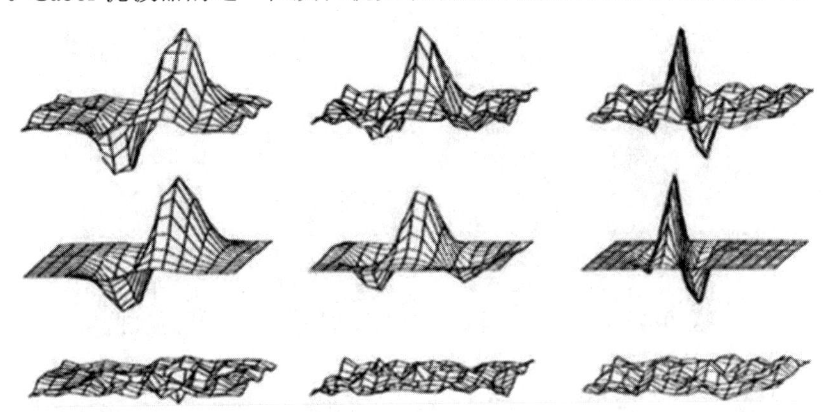

图 4-12　Gabor 滤波器和脊椎动物视觉皮层感受野响应的比较

1．Gabor 变换的定义

Gabor 变换的基本思想：把信号划分成许多小的时间间隔，用傅里叶变换分析每个时间间隔，以确定信号在该时间间隔内存在的频率。Gabor 变换的处理方法是先对 $f(t)$ 加一个滑动窗，再进行傅里叶变换。

设函数 f 为具体的函数，且 $f \in L^2(\mathbb{R})$，则 Gabor 变换定义为

$$G_f(a,b,\omega) = \int_{-\infty}^{+\infty} f(t) g_a(t-b) \mathrm{e}^{-\mathrm{i}\omega t} \, \mathrm{d}t \tag{4-17}$$

式中，$g_a(t) = \dfrac{1}{2\sqrt{\pi a}} \exp\left(-\dfrac{t^2}{4a}\right)$ 是高斯函数，又称为高斯窗函数，$a>0$，$b>0$；$g_a(t-b)$ 是一个时间局部化的窗函数，其中，参数 b 用于平移窗口，以覆盖整个时域。对参数 b 进行积分得到

$$\int_{-\infty}^{+\infty} G_f(a,b,\omega)\mathrm{d}b = \hat{f}(\omega), \quad \omega \in \mathbb{R} \tag{4-18}$$

信号的重构表达式为

$$f(t) = \frac{1}{2\pi}\int_{-\infty}^{+\infty}\int_{-\infty}^{+\infty} G_f(a,b,\omega)g_a(t-b)\mathrm{e}^{\mathrm{i}\omega t}\,\mathrm{d}\omega\mathrm{d}b \tag{4-19}$$

Gabor 变换取 $g(t)$ 为高斯函数有两个原因：一是高斯函数的傅里叶变换仍为高斯函数，使傅里叶逆变换也是用窗函数局部化的，同时体现了频域局部化；二是 Gabor 变换是最优的窗口傅里叶变换，意义在于 Gabor 变换出现后有了真正意义上的时间-频率分析，即 Gabor 变换可以达到时频局部化的目的。它不仅能够在整体上提供信号的全部信息，还能提供在任意局部时间内信号变化剧烈程度的信息。简而言之，Gabor 变换可以同时提供时频局部化的信息。

经理论推导，有

$$\begin{aligned}\left[b-\sqrt{a},b+\sqrt{a}\right]\times\left[\omega-\frac{1}{a\sqrt{a}},\omega-\frac{1}{a\sqrt{a}}\right] &= \left(2\Delta G_{b,\omega}^{a}\right)\left(2\Delta H_{b,\omega}^{a}\right) \\ &= \left(2\Delta g_a\right)\left(2\Delta g_{\frac{1}{4},a}\right) = 2\end{aligned} \tag{4-20}$$

可得出高斯窗函数条件下窗口的宽度与高度，且它们的积为固定值。矩形时间-频率窗口的宽为$2\sqrt{a}$，高为$1/\sqrt{a}$。由此可以看出 Gabor 变换的局限性，即时间频率的宽度对所有频率是固定不变的。实际要求是窗口的大小应随频率变化，频率越高，窗口应越小，这才符合实际问题中高频信号的分辨率比低频信号的分辨率低的情况。

2. 二维 Gabor 滤波器

Gabor 变换的根本是 Gabor 滤波器的设计，而 Gabor 滤波器的设计又是其频率函数和一个高斯函数的参数设计。实际上，Gabor 变换为了提取信号傅里叶变换后的局部信息，使用一个高斯函数作为窗函数，因为一个高斯函数的傅里叶变换还是一个高斯函数，所以傅里叶逆变换也是局部的。

在图像处理、模式识别和计算机视觉等领域，Gabor 滤波器得到了广泛的应用。用 Gabor 函数形成的二维 Gabor 滤波器具有在空间域和频域同时取得最优局部化的特性，与人类视觉特性很相似，因此它能够很好地描述对应的空间频率（尺度）、空间位置和方向选择性的局部结构信息。

在图像处理中，Gabor 函数是一个用于边缘提取的线性滤波器，频率和方向表达与人类视觉系统类似。研究发现，Gabor 滤波器十分适合纹理表达和分离。在空间域，一个二维 Gabor 滤波器是一个由正弦平面波调制的高斯核函数。在实际应用中，Gabor 滤波器可以在频域的不同尺度、不同方向上提取相关特征。

Gabor 滤波器的脉冲响应可以定义为一个正弦波（对于二维 Gabor 滤波器是正弦平面波）乘高斯函数。由乘法卷积性质可知，Gabor 滤波器的脉冲响应的傅里叶变换是其调和函数的傅里叶变换与高斯函数傅里叶变换的卷积。Gabor 滤波器由实部和虚部组

成，二者相互正交。一组不同频率、不同方向的 Gabor 函数组对图像特征提取非常有用。Gabor 滤波器的公式化定义为

$$g(x,y;\lambda,\theta,\psi,\sigma,\gamma)=\exp\left(-\frac{x'^2+\gamma^2y'^2}{2\sigma^2}\right)\cos\left(\mathrm{i}\left(2\pi\frac{x'}{\lambda}+\psi\right)\right) \tag{4-21}$$

$$g(x,y;\lambda,\theta,\psi,\sigma,\gamma)=\exp\left(-\frac{x'^2+\gamma^2y'^2}{2\sigma^2}\right)\exp\left(\mathrm{i}\left(2\pi\frac{x'}{\lambda}+\psi\right)\right) \tag{4-22}$$

$$g(x,y;\lambda,\theta,\psi,\sigma,\gamma)=\exp\left(-\frac{x'^2+\gamma^2y'^2}{2\sigma^2}\right)\sin\left(\mathrm{i}\left(2\pi\frac{x'}{\lambda}+\psi\right)\right) \tag{4-23}$$

$$x'=x\cos\theta+y\sin\theta \tag{4-24}$$

$$y'=-x\sin\theta+y\cos\theta \tag{4-25}$$

其中，式（4-21）为复数形式；式（4-22）表示实部；式（4-23）表示虚部；λ表示正弦函数波长，单位为像素，通常大于或等于 2，但不能大于输入图像尺寸的 1/5；θ表示 Gabor 函数条纹方向，取值范围为 0°～360°；ψ表示相位偏移，取值范围为-180°～180°；σ表示高斯函数的标准差；γ表示空间的宽高比，即空间纵横比，决定了 Gabor 函数形状的椭圆率（Ellipticity），当$\gamma<1$时，Gabor 函数形状随着条纹方向而拉长，通常该值为 0.5，相当于 x 和 y 的标准差不是相同的σ，而是σ_1、σ_2，即两个方向的标准差不同。

图 4-13 对比了取不同参数的 Gabor 滤波器，第 1～5 行，λ分别取 3、6、9、12、15，第 1～8 列，θ分别取 0、π/8、π/4、3π/8、π/2、5π/8、3π/4、7π/8，其他参数保持不变，即$\psi=0$、$\sigma=2\pi$、$\gamma=0.5$。

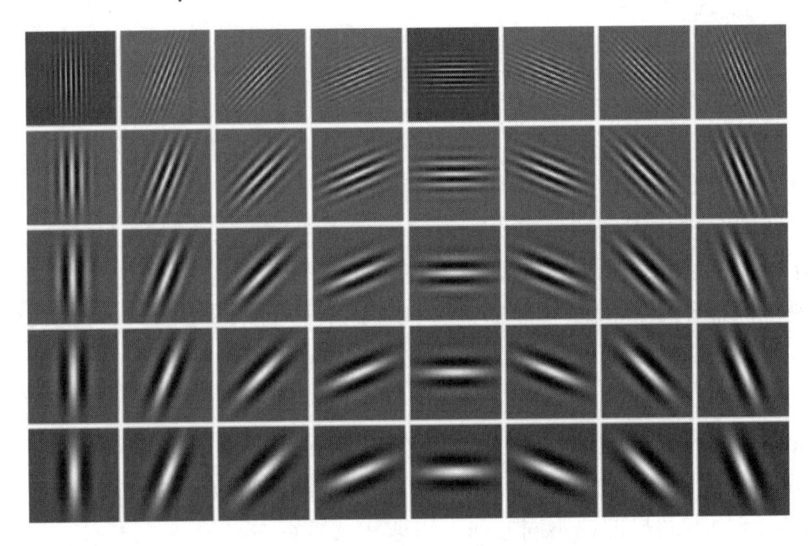

图 4-13　取不同参数的 Gabor 滤波器

使用 Gabor 滤波器对图 4-14 中的图像进行卷积，得到图 4-15 所示的卷积结果。其中，参数设置为$\lambda=6$、$\psi=0$、$\sigma=2\pi$、$\gamma=0.5$，θ分别取 0 和 π/2。

图 4-14 待滤波图像

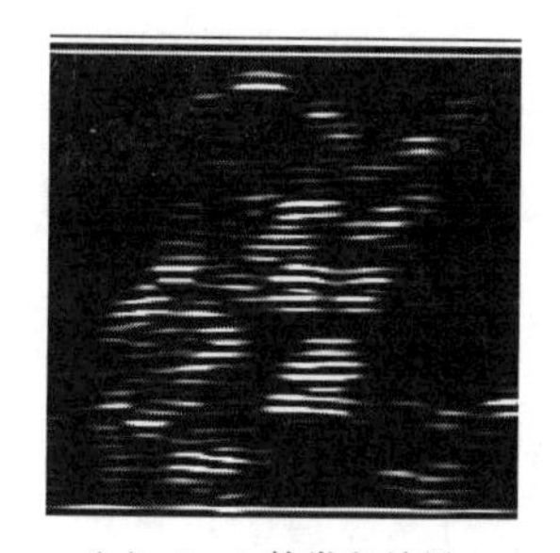

（a）$\theta=0$ 的卷积结果

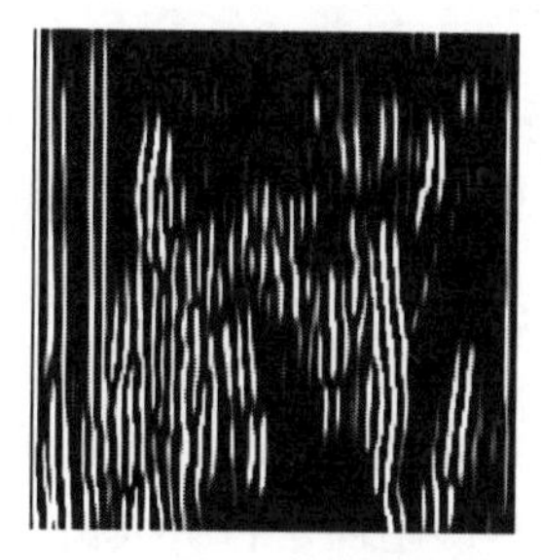

（b）$\theta=\pi/2$ 的卷积结果

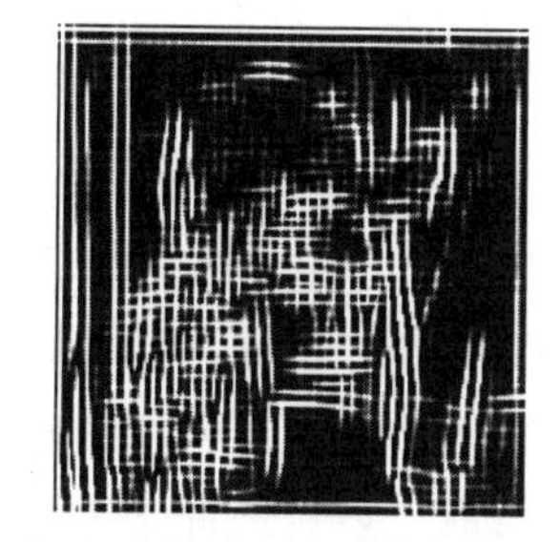

（c）$\theta=0$ 和 $\theta=\pi/2$ 的卷积合成结果

图 4-15 使用不同参数的 Gabor 滤波器的卷积结果

由此可以看到，不同方向、不同尺度的 Gabor 滤波器可以提取人脸中的不同特征，组合不同方向的 Gabor 滤波器得到的结果可以得到较好的原始图像纹理特征。

3．Gabor 变换的不足

通过频率参数和高斯函数参数的选取，Gabor 变换可以选取很多纹理特征，但是，Gabor 变换是非正交的，不同特征分量之间有冗余，因此在图像的纹理分析中效率不太高。Gabor 变换在一定程度上解决了局部分析的问题，但对于突变信号和非平稳信号仍难以得到满意的结果，即 Gabor 变换仍存在较严重的缺陷。

（1）Gabor 变换的频域窗口的大小、形状不变，只有位置变化，而实际应用中常常希望频域窗口的大小、形状随频率的变化而变化，因为信号的频率与周期成反比，在高频部分希望能给出相对较窄的时间窗口，以提高分辨率；在低频部分则希望能给出相对较宽的时间窗口，以保证信息的完整性。总之，希望给出能够调节的时频窗口。

（2）Gabor 变换基函数不能成为正交系，因此，为了不丢失信息，在信号分析或数值计算时必须采用非正交的冗余基。这就增加了不必要的计算量和存储量。

（3）Gabor变换在待分析信号上增加了一个窗函数，改变了原信号的性质。

4．傅里叶变换、Gabor 变换和小波变换的区别

（1）傅里叶变换、Gabor 变换和小波变换这 3 个变换分别有自己特定的定义变换形式，因此，它们在实际应用中的侧重点也是不同的。总体来说，傅里叶变换更适用于稳

定信号；Gabor 变换更多地应用于比较稳定的非稳定信号；小波变换侧重在极其不稳定的非稳定信号上的应用。

（2）Gabor 变换属于加窗傅里叶变换，Gabor 函数可以在频域的不同尺度、不同方向上提取相关的特征。而小波变换不仅实现了在频域上的加窗，还实现了在时域上的加窗，继承和发展了傅里叶变换局部化的思想，同时克服了时间窗口大小不随频率变化的缺点，是进行信号时频分析和处理的理想工具。

（3）Gabor 变换不是小波变换，但 Gabor 小波变换是小波变换，Gabor 变换和 Gabor 小波变换不同。Gabor 函数本身不具有小波函数的正交特性，将 Gabor 函数经过正交化处理后称为 Gabor 小波，即将 Gabor 变换正交化就成了 Gabor 小波变换。

4.3.3 Gist 特征

Gist 特征是指根据稀疏网格的划分提取的图像全局特征，可以很好地描述单一场景。全局特征信息又称为 Gist 信息，是场景的低维签名向量。采用 Gist 信息对场景进行识别与分类不需要对图像进行分割和局部特征提取，可以实现快速场景识别与分类。

Gist 特征描述子能对场景特征进行描述。通常的特征描述子都是对图像的局部特征进行描述的，以这种思路进行场景描述是不可行的。例如，对于“大街上有一些行人”这个场景，必须先通过局部特征辨认图像是否有大街、行人等对象，再断定这是否满足该场景。但这个计算量无疑是巨大的，且特征向量也可能大到无法在内存中存储计算。这迫使我们需要一种更加宏观的特征描述方式，从而忽略图像的局部特点。

我们注意到，大多数城市看起来就像天空和地面由建筑物外墙紧密连接，大部分高速公路看起来就像一个大表面拉伸天际线，里面充满了凹形（车辆），而森林场景就像在一个封闭的环境中，由垂直结构作为背景（树），并连接一定纹理的水平表面（草）。如此看来，空间包络可以在一定程度上表征这些信息。空间包络特征是 Gist 特征的子集，是基于谱特征计算的全局特征。

空间包络特征将一幅图像用以下 5 个描述子进行描述，可使用谱特征和学习的权值分量做内积来得到空间包络特征。

（1）自然度（Degree of Naturalness）：场景若包含高度的水平和垂直线，则表明该场景有明显的人工痕迹。通常，自然景象具有纹理区域和起伏的轮廓。因此，图像的边缘若具有高度垂直于水平倾向，则自然度低；反之，自然度高。

（2）开放度（Degree of Openness）：表明空间包络是否是封闭或围绕的。例如，封闭的空间包络有森林、山、城市中心等；广阔的、开放的空间包络有海岸、高速公路等。

（3）粗糙度（Degree of Roughness）：指主要构成成分的颗粒大小。粗糙度取决于每个空间中元素的尺寸、它们构建更加复杂的元素的可能性和构建的元素之间的结构关系等。粗糙度与场景的分形维度有关，因此粗糙度也可以称为复杂度。

（4）膨胀度（Degree of Expansion）：根据平行线收敛程度，得到空间梯度的深度特点，将其描述为膨胀度。例如，平面视图中的建筑物具有低膨胀度；相反，非常长的街道则具有高膨胀度。

（5）险峻度（Degree of Ruggedness）：指相对于水平线的偏移。险峻度描述了图像表面的崎岖程度或凹凸不平的特征。一个光滑的表面具有较低的险峻度，而一个粗糙或崎岖的表面则具有较高的险峻度。

通常基于以上 5 个描述子对图像进行特征描述。下面介绍 Gist 特征的提取方式。

在早期，Torralba 等人采用小波图像分解算法提取输入图像的 Gist 信息。首先将输入图像分解成 4×4 个小区域子块。其次对每个小区域子块从 6 个方位和 4 个尺度采用小波滤波提取图像纹理特征信息。每幅图像的 Gist 信息为对各小区域子块小波滤波后的平均输出，得到 384 维 Gist 向量，采用 PCA 算法降维至 80 维。最后根据各场景的 Gist 向量到训练集的 Gist 向量的最小欧氏距离确定场景的类别。不同维度的 Gist 特征提取在于 Gabor 滤波器的个数（确切地说是 Gabor 滤波器的方向和尺度）的不同。

图像的 Gist 特征提取在实际应用中采用的方法是：首先将图像与不同方向和不同尺度的 Gabor 滤波器组进行滤波，其次将滤波后的图像划分为网格，对每个网格取平均值，最后将滤波后得到的所有图像的每个网格平均值级联起来，得到图像的 Gist 特征。例如，对于一幅大小为 $h \times w$ 的灰度图像 $f(x,y)$，用具有 n_c 个通道的 Gabor 滤波器对图像进行卷积滤波。其中，n_c 等于 Gabor 滤波器尺度和方向个数的乘积，这样就得到了 n_c 个滤波后的图像。将每幅滤波后的图像划分为 4×4 的网格，每个网格内取平均值得到一个特征。将每个网格的特征级联起来，就得到图像的 Gist 特征。在此给出 Gist 特征提取示例，如图 4-16 所示。

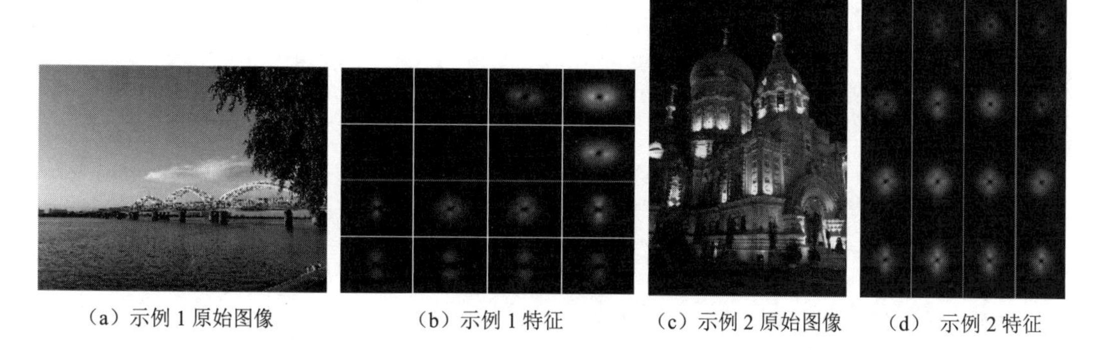

（a）示例 1 原始图像　（b）示例 1 特征　（c）示例 2 原始图像　（d） 示例 2 特征

图 4-16　Gist 特征提取示例

4.4　实践：全局特征提取

前面介绍的几种图像的全局特征提取可以通过 MATLAB 代码实现。下面通过编程来练习一下如何使用 MATLAB 实现图像全局特征的提取过程。我们截取 Lena 的部分图像［见图 4-2（a）］，演示如何提取图像的全局特征。

Gamma 校正代码如下：

```
1       gammaCorrection('lena.bmp',1,2.2);
```

```
2    function gammaCorrection(name, a, gamma)
3    r = imread (name);
4    r=im2double(r);
5    s = a * (r.^gamma);
6    subplot (1 ,2 ,1), imshow(r), title('Original');
7    subplot (1 ,2 ,2), imshow(s), title(sprintf('Gamma: %0.1f',gamma));
8    end
```

运行该代码最终得到的 Gamma 校正结果如图 4-2（b）和图 4-2（c）所示。通过图像可以看到，不同 Gamma 压缩参数对图像的影响不同。不同参数带来的效果不同，在此只给出 $\gamma = 1/2.2$ 和 $\gamma = 2.2$ 两种情况，其他情况可以通过改变代码实现仿真验证。

图像的梯度方向提取代码如下：

```
1    img = imread('lena.bmp');
2    [featureVector,hogVisualization] = extractHOGFeatures(img);
3    figure;
4    imshow(img);
5    hold on;
6    plot(hogVisualization);
```

代码运行结果如图 4-3（b）和图 4-3（c）所示。

图像的低频成分和高频成分可以分别提取，核心代码如下：

```
1    I=imread('lena.bmp');
2    figure; imshow(I);
3    [m,n]=size(I);
4    I1 = I(2:2:m,2:2:n);
5    I2 = imresize(I1,2,'bilinear');
6    figure; imshow(I2);
7    I3 = imsubtract(I,I2);
8    I3 = histeq(I3);
9    figure; imshow(I3);
```

代码运行结果如图 4-8（b）和图 4-8（c）所示。

颜色矩计算部分代码如下，输出的结果是一个矩阵。

```
1    if length(size(jpgfile))==2
2         jpgfile1=zeros(size(jpgfile,1),size(jpgfile,2),3);
3         jpgfile1(:,:,1)=jpgfile;
4         jpgfile1(:,:,2)=jpgfile;
5         jpgfile1(:,:,3)=jpgfile;
6         jpgfile=jpgfile1;
7         direc
8    end
9    [a b c] = size(jpgfile);
10   m = floor(a/5);
```

```
11  n = floor(b/5);
12  cmVec = zeros(1,225);
13  for i=1:5
14      for j = 1:5
15          subimage = jpgfile((i-1)*m+1:i*m,(j-1)*n+1:j*n,:);
16          tmp = (i-1)*5+j-1;
17          cmVec(tmp*9+1) = mean(mean(subimage(:,:,1)));
18          cmVec(tmp*9+2) = mean(mean(subimage(:,:,2)));
19          cmVec(tmp*9+3) = mean(mean(subimage(:,:,3)));
20          for p = 1:m
21              for q = 1:n
22                  cmVec(tmp*9+4) = cmVec(tmp*9+4) + (subimage(p,q,1)-cmVec(tmp*9+1))^2;
23                  cmVec(tmp*9+5) = cmVec(tmp*9+5) + (subimage(p,q,2)-cmVec(tmp*9+2))^2;
24                  cmVec(tmp*9+6) = cmVec(tmp*9+6) + (subimage(p,q,3)-cmVec(tmp*9+3))^2;
25                  cmVec(tmp*9+7) = cmVec(tmp*9+7) + (subimage(p,q,1)-cmVec(tmp*9+1))^3;
26                  cmVec(tmp*9+8) = cmVec(tmp*9+8) + (subimage(p,q,2)-cmVec(tmp*9+2))^3;
27                  cmVec(tmp*9+9) = cmVec(tmp*9+9) + (subimage(p,q,3)-cmVec(tmp*9+3))^3;
28              end
29          end
30          cmVec((tmp*9+4):(tmp*9+9)) = cmVec((tmp*9+4):(tmp*9+9))/(m*n);
31          cmVec(tmp*9+4) = cmVec(tmp*9+4)^(1/2);
32          cmVec(tmp*9+5) = cmVec(tmp*9+5)^(1/2);
33          cmVec(tmp*9+6) = cmVec(tmp*9+6)^(1/2);
34          if cmVec(tmp*9+7) >0
35              cmVec(tmp*9+7) = cmVec(tmp*9+7)^(1/3);
36          else
37              cmVec(tmp*9+7) = -((-cmVec(tmp*9+7))^(1/3));
38          end
39          if cmVec(tmp*9+8) >0
40              cmVec(tmp*9+8) = cmVec(tmp*9+8)^(1/3);
41          else
42              cmVec(tmp*9+8) = -((-cmVec(tmp*9+8))^(1/3));
43          end
44          if cmVec(tmp*9+9) >0
45              cmVec(tmp*9+9) = cmVec(tmp*9+9)^(1/3);
46          else
47              cmVec(tmp*9+9) = -((-cmVec(tmp*9+9))^(1/3));
48          end
49      end
50  end
51  if sqrt(sum(cmVec.^2))~=0
52      cmVec = cmVec / sqrt(sum(cmVec.^2));
53  end
```

颜色相关图关键代码如下：

```
1    function out = GLCMATRIX(si,offset,nl)
2    s = size(si);
3    [r,c] = meshgrid(1:s(1),1:s(2));
4    r = r(:);
5    c = c(:);
6    r2 = r+offset(1);
7    c2 = c+offset(2);
8    bad = c2<1|c2>s(2)|r2<1|r2>s(1);
9    Index = [r c r2 c2];
10   Index(bad,:) = [];
11   v1 = si(sub2ind(s,Index(:,1),Index(:,2)));
12   v2 = si(sub2ind(s,Index(:,3),Index(:,4)));
13   v1 = v1(:);
14   v2 = v2(:);
15   Ind   = [v1 v2 ];
16   bad = v1~=v2;
17   Ind(bad,:) = [];
18   if isempty(Ind)
19        oneGLCM2 = zeros(nl);
20   else
21        oneGLCM2 = accumarray(Ind+1,1,[nl,nl]);
22   end
23   out = [];
24   for i = 1:nl
25        out = [out oneGLCM2(i,i)];
26   end
27   out = out(:);
28   end
```

二级小波分解和重构的关键代码如下：

```
1    file = 'lena.bmp';
2    img = imread(file);
3    figure(10);imshow(img);
4    N = 2;
5    [c,s] = wavedec2(img,N,'db1');
6    a_ca1 = appcoef2(c,s,'db1',1);
7    a_ch1 = detcoef2('h',c,s,1);
8    a_cv1 = detcoef2('v',c,s,1);
9    a_cd1 = detcoef2('d',c,s,1);
10   figure(1);
11   subplot(4,4,[3,4,7,8]);imshow(a_ch1,[]);
12   subplot(4,4,[9,10,13,14]);imshow(a_cv1,[]);
```

```
13    subplot(4,4,[11,12,15,16]);imshow(a_cd1,[]);
14    ca2 = appcoef2(c,s,'db1',2);
15    ch2 = detcoef2('h',c,s,2);
16    cv2 = detcoef2('v',c,s,2);
17    cd2 = detcoef2('d',c,s,2);
18    subplot(4,4,1);imshow(ca2,[]);
19    subplot(4,4,2);imshow(ch2,[]);
20    subplot(4,4,5);imshow(cv2,[]);
21    subplot(4,4,6);imshow(cd2,[]);
22    recon_a1 = wrcoef2('a',c,s,'db1',2);
23    recon_h1 = wrcoef2('h',c,s,'db1',2);
24    recon_v1 = wrcoef2('v',c,s,'db1',2);
25    recon_d1 = wrcoef2('d',c,s,'db1',2);
26    recon_set = [recon_a1,recon_h1;recon_v1,recon_d1];
27    figure(2);imshow(recon_set,[]);
28    recon_img = recon_a1+recon_h1+recon_v1+recon_d1;
29    recon_img = mat2gray(recon_img );
30    figure(3);imshow(recon_img );
```

代码运行结果如图 4-11（b）和图 4-11（d）所示。

通过 Gabor 滤波器提取图像纹理特征的关键代码如下：

```
1     function Ig=gabor_imgProcess_peng(I,ksize,lambda,theta,phase,sigma,ratio)
2     [m,n] = size(I);
3     d = ksize/2;
4     Ip = zeros(m+ksize, n+ksize);
5     Ip(d+1:d+m, d+1:d+n)=I;
6     g = gabor_func_peng(ksize,lambda,theta,phase,sigma,ratio);
7     g = real(g);
8     Ig = zeros(m,n);
9     disp('get gabor');
10    for x = 1:m
11        for y = 1:n
12            Ig(x,y) = sum(sum(Ip(x:x+ksize-1,y:y+ksize-1).*g));
13        end
14    end
15
16    Ig = uint8(Ig);
17    Ig = min(255, max(0, Ig));
18    end
```

限于篇幅，书中只给出某些特定参数得到的滤波效果，其余参数带来的效果读者可以通过修改代码自行验证。在此例中给出两种 Gabor 滤波器参数效果，如图 4-15 所示。

Gist 特征提取的关键代码如下：

```
1	function [gist, param] = LMgist(D, HOMEIMAGES, param, HOMEGIST)
2	if nargin==4
3		precomputed = 1;
4	else
5		precomputed = 0;
6		HOMEGIST = '';
7	end
8	if isstruct(D)
9		Nscenes = length(D);
10		typeD = 1;
11	end
12	if iscell(D)
13		Nscenes = length(D);
14		typeD = 2;
15	end
16	if isnumeric(D)
17		Nscenes = size(D,4);
18		typeD = 3;
19		if ~isfield(param, 'imageSize')
20			param.imageSize = [size(D,1) size(D,2)];
21		end
22	end
23	param.boundaryExtension = 32;
24	if nargin<3
25		param.imageSize = 128;
26		param.orientationsPerScale = [8 8 8 8];
27		param.numberBlocks = 4;
28		param.fc_prefilt = 4;
29		param.G = createGabor(param.orientationsPerScale, param.imageSize+2*param.boundaryExtension);
30	else
31		if ~isfield(param, 'G')
32			param.G = createGabor(param.orientationsPerScale, param.imageSize+2*param.
	boundaryExtension);
33		end
34	end
35	Nfeatures = size(param.G,3)*param.numberBlocks^2;
36	gist = zeros([Nscenes Nfeatures], 'single');
37	for n = 1:Nscenes
38		g = [];
39		todo = 1;
40		if precomputed==1
41			filegist = fullfile(HOMEGIST, D(n).annotation.folder, [D(n).annotation.filename(1:end-4)
```

```
        '.mat']);
42              if exist(filegist, 'file')
43                  load(filegist, 'g');
44                  todo = 0;
45              end
46          end
47          if todo==1
48              if Nscenes>1 disp([n Nscenes]); end
49              try
50                  switch typeD
51                      case 1
52                          img = LMimread(D, n, HOMEIMAGES);
53                      case 2
54                          img = imread(fullfile(HOMEIMAGES, D{n}));
55                      case 3
56                          img = D(:,:,:,n);
57                  end
58              catch
59                  disp(D(n).annotation.folder)
60                  disp(D(n).annotation.filename)
61                  rethrow(lasterror)
62              end
63              img = single(mean(img,3));
64              img = imresizecrop(img, param.imageSize, 'bilinear');
65              img = img-min(img(:));
66              img = 255*img/max(img(:));
67
68              if Nscenes>1
69                  imshow(uint8(img))
70                  title(n)
71              end
72              output      = prefilt(img, param.fc_prefilt);
73              g = gistGabor(output, param);
74              if precomputed
75                  mkdir(fullfile(HOMEGIST, D(n).annotation.folder))
76                  save (filegist, 'g')
77              end
78          end
79          gist(n,:) = g;
80          drawnow
81      end
82      function g = gistGabor(img, param)
83      img = single(img);
84      w = param.numberBlocks;
```

```
85    G = param.G;
86    be = param.boundaryExtension;
87
88    if ndims(img)==2
89          c = 1;
90          N = 1;
91          [nrows ncols c] = size(img);
92    end
93    if ndims(img)==3
94          [nrows ncols c] = size(img);
95          N = c;
96    end
97    if ndims(img)==4
98          [nrows ncols c N] = size(img);
99          img = reshape(img, [nrows ncols c*N]);
100         N = c*N;
101   end
102   [ny nx Nfilters] = size(G);
103   W = w*w;
104   g = zeros([W*Nfilters N]);
105   img = padarray(img, [be be], 'symmetric');
106   img = single(fft2(img));
107   k=0;
108   for n = 1:Nfilters
109         ig = abs(ifft2(img.*repmat(G(:,:,n), [1 1 N])));
110         ig = ig(be+1:ny-be, be+1:nx-be, :);
111         v = downN(ig, w);
112         g(k+1:k+W,:) = reshape(v, [W N]);
113         k = k + W;
114         drawnow
115   end
116   if c == 3
117         g = reshape(g, [size(g,1)*3 size(g,2)/3]);
118   end
```

限于篇幅，这里只给出关键函数，具体的完整代码请读者在本书代码链接中下载源码。在此例中给出的两张示例图片分别如图 4-16（a）和图 4-16（c）所示，代码运行结果分别如图 4-16（b）和图 4-16（d）所示。

第5章 图像局部特征

5.1 概述

图像局部特征是图像上具有的局部特性，具有特征数量丰富、特征之间相关度小、不易受噪声干扰等优点，在人脸识别、图像检索、三维重建、全景图像拼接等方面具有广泛的应用。

特征点是一种典型的图像局部特征，指的是图像像素灰度值发生剧烈突变的点或在图像两个边缘上的交点，是一幅图像中具有代表性的区域。特征点能够反映图像本质特征，标识图像中的目标物体。通过特征点的匹配能够完成图像的匹配，这是图像匹配算法中应用比较多的一类图像匹配技术。

图像的特征点由关键点（Keypoint）和描述子（Descriptor）两部分组成。关键点指的是特征点在图像中的位置，有些还具有方向、尺度等信息；描述子通常是一个人为设计的向量，用来描述关键点周围像素点的信息。描述子的设计通常遵循“外观相似的特征应该有相似的描述子”这一设计原则。因此，在进行特征点匹配时，只要两个特征点的描述子在向量空间的距离足够近，就可以认为它们是同一个特征点。下面将分别介绍几种常用的特征点及其提取算法。

5.2 Harris 角点

Harris 角点检测算法是 Chris Harris 和 Mike Stephens 于 1988 年提出来的检测图像角点的一种经典算法。图像局部特征可以划分为角点、边缘和区块 3 部分，角点是一个比较直观的图像特征点，它在图像的水平方向和垂直方向上都有较大的变化量，角点示意图如图 5-1 所示。

Harris 角点检测算法的基本思想是取某像素点的一个邻域窗口，当这个窗口在各方向上小范围移动时，观察窗口内平均像素值的变化。当窗口沿任意方向移动都导致图像灰度发生明显变化时，便认为该点是一个角点。Harris 角点检测算法原理如图 5-2 所示。

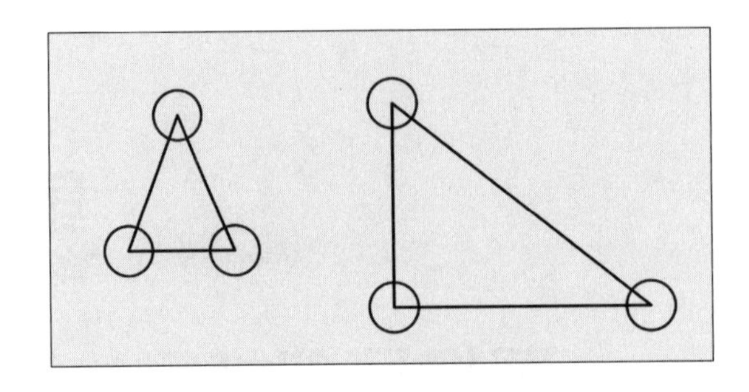

图 5-1　角点示意图

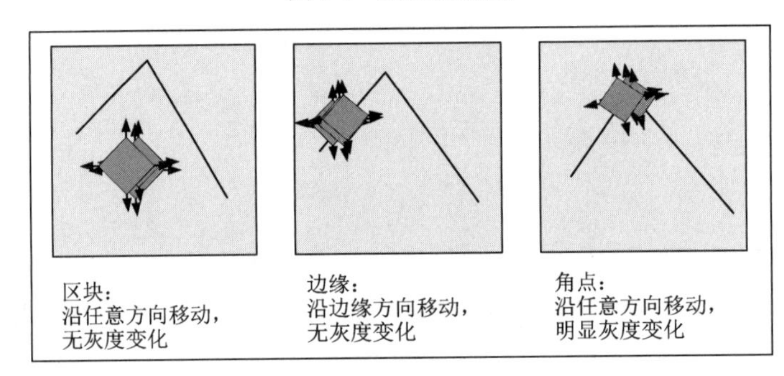

图 5-2　Harris 角点检测算法原理

Harris 角点检测算法的基本数学推导如下。

设图像为 $I(x,y)$，将图像平移 $[u,v]$ 产生的灰度变化 $E(u,v)$ 为

$$E(u,v)=\sum_{x,y} w(x,y)\left[I(x+u,y+v)-I(x,y)\right]^2 \tag{5-1}$$

$I(x+u,y+v)$ 在点 (u,v) 处的泰勒展开式为

$$I(x+u,y+v)=I(x,y)+I_x u+I_y v+O(u^2,v^2) \tag{5-2}$$

因此有

$$\begin{aligned}E(u,v)&\approx\sum_{x,y} w(x,y)\left[I(x,y)+I_x u+I_y v-I(x,y)\right]^2\\&=\sum_{x,y} w(x,y)\left[I_x u+I_y v\right]^2\\&=(u\ v)\sum_{x,y} w(x,y)\begin{bmatrix}I_x I_x & I_x I_y\\ I_x I_y & I_y I_y\end{bmatrix}\begin{pmatrix}u\\ v\end{pmatrix}\\&=(u\ v)\boldsymbol{M}\begin{pmatrix}u\\ v\end{pmatrix}\end{aligned} \tag{5-3}$$

式中，$\boldsymbol{M}=\sum_{x,y} w(x,y)\begin{bmatrix}I_x I_x & I_x I_y\\ I_x I_y & I_y I_y\end{bmatrix}$，称为结构张量。

令 $E(u,v)=C$（C 为常数），可以用椭圆表示该函数，如图 5-3 所示。

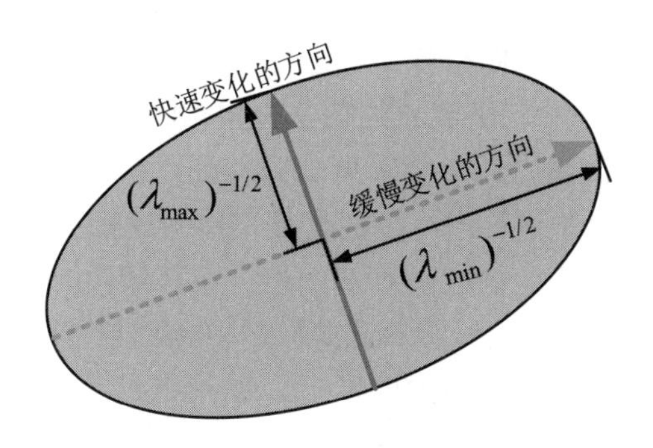

图 5-3　$E(u,v)$ 的椭圆表示

椭圆的长短轴与结构张量 $\boldsymbol{M}$ 的两个特征值 λ_1、λ_2 是相对应的量。通过判断 λ_1、λ_2 的情况可以区分角点、边缘和区块。因为角点在水平、垂直两个方向上变化均较大，即 I_x、I_y 都较大；边缘仅在水平方向或垂直方向上变化较大，即 I_x 和 I_y 只有其中一个较大；区块在水平、垂直两个方向上变化均较小，即 I_x、I_y 都较小。

结构张量 $\boldsymbol{M}$ 是由 I_x、I_y 构成的，它的特征值正好可以反映 I_x、I_y 的情况，因此可以根据结构张量 $\boldsymbol{M}$ 的特征值对角点进行判断，如图 5-4 所示。

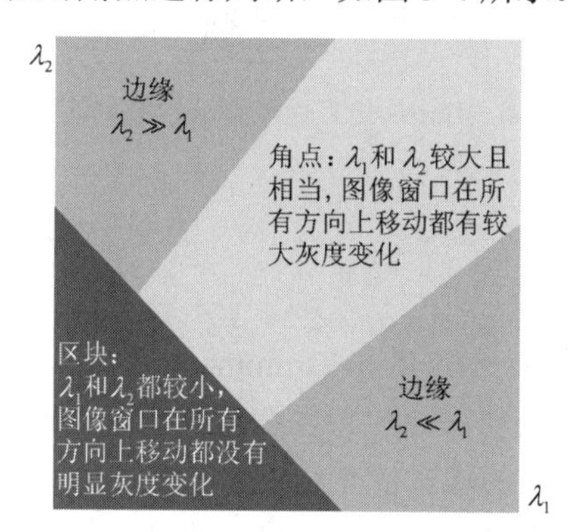

图 5-4　根据结构张量 $\boldsymbol{M}$ 的特征值判断角点

在实际算法实现的过程中，通常设定一个响应函数 R 来判断角点，响应函数 R 定义为

$$R = \det(\boldsymbol{M}) - k\left(\operatorname{trace}(\boldsymbol{M})\right)^2 \tag{5-4}$$

式中，det 表示求矩阵行列式；trace 表示求矩阵的迹；k 为常量，通常取值为 $(0.04,0.06)$。由于响应函数 R 的值实际隐含着特征值 λ_1、λ_2，因此可以根据响应函数 R 的值来判断角点。当响应函数 R 的值较大且为正时，为角点；当响应函数 R 的值较大且为负时，为边缘；当响应函数 R 的值较小时，为区块。

通过上述分析，可将 Harris 角点检测算法归纳为如下内容。

（1）计算图像 $I(x,y)$ 在水平方向和垂直方向的导数 I_x 和 I_y。

（2）计算图像方向梯度乘积。

（3）使用高斯函数对图像方向梯度乘积进行卷积滤波。

（4）使用式（5-4）计算响应函数 R 的值，并根据响应函数 R 的值判断角点。

通过上述算法检测到的角点通常会出现部分特征点挤在一起的现象，因此要对检测的特征点采用非极大值抑制来进行进一步的优化，即考虑特征点周围大小为 3×3 的邻域内的 9 个特征点，并比较它们的响应函数 R 的值，将其最大的点判断为角点。

图 5-5 展示了通过 Harris 角点检测算法并取 $k = 0.04$ 时检测到的角点，由检测结果可知，检测到的角点依然存在角点扎堆的现象。

图 5-5　Harris 角点检测算法检测到的角点

5.3　FAST 特征

FAST 算法由 Edward Rosten 和 Tom Drummond 于 2006 年首次提出。它检测的特征点也是一种角点，并且不涉及特征点的特征描述。它的主要思想是：如果某个像素点和它周围邻域内足够多的像素点的像素值差别较大，则该像素点可能为角点，如图 5-6 所示。FAST 算法仅计算像素点之间的亮度差异，不涉及特征点的特征描述，因此其检测速度非常快，但检测到的特征点不具有方向性和尺度不变性。

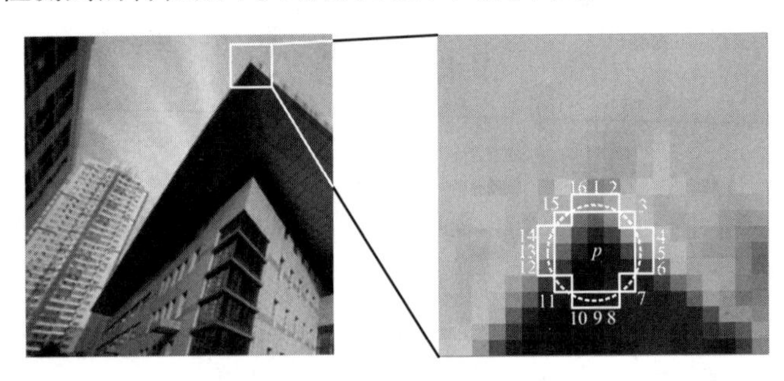

图 5-6　FAST 特征点

FAST 算法的具体步骤如下。

（1）从图像中选取一个像素点 p，把它的亮度值设为 I_p。

（2）设定一个合适的阈值 T。

（3）考虑以像素点 p 为中心、半径为3个像素点的圆的边界上的16个像素点。

（4）如果在这个大小为16个像素点的圆上有 N 个连续的像素点，它们的像素值要么都比 I_p+T 大，要么都比 I_p-T 小，那么像素点 p 就是一个角点。N 的值可以设置为9、11或12，通常取12。

（5）重复以上4步，遍历每个像素点。

在上述算法中，图像中的每个像素点都要去遍历其邻域圆上的16个像素点，效率较低。为了更高效地排除大部分非角点的像素点，可以采用一种改进的算法，该算法仅检查1、5、9和13这4个位置的像素值，首先检测位置1和位置9，如果它们都比阈值暗或都比阈值亮，那么再检测位置5和位置13。如果上述4个像素点中大于 I_p+T 或小于 I_p-T 的像素点至少有3个，那么像素点 p 是一个角点。

通常，为了避免部分特征点挤在一起的现象，需要对检测到的特征点采用非极大值抑制来进行进一步的优化，具体做法如下。

（1）为每个检测到的特征点计算它可以成为角点的最大阈值 T。

（2）考虑3×3个特征点邻域内的9个特征点，并比较它们的最大阈值 T。

（3）删除最大阈值 T 较小的特征点。

图5-7所示为FAST算法检测到的图像角点。由图5-7可知，FAST算法检测到的角点相对于Harris角点检测算法检测到的角点要丰富得多，并且特征点比较分散，具有多样性。

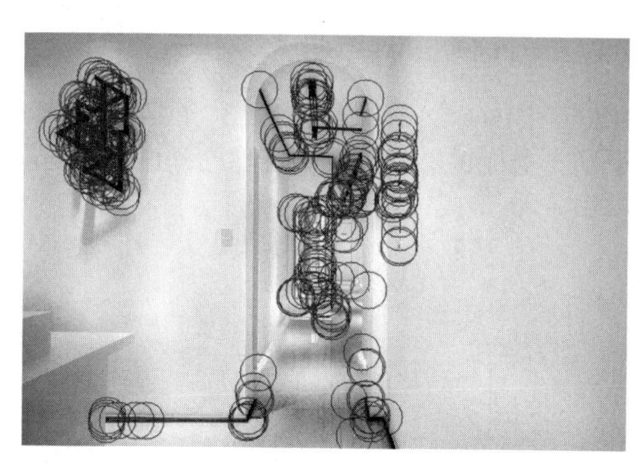

图5-7　FAST算法检测到的图像角点

5.4　霍夫变换

霍夫变换由Paul Hough于1962年提出，是一种图像特征提取技术，但提取的不是特征点，而是图像中的几何形状，最初是用来检测直线和曲线的，也用于直线的检测，目前已经扩展到任意形状的检测，多为圆和椭圆的检测。霍夫变换主要利用不同坐标空间之间的转换，把一个坐标空间中具有相同形状的曲线或直线映射到另一个坐标空间的一个点上形成峰值，从而把形状检测问题转换成统计峰值问题。比较常用的霍夫变换有霍夫线变换和霍夫圆变换。

5.4.1 霍夫线变换

考虑点和线的对应关系，过一点(x_1, y_1)的直线可表示为

$$y_1 = kx_1 + b \tag{5-5}$$

将变量和参数互换，已知一点(x_1, y_1)，经过这一点的直线簇可以表示为

$$b = -kx_1 + y_1 \tag{5-6}$$

位于同一条直线上的点具有相同的斜率k和截距b，反映到参数空间上就是这些直线会交于同一点(k,b)。例如，图像空间有3个点$(1,1)$、$(2,2)$、$(3,3)$在直线$y = 1 \times x + 0$上，如图5-8所示。

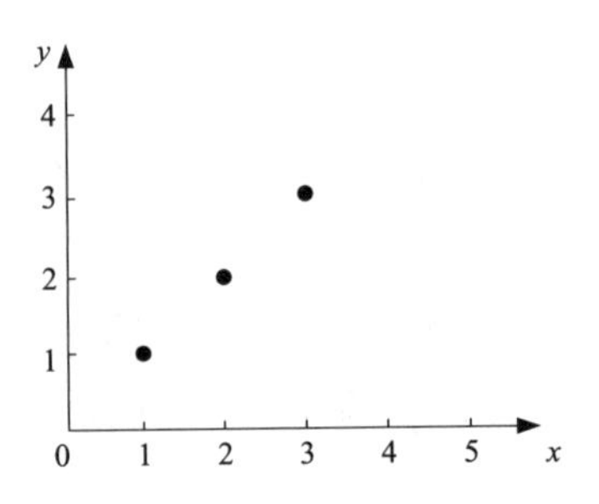

图 5-8 图像空间中点线对应关系

互换参数，在参数空间中，这 3 个点对应 3 条直线：$1 = k + b$，$2 = 2 \times k + b$，$3 = 3 \times k + b$，它们交于同一点$(1,0)$，这一点即图像空间中直线的斜率和截距，如图 5-9 所示。

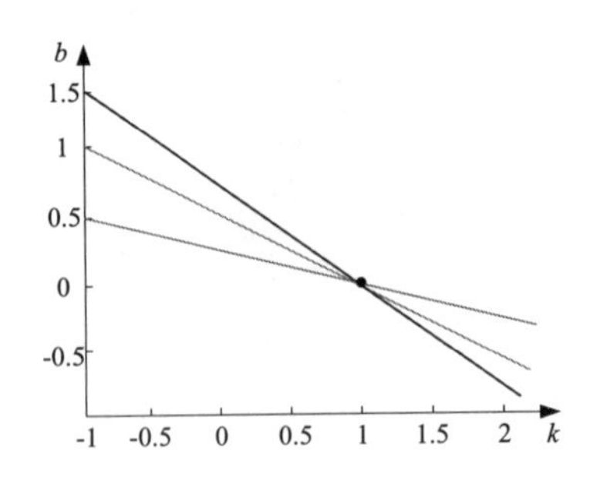

图 5-9 参数空间中的直线

图 5-9 表明参数空间中的交点在图像空间中是一条直线，这就是霍夫线变换所要做的事情，统计参数空间中的交点，当交于一点的曲线数量达到一定的阈值时，可以认为这个交点所对应的参数对(k,b)在原始图像空间中为一条直线。

由于上面的变换不能表示斜率为无穷大的情况，因此采用极坐标表示方法，即

$$\rho = x\cos\theta + y\sin\theta \tag{5-7}$$

式中，ρ 为直线到原点的距离；θ 为直线的垂线与 x 轴的夹角，如图 5-10 所示。

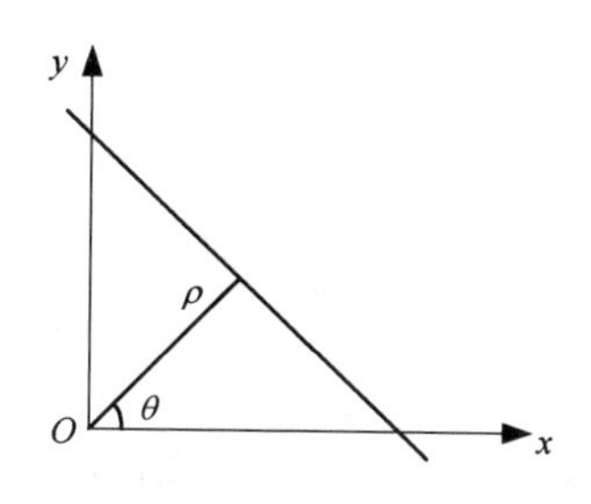

图 5-10　极坐标表示方法

与一对 (k,b) 代表通过原始图像空间某一定点的一条直线一样，式（5-7）意味着每对 (ρ,θ) 代表通过原始图像空间某一定点的一条直线。

在实际应用中，霍夫线变换检测直线的具体步骤如下。

（1）得到图像的边缘信息。

（2）对边缘图像中的每个点在极坐标系中画出一条曲线。

（3）对极坐标系各曲线上的交点采取“投票”方法，有曲线经过的这一点的值加 1。

（4）遍历极坐标系，找出局部极大值点，这些点的坐标 (ρ,θ) 可能在原始图像空间中对应一条直线。

根据上述步骤，调用 OpenCV 中的一个函数，霍夫线变换检测直线的结果如图 5-11 所示。由图 5-11 可知，该变换基本上能够将图像中的直线检测出来。

图 5-11　霍夫线变换检测直线的结果

5.4.2　霍夫圆变换

在线性检测中，通过将坐标转换到极坐标系判断直线的存在；在圆的检测中，原理也基本相似。两点确定一条直线，不在一条直线上的 3 点确定一个圆。与使用 (ρ,θ) 来表示一条直线相似，可以使用 (a,b,r) 表示一个圆心为 (a,b)、半径为 r 的圆。

在实际应用中，霍夫圆变换检测圆的具体步骤如下。

（1）对输入图像进行边缘检测，获取边界点。

（2）如果图像中存在圆形，那么其轮廓必定为边界点。

（3）与霍夫线变换检测直线一样，将圆的一般性方程进行坐标变换。由 x-y 坐标系转换到 a-b 坐标系，即

$$(a-x)^2+(b-y)^2=r^2 \tag{5-8}$$

此时，x-y 坐标系中圆形边界上的点对应到 a-b 坐标系中为一个圆。

（4）x-y 坐标系中一个圆形边界上有很多点，对应到 a-b 坐标系中会有很多圆。由于原始图像空间中这些点都在同一个图形上，所以转换后的 a、b 必定也满足 a-b 坐标系下的所有圆的方程式。直观表现为这些点对应的圆会相交于一点，因此，这个交点可能是圆心 (a,b)。

（5）统计局部交点处圆的个数，取每个局部最大值，就可以获得原始图像空间中对应的圆的圆心坐标 (a,b)。一旦在某个 r 下面检测到圆，r 的值也就随之确定。

图 5-12 所示为霍夫圆变换检测圆的结果。由图 5-12 可知，该方式可以准确识别图像中的圆形图案，但会将椭圆错误地识别为两个圆。因为 OpenCV 在确定圆心时利用了圆心必在经过圆上一点的切线的垂线方向这一定理，所以在椭圆边缘的弧度上错误地判断为存在两个圆心。

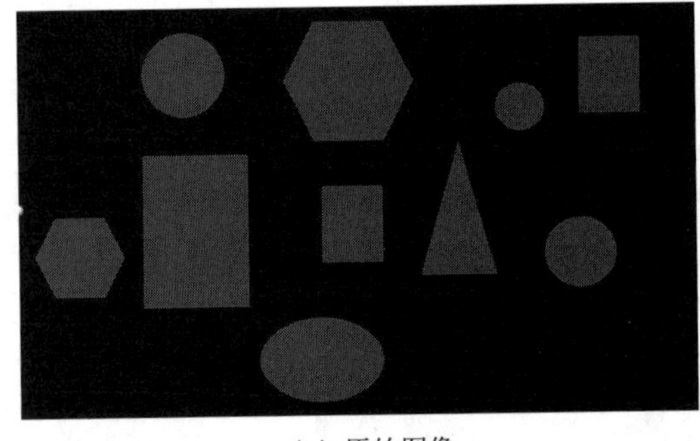

（a）原始图像

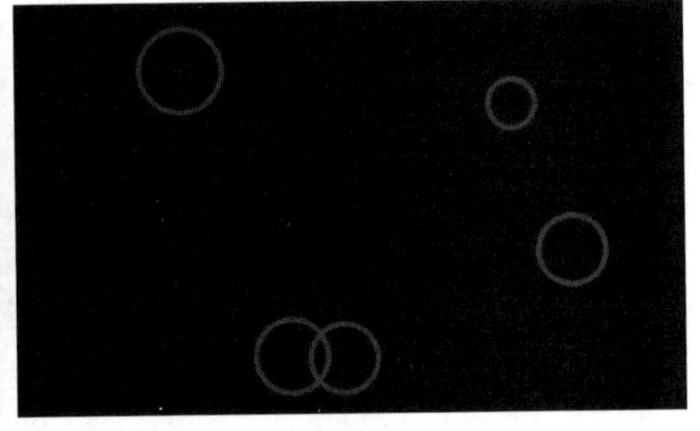

（b）检测结果

图 5-12　霍夫圆变换检测圆的结果

5.5　SIFT 特征

SIFT 算法由 David G.Lowe 教授提出。该算法提取的特征点是一种尺度不变的特征点，即特征点的特性对图像的旋转、尺度缩放、亮度变化等保持不变性，是一种非常稳定的局部特征。

SIFT 算法的具体步骤如下。

（1）尺度空间极值检测：搜索所有尺度上的图像位置。通过高斯微分函数识别潜在的对尺度和旋转不变的关键点。

（2）关键点定位：在每个候选的位置上，通过一个拟合精细的模型确定关键点位置和尺度。关键点的选择取决于其稳定程度。

（3）关键点方向确定：基于图像局部的梯度方向，分配给每个关键点一个或多个方向。所有后面的对图像数据的操作都相对于关键点的方向、尺度和位置进行变换，从而提供对于这些变换的不变性。

（4）关键点描述：在每个关键点周围的邻域内，在选定尺度上测量图像局部梯度。这些梯度被变换为一种表示，这种表示允许较大的局部形状变形和光照变化。

下面分别介绍上述 SIFT 算法步骤中的一些相关知识点。

5.5.1 尺度空间极值检测

尺度空间极值检测首先要进行图像高斯尺度空间的构建。构建图像高斯尺度空间是为了检测不同的尺度下都存在的特征点，使检测到的特征点具有尺度不变性。一幅二维图像 $I(x,y)$ 的高斯尺度空间定义为

$$L(x,y,\sigma)=G(x,y,\sigma)*I(x,y) \tag{5-9}$$

式中，$*$ 为卷积符号；(x,y) 为像素点位置；σ 为尺度空间因子，代表被平滑的程度和相应尺度大小，其值越小代表图像被平滑得越少，相应尺度越小，图像细节特征越丰富；$G(x,y,\sigma)$ 为尺度可变高斯函数：

$$G(x,y,\sigma)=\frac{1}{2\pi\sigma^2}\mathrm{e}^{-\left(x^2+y^2\right)/2\sigma^2} \tag{5-10}$$

图像高斯尺度空间在实现时使用图像高斯金字塔表示，即对图像金字塔的每层图像使用不同的参数 σ 进行高斯模糊，使每层金字塔有多幅经高斯模糊过的图像。降采样时，金字塔上一组图像的第一层是由其下面一组图像倒数第三幅降采样得到的，如图 5-13 所示。

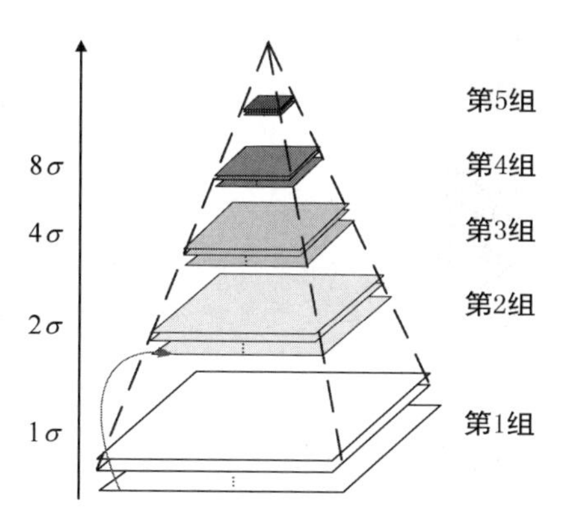

图 5-13　图像高斯金字塔

由图 5-13 可知，图像高斯金字塔有多组，每组又有多层，组数为

$$o=\left[\log_2\min(m,n)\right]-t,\ \ t\in\left[0,\log_2\min(m_t,n_t)\right] \tag{5-11}$$

其中，m、n 为原始图像的大小；m_t、n_t 为顶层图像的大小。

高斯模糊参数 σ 可由式（5-12）得到，即

$$\sigma(o,s)=\sigma_0\cdot 2^{\frac{o+s}{S}} \tag{5-12}$$

式中，o 为图像所在的组；s 为图像所在的层；σ_0 为初始尺度；S 为每组的层数。

在特征点检测中，高斯拉普拉斯算子（Laplacian of Gaussian，LoG）是比较常用的算子，但是其运算量比较大，通常可使用高斯差分（Difference of Gaussian，DoG）来近似计算 LoG。设 k 为相邻两个高斯尺度空间的比例因子，则 DoG 的定义为

$$\begin{aligned}D(x,y,\sigma)&=\big(G(x,y,k\sigma)-G(x,y,\sigma)\big)*I(x,y)\\&=L(x,y,k\sigma)-L(x,y,\sigma)\end{aligned} \tag{5-13}$$

由式（5-13）可知，先构建高斯尺度空间 $L(x,y,\sigma)$，再将相邻的两个高斯尺度空间的图像相减就得到了 DoG 的响应图像，如图 5-14 所示。

在图 5-14 中，同一组内相邻层图像的尺度关系为

$$\sigma_{s+1}=k\cdot\sigma_s=2^{\frac{1}{S}}\cdot\sigma_s \tag{5-14}$$

相邻组之间的尺度关系为

$$\sigma_{o+1}=2\sigma_o \tag{5-15}$$

在构建好高斯尺度空间后，就可以找出图像在不同尺度下的极值点。为了寻找高斯尺度空间的极值点，每个像素点要在其同一高斯尺度空间和相邻的高斯尺度空间上与其相邻点进行比较，当其像素值大于或小于所有相邻点时，该点就是极值点。如图 5-15 所示，中间的检测点要与其所在图像的 3×3 邻域的 8 个像素点及其相邻的上下两层的 3×3 邻域的 18 个像素点，共 26 个像素点进行比较。

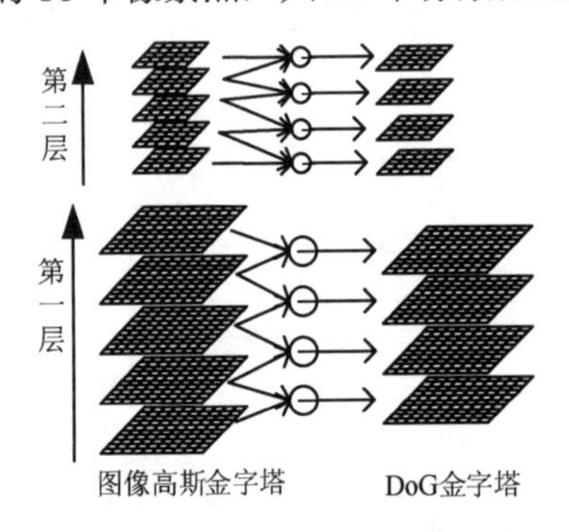

图 5-14　高斯图像及差分图像

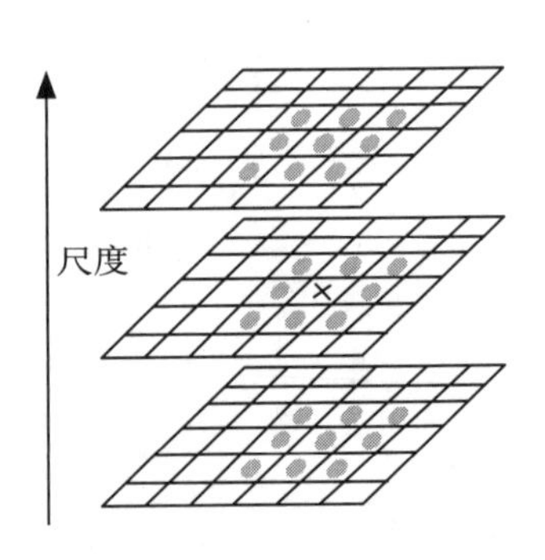

图 5-15　极值点检测

由于要在相邻尺度进行比较，所以每组图像的第一层和最后一层无法通过比较取得极值点。为了在每组中检测 S 个尺度的极值点，在每组图像的顶层继续使用高斯模糊生成 3 幅图像，使图像高斯金字塔每组有 S+3 层图像，DoG 金字塔每组有 S+2 层图像，在实际计算时，S 为 3～5。

5.5.2 关键点定位

在高斯尺度空间上检测到的极值点是离散的极值点，并不代表连续空间上的实际极值点，如图 5-16 所示。

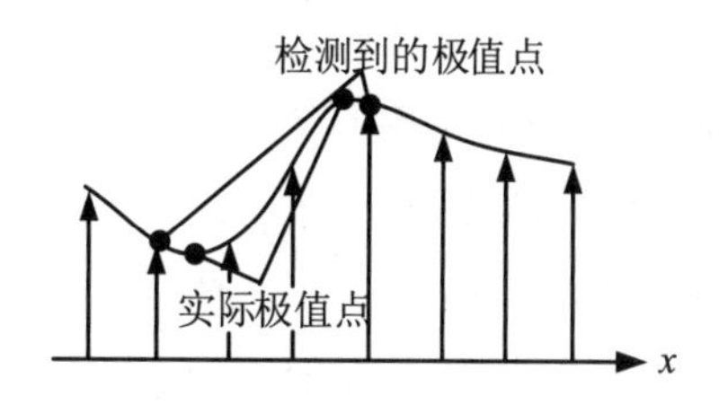

图 5-16　极值点差别

由图 5-16 可知，实际极值点和检测到的极值点可能存在一定的差距。为了提高特征点的稳定性，需要精确特征点的位置，具体做法是通过拟合三维二次函数来精确确定特征点的位置和尺度，同时去除低对比度的特征点和不稳定的边缘响应点，以增强匹配稳定性、提高抗噪声能力。

设候选特征点 $\boldsymbol{X}_0(x_0, y_0, \sigma_0)$ 的偏移量为 $\Delta\boldsymbol{X}(\Delta x, \Delta y, \Delta\sigma)$，其 DoG 函数拟合函数 $D(\boldsymbol{X})$ 的泰勒展开式为

$$D(\boldsymbol{X}) = D(\boldsymbol{X}_0) + \frac{\partial \boldsymbol{D}^{\mathrm{T}}}{\partial \boldsymbol{X}}\Delta\boldsymbol{X} + \frac{1}{2}\Delta\boldsymbol{X}^{\mathrm{T}}\frac{\partial^2 \boldsymbol{D}^{\mathrm{T}}}{\partial^2 \boldsymbol{X}}\Delta\boldsymbol{X} \tag{5-16}$$

由于 $\boldsymbol{X}_0$ 是 $D(\boldsymbol{X})$ 的极值点，所以对式（5-16）求导，并令其为 0 得

$$\Delta\boldsymbol{X} = -\frac{\partial^2 \boldsymbol{D}^{-1}}{\partial \boldsymbol{X}^2}\frac{\partial \boldsymbol{D}}{\partial \boldsymbol{X}} \tag{5-17}$$

若偏移量 $\Delta\boldsymbol{X}$ 大于 0.5，则认为偏移量过大，需要把位置移动到拟合后的新位置，继续进行迭代求偏移量；若迭代一定次数后偏移量 $\Delta\boldsymbol{X}$ 仍大于 0.5，则抛弃该候选特征点；若偏移量 $\Delta\boldsymbol{X}$ 小于 0.5，则停止迭代，把求得的偏移量 $\Delta\boldsymbol{X}$ 代入 $D(\boldsymbol{X})$ 的泰勒展开式中得

$$D(\tilde{\boldsymbol{X}}) = D(\boldsymbol{X}_0) + \frac{1}{2}\frac{\partial \boldsymbol{D}^{\mathrm{T}}}{\partial \boldsymbol{X}}\Delta\boldsymbol{X} \tag{5-18}$$

式中，$\tilde{\boldsymbol{X}} = \boldsymbol{X}_0 + \Delta\boldsymbol{X}$ 是求得的精确极值点。设对比度阈值为 T，若 $\left|D(\tilde{\boldsymbol{X}})\right| \geqslant T$，则该特征点保留；否则，剔除该特征点。一般可取 $T = 0.03$。

由于 DoG 算子会产生较强的边缘响应，所以需要剔除不稳定的边缘响应点。边缘响应点在边缘梯度方向上主曲率值较大，沿着边缘方向主曲率值较小，并且候选特征点的 DoG 函数拟合函数 $D(\boldsymbol{X})$ 的主曲率值与 2×2 的 Hessian 矩阵 $\boldsymbol{H}$ 的特征值成正比。矩阵 $\boldsymbol{H}$ 为

$$\boldsymbol{H} = \begin{bmatrix} D_{xx} & D_{yx} \\ D_{xy} & D_{yy} \end{bmatrix} \tag{5-19}$$

式中，D_{xx}、D_{xy}、D_{yy} 由候选特征点邻域对应位置的差分求得。

设 $\alpha = \lambda_{\max}$ 为矩阵 $\boldsymbol{H}$ 的最大特征值，$\beta = \lambda_{\min}$ 为矩阵 $\boldsymbol{H}$ 的最小特征值，则

$$\begin{aligned} \operatorname{tr}(\boldsymbol{H}) &= D_{xx} + D_{yy} = \alpha + \beta \\ \det(\boldsymbol{H}) &= D_{xx} + D_{yy} - D_{xy}^2 = \alpha \cdot \beta \end{aligned} \tag{5-20}$$

式中，$\operatorname{tr}(\boldsymbol{H})$ 为矩阵 $\boldsymbol{H}$ 的迹，$\det(\boldsymbol{H})$ 为矩阵 $\boldsymbol{H}$ 的行列式。设 $\gamma = \alpha / \beta$，则

$$\frac{\operatorname{tr}(\boldsymbol{H})^2}{\det(\boldsymbol{H})} = \frac{(\alpha+\beta)^2}{\alpha\beta} = \frac{(\gamma\beta+\beta)^2}{\gamma\beta^2} = \frac{(\gamma+1)^2}{\gamma} \tag{5-21}$$

式（5-21）的结果是两个特征值比值的函数，该函数在 $\gamma = 1$ 时取得最小值，并且随着 γ 的增大而增大。因此，为了检测极值点是否稳定，只需要检测主曲率值是否在某个阈值 T_γ 下，即

$$\frac{\operatorname{tr}(\boldsymbol{H})^2}{\det(\boldsymbol{H})} > \frac{(T_\gamma+1)^2}{T_\gamma} \tag{5-22}$$

若式（5-22）成立，则说明两个方向上的主曲率值差别较大，极值点不稳定，应剔除该特征点；否则，保留该特征点。通常取 $T_\gamma = 10$。

5.5.3 关键点方向确定

为了使描述子具有旋转不变性，需要利用图像的局部特征为每个关键点分配一个基准方向。使用图像梯度的方法求取特征点区域的稳定方向。对于在 DoG 金字塔中检测到的关键点，首先找到该关键点对应的尺度 σ，然后根据尺度 σ 将对应的高斯图像的关键点进行有限差分，在半径为 $3\times1.5\sigma$ 的区域内计算图像梯度的辐角（方向）和幅值，计算方式为

$$\begin{aligned} m(x,y) &= \sqrt{\big(L(x+1,y)-L(x-1,y)\big)^2 + \big(L(x,y+1)-L(x,y-1)\big)^2} \\ \theta(x,y) &= \arctan\left(\frac{L(x,y+1)-L(x,y-1)}{L(x+1,y)-L(x-1,y)}\right) \end{aligned} \tag{5-23}$$

在计算出梯度方向后，使用直方图统计关键点邻域内像素点对应的梯度方向和梯度幅值。HOG 的横轴是梯度方向的角度，范围是 0°～360°。直方图每 36°取一个柱形，共 10 个柱形，或者每 45°取一个柱形，共 8 个柱形。纵轴是梯度方向对应梯度幅值的累加和，直方图的峰值是关键点的主方向，如图 5-17 所示。在 HOG 中，当存在一个相当于主方向 80%能量的柱值时，可以将这个方向认为是该关键点辅助方向。辅助方向的存在可以进一步提高特征点匹配的精度。

在得到关键点的主方向后，对于每个关键点，可以得到 3 个信息 (x,y,σ,θ)，即位置、尺度和方向。由此可以确定一个 SIFT 特征区域，即一个 SIFT 特征区域由 3 个值表示：中心表示关键点位置；半径表示关键点的尺度；箭头表示主方向。

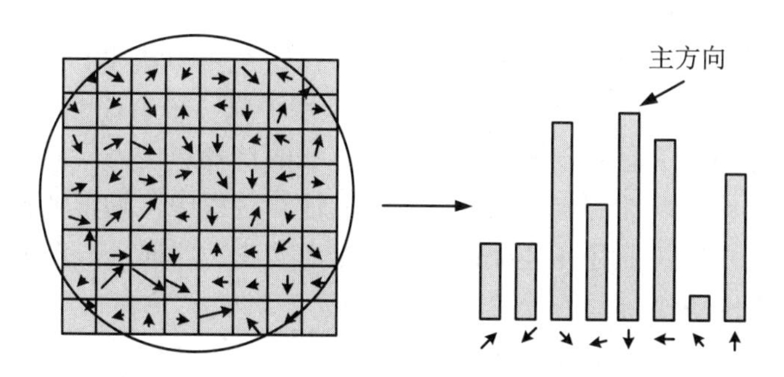

图 5-17　关键点的主方向

5.5.4　关键点描述

通过前面的步骤已经找到了 SIFT 特征点的位置、尺度和方向等信息，下面需要使用一组向量来描述关键点，即生成 SIFT 特征点的特征描述子。通过对 SIFT 特征点周围的像素点进行分块，计算块内图像的HOG，生成具有独特性的向量。这个向量是该区域图像信息的一种抽象，具有唯一性，因此可以作为 SIFT 特征点的特征描述子描述 SIFT 特征点。这个描述子不仅包含特征点，还包含特征点周围对其有贡献的像素点。

特征描述子的生成大致有 3 个步骤。

（1）校正旋转主方向，确保旋转不变性。

（2）生成特征描述子，最终形成一个 128 维的 SIFT 特征向量。

（3）将 SIFT 特征向量长度进行归一化处理，进一步去除光照的影响。

为了保证特征向量的旋转不变性，要以特征点为中心，在附近邻域内将坐标轴旋转为特征点的主方向，如图 5-18 所示。

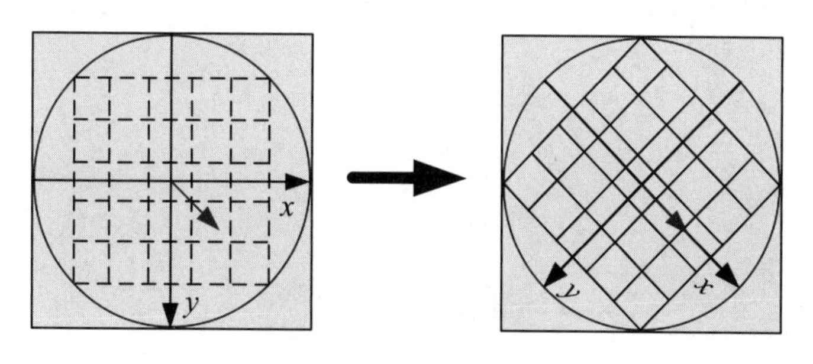

图 5-18　坐标轴旋转

旋转后邻域内像素点的新坐标为

$$\begin{pmatrix} x' \\ y' \end{pmatrix} = \begin{pmatrix} \cos\theta & -\sin\theta \\ \sin\theta & \cos\theta \end{pmatrix} \begin{pmatrix} x \\ y \end{pmatrix} \tag{5-24}$$

旋转后以主方向为中心取 8×8 个像素点的窗口，SIFT 特征点的特征描述子如图 5-19 所示。图 5-19（a）的中间为当前关键点的位置，每个小格代表关键点所在的尺度空间邻域内的一个像素点，求取每个像素点的梯度幅值与梯度方向，箭头方向代表该像素点的梯度方向，长度代表梯度幅值，利用高斯窗口对其进行加权运算。最后在每 4×4 个像素点的小块上绘制 8 个方向的 HOG，计算每个梯度方向的累加值，即可形成一个种子点，如图 5-19（b）所示。每个特征点由 4 个种子点组成，每个种子点有 8 个方向的向量信息。这种邻域方向性信息联合增强了 SIFT 算法的抗噪声能力，同时对含有定位误差的特征匹配提供了比较理性的容错性。在实际的计算过程中，为了增强匹配的稳健性，Lowe 建议对每个关键点使用 4×4=16 个种子点来描述，这样，一个关键点就可以产生 128 维的 SIFT 特征向量来描述一个 SIFT 特征点。

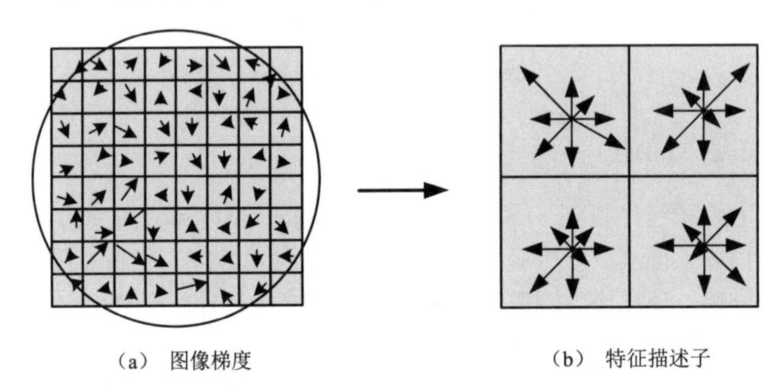

图 5-19　SIFT 特征点的特征描述子

SIFT 算法检测到的 SIFT 特征点如图 5-20 所示。

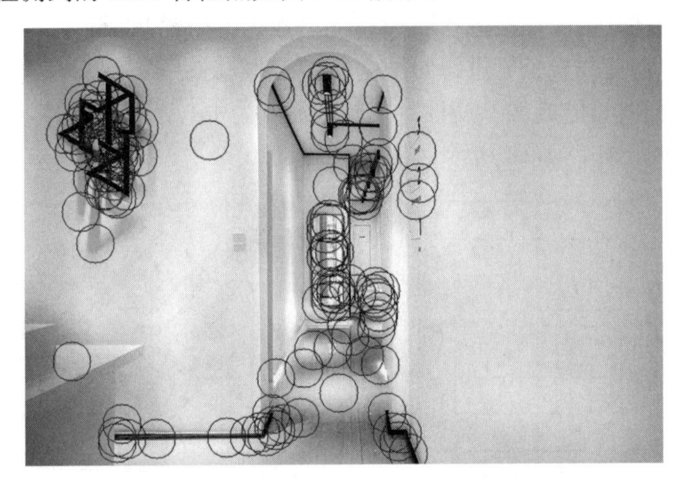

图 5-20　SIFT 算法检测到的 SIFT 特征点

5.6　SURF 特征

SURF 算法是在 SIFT 算法基础上提出的局部特征点检测和描述算法。该算法在保持 SIFT 算法优点的基础上，解决了 SIFT 算法计算复杂、耗时的问题，提高了算法的执行效率。SURF 算法相较于 SIFT 算法有两个改进点：一是在 Hessian 矩阵上使用积分图像；二是使用降维的特征描述子。其中，积分图像定义为从图像 I 的原点到以像素点

(x,y)为顶点的矩形区域内所有像素点的像素值之和，计算公式为

$$I_{\sum}(x,y)=\sum_{i=0}^{i<x}\sum_{j=0}^{j<y}I(x,y) \tag{5-25}$$

积分图像如图 5-21 所示。

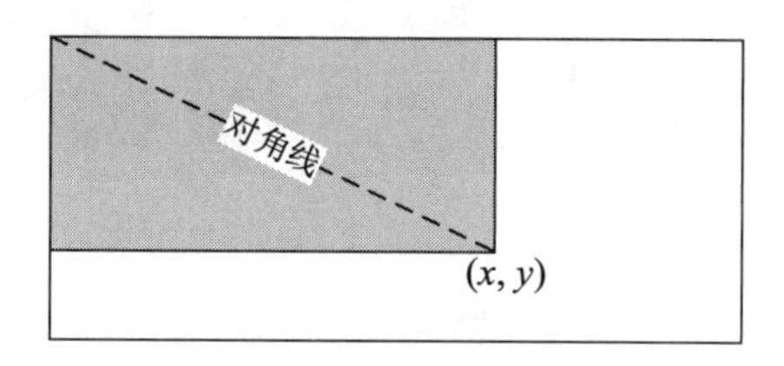

图 5-21　积分图像

使用 SURF 算法进行特征点提取的步骤如下。

（1）构建 Hessian 矩阵生成关键点。

（2）构建尺度空间。

（3）确定关键点方向。

（4）生成特征描述子。

下面将对各步骤的具体做法进行介绍。

5.6.1　构建 Hessian 矩阵生成关键点

Hessian 矩阵是一个由多元函数的二阶偏导数构成的方阵，描述了函数的局部曲率。构建 Hessian 矩阵的目的是生成图像稳定的突变点，为特征点的提取打好基础。构建 Hessian 矩阵的过程对应 SIFT 算法中的高斯卷积过程。

定义图像中某点 $\hat{x}(x,y)$ 在尺度 σ 上的 Hessian 矩阵为

$$\boldsymbol{H}=\begin{bmatrix} L_{xx}(\hat{x},\sigma) & L_{xy}(\hat{x},\sigma) \\ L_{xy}(\hat{x},\sigma) & L_{yy}(\hat{x},\sigma) \end{bmatrix} \tag{5-26}$$

式中，$L_{xx}(\hat{x},\sigma)$ 为高斯滤波函数二阶导 $(\partial^2/\partial x^2)g(\sigma)$ 与 $I(x,y)$ 卷积的结果；σ 为尺度空间因子，即构建了不同的尺度空间；$L_{xy}(\hat{x},\sigma)$ 和 $L_{yy}(\hat{x},\sigma)$ 与 $L_{xx}(\hat{x},\sigma)$ 的定义相似。

高斯滤波函数为

$$g(\sigma)=\frac{\mathrm{e}^{-(x^2+y^2)/2\sigma^2}}{2\pi\sigma^2} \tag{5-27}$$

可以通过 Hessian 矩阵的特征值的符号来判断当前点是否为图像的极值点，即

$$\det(\boldsymbol{H})=L_{xx}(\hat{x},\sigma)L_{yy}(\hat{x},\sigma)-\left(L_{xy}(\hat{x},\sigma)\right)^2 \tag{5-28}$$

若 $\det(\boldsymbol{H})<0$，则可判断点 $\hat{x}(x,y)$ 不是局部极值点；若 $\det(\boldsymbol{H})>0$，则可判断点 $\hat{x}(x,y)$ 是局部极值点。

SURF 算法在构建多尺度空间时采用框状滤波器近似高斯滤波函数的二阶偏导，框

状滤波器如图 5-22 所示。

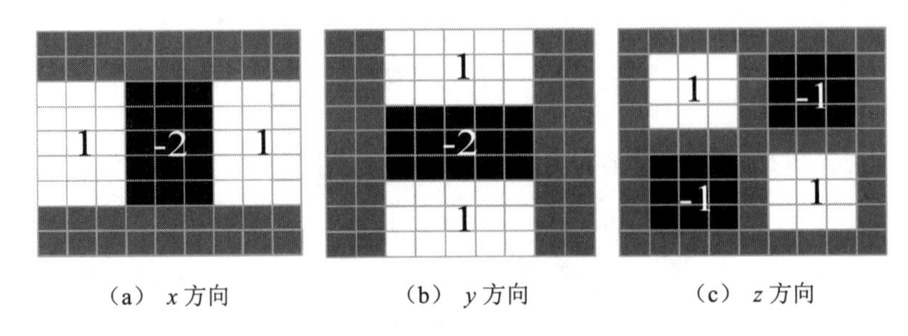

图 5-22　框状滤波器

图 5-22（a）～图 5-22（c）分别表示在 3 个方向上的框状滤波器样式，数字代表框状滤波器中各矩形的权重值，在不同的方向上所赋的权重值不同。为平衡因使用框状滤波器近似所带来的误差，Hessian 矩阵判别式可以修正为

$$\det(\boldsymbol{H}) = L_{xx}(\hat{x},\sigma)L_{yy}(\hat{x},\sigma) - \left(0.9L_{xy}(\hat{x},\sigma)\right)^2 \tag{5-29}$$

当 Hessian 矩阵判别式取得局部极大值时，判定当前点是否比周围邻域内其他点更亮或更暗，由此来定位关键点的位置。

5.6.2　构建尺度空间

为了使图像具有尺度不变性以适应不同的图像中目标尺度的变化，需要构建尺度空间进行 SURF 特征点的提取。为了使图像在不同尺度下通过 Hessian 矩阵判别式都能够检测到极值点，使用类似 SIFT 的方法来构建图像尺度金字塔。首先将图像的尺度空间分为若干阶，然后在每阶存储不同尺寸的方框，对输入图像进行滤波得到模糊程度不同的图像。但在 SURF 算法中，图像大小是一直不变的，只是不同阶中方框滤波模板大小不相同。在每阶中选择 4 层的尺度图像，参数如图 5-23 所示。

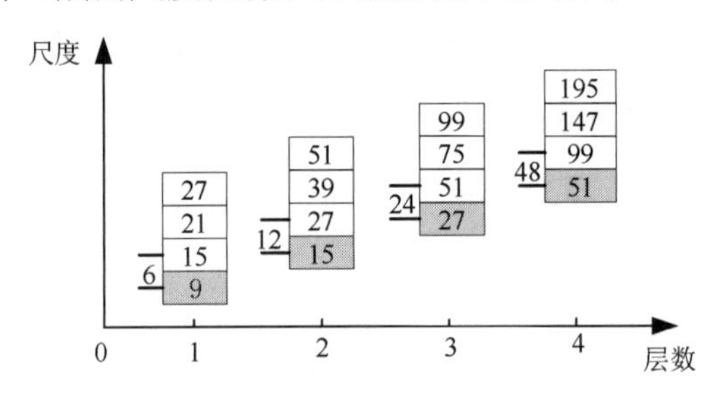

图 5-23　尺度空间的构建

灰色底纹的数字表示每组第一个方框滤波模板的大小。如果图像尺度远大于模板大小，那么可继续增加层数。每层尺度可以按照式（5-30）来计算：

$$\sigma = 1.2 \times \frac{N}{9} \tag{5-30}$$

式中，N 为当前使用的框状滤波器模板大小。

5.6.3 确定关键点方向

在检测到关键点后，为保证检测到的关键点具有旋转不变性，需要对关键点的主方向进行确定。Haar 小波可用于查找样本点在 x 方向和 y 方向上的梯度，因此 Haar 小波用于 SURF 算法中关键点主方向的构建。Haar 小波的结构如图 5-24 所示。

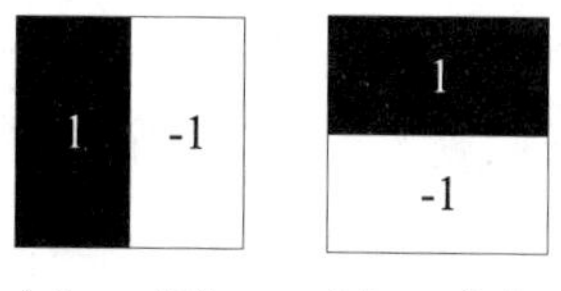

（a） x 方向　（b） y 方向

图 5-24　Haar 小波的结构

图 5-24（a）的滤波器用于计算在 x 方向上的梯度，图 5-24（b）的滤波器用于计算在 y 方向上的梯度，数字表示权重值的大小。

在以特征点为中心、半径为 6σ 的圆形邻域内，先计算邻域内的点在 x 方向和 y 方向上的 Haar 小波响应，Haar 小波边长为 4σ，这里的 σ 是特征点所在的尺度。然后以特征点为中心，在张角为 60°的扇形上滑动，累加 60°范围内在各方向的 Haar 小波响应，由于区域内各点都有 x、y 方向的响应，因此 60°范围内所有点的 Haar 小波响应之和构成一个总向量。把以特征点为中心环绕一周所形成的总向量都记录下来，取长度最大的向量的方向定义为主方向，如图 5-25 所示。

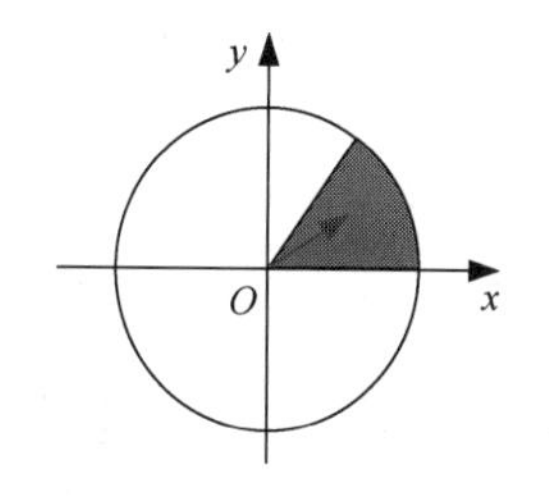

图 5-25　特征点主方向的确定

在图 5-25 中以特征点为圆心画圆，黑色区域表示 Haar 小波响应的累加范围，红色箭头表示该特征点的主方向。

5.6.4 生成特征描述子

首先确定一个以特征点为中心的正方形邻域，特征描述子的构成如图 5-26 所示。

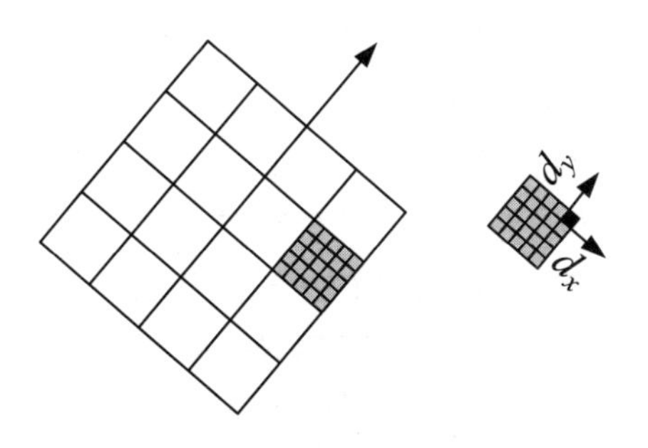

图 5-26　特征描述子的构成

以特征点为中心，将坐标轴旋转至主方向，以确保旋转不变性，选取边长为 20σ 的正方形窗口，并将这个窗口划分成 4×4 个子窗口，每个窗口的 Haar 小波尺寸为 $5\sigma\times5\sigma$。设置采样间隔为 σ，计算每个子窗口的 x 方向和 y 方向上的 Haar 小波响应，所得到的 Haar 小波系数记为 d_x 和 d_y，采用一个以特征点为中心的高斯函数进行 $\sum|d_x|$、$\sum|d_y|$ 加权求和以增强特征描述子的鲁棒性，得到 $\sum d_x$、$\sum d_y$。最终每个子

窗口可以用$\boldsymbol{v}=\left[\sum d_x,\sum d_y,\sum|d_x|,\sum|d_y|\right]$这个 4 维向量表示。由于特征描述子共有 4×4 个子窗口，因此先对每个特征点形成64维的描述向量，再进行向量的归一化，从而使特征点对光照具有一定的鲁棒性。

图 5-27 展示了当 Hessian 矩阵阈值取 800 时，SURF 算法检测到的特征点。通过改变阈值的大小可以控制检测到的特征点的数量，Hessian 矩阵阈值越大，检测到的特征点的数量越多；Hessian 矩阵阈值越小，检测到的特征点的数量越少，同时检测到的特征点也更稳定。

图 5-27　SURF 算法检测到的特征点

5.7　ORB 特征

ORB 算法是一种快速特征点提取和描述的算法，由 Ethan Rublee、Vincent Rabaud、Kurt Konolige 和 Gary R.Bradski 于 2011 年提出。ORB 特征点称为 Oriented FAST，是一种改进的FAST 角点。它的特征描述子称为BRIEF（Binary Robust Independent Elementary Features）。因此，ORB 算法可以分为以下两个步骤。

（1）改进的FAST 角点提取：找出图像中的FAST 角点。该步骤在 FAST 角点的基础上计算了特征点的主方向，为后续的 BRIEF 特征描述子增加旋转不变性。

（2）BRIEF 特征描述子：对前一步骤提取的特征点的周围图像区域进行描述。

5.7.1　改进的 FAST 角点提取

针对 FAST 角点不具有方向性和尺度的弱点，ORB 算法添加了尺度和旋转的描述。尺度不变性是通过构建图像金字塔，并在金字塔的每层上检测 FAST 角点来实现的；而特征的旋转不变性是通过灰度质心（Intensity Centroid）法来实现的。

质心是指以图像块灰度值作为权重的中心。通过灰度质心法提取 FAST 角点的具体操作步骤如下。

（1）在一个小的图像块 B 中，定义图像块的矩为

$$m_{pq} = \sum_{x,y \in B} x^p y^q I(x,y) \quad p,q = \{0,1\} \tag{5-31}$$

（2）通过由式（5-31）定义的矩，可以找到图像块的质心，即

$$C = \left(\frac{m_{10}}{m_{00}}, \frac{m_{01}}{m_{00}} \right) \tag{5-32}$$

（3）连接图像块的几何中心 O 与质心 C，得到一个方向向量，因此，特征点的方向可以定义为

$$\theta = \arctan\left(\frac{m_{01}}{m_{10}} \right) \tag{5-33}$$

通过以上步骤，FAST 角点便具有了尺度与旋转的描述，增强了特征点在不同图像之间的鲁棒性。在 ORB 算法中，把这种改进的 FAST 角点称为 Oriented FAST。

5.7.2 BRIEF 特征描述子

在提取 Oriented FAST 关键点后，需要对每个关键点计算描述子。ORB 算法中使用的是改进的 BRIEF 特征描述子。下面首先介绍 BRIEF 特征描述子。

BRIEF 特征描述子是一种二进制描述子，它的描述向量由许多 0 和 1 组成，这里的 0 和 1 表示关键点附近一个像素点对（如 p 和 q）的灰度值的大小关系，即如果 p 比 q 大，则取 1，反之，取 0。如果取 128 个这样的 p、q，则会得到 128 维由 0 和 1 组成的向量。在特征点的 $S \times S$ 个像素点的邻域内选取 p 和 q，常用的方式有以下 5 种。

（1）在图像块内平均采样。

（2）p 和 q 都符合 $\left(0, S^2/25\right)$ 的高斯分布，其中，0 和 $S^2/25$ 分别表示高斯分布的均值和方差。

（3）p 符合 $\left(0, S^2/25\right)$ 的高斯分布，而 q 符合 $\left(0, S^2/100\right)$ 的高斯分布。

（4）对空间量化极坐标下的离散位置随机采样。

（5）把 p 固定为 $(0,0)$，q 在周围平均采样。

BRIEF 特征描述子使用了随机选点的比较，速度非常快，并且由于使用了二进制表达，存储也十分方便，适用于实时的图像匹配。原始的 BRIEF 特征描述子不具有旋转不变性，因此在图像发生旋转时容易丢失。

在 ORB 算法中，改进的 BRIEF 特征描述子称为 Steer BRIEF 特征描述子，提取 Steer BRIEF 特征描述子的具体做法如下。

（1）选取特征点的 $S \times S$ 个像素点的邻域内的点集对 (p,q)，并根据关键点信息计算出旋转到关键点主方向后的点集对 (p',q')。

（2）在新的点集对 (p',q') 上比较点对的大小，形成二进制描述子。

ORB 算法的描述子具有较好的旋转不变性，但是，Oriented FAST 算法是在不同的尺度上提取特征点的算法。因此，在使用 BRIEF 特征描述子时，先将图像转换到相应的

尺度图像上，然后在尺度图像上的特征点的 $S \times S$ 个像素点的邻域内选择点对并旋转，得到二进制描述子。

由于考虑了旋转和缩放，使得 ORB 特征点在平移、旋转、缩放的变换下仍有良好的表现。同时，FAST 角点和 BRIEF 特征描述子的组合也非常高效，使得 ORB 特征点在实时性要求比较高的匹配算法中具有很大的优势。

ORB 算法检测到的特征点如图 5-28 所示，相比之下，ORB 算法检测到的特征点的数量没有 SIFT 算法和 SURF 算法检测到的特征点的数量多。但是，ORB 算法检测特征点的速度相对较快，在一些实时性要求比较高的场合中，通常选择 ORB 算法检测特征点。

图 5-28　ORB 算法检测到的特征点

5.8　实践：图像局部特征提取

前面内容介绍的几种图像特征提取的代码在 OpenCV 开源图像库中都已经集成了，直接调用里面的函数有助于快速提取图像特征。下面通过编程来实际练习一下使用 OpenCV 集成函数快速提取图像特征的过程。代码运行环境为 Visual Studio2019，所配置的 OpenCV 版本为 2.4.13.6，读者可以根据需求选择配置适合自己的版本，只需注意，OpenCV 版本选择 2.0 以上即可。我们为本次实践准备了一幅原始图像，如图 5-29 所示。本节程序将演示如何提取图像局部特征。

图 5-29　实践使用的原始图像

Harris 角点提取关键代码如下：

```
1   #include "opencv2/opencv.hpp"
2   #include <iostream>
3   using namespace cv;
4   using namespace std;
5
6   int main()
7   {
8       Mat src = imread("D:/picture/image1.jpg");    //输入原始图像，应根据实际情况更改路径
9       Mat gray;
10      cvtColor(src, gray, CV_RGB2GRAY);              //灰度图像转换
11
12      Mat dst=Mat::zeros(gray.size(),CV_32FC1);
13      Mat norm_dst,abs_dst;
14      cornerHarris(gray,dst,2,3,0.04,BORDER_DEFAULT);                  //提取特征点
15
16      normalize(dst,norm_dst,0,255,NORM_MINMAX,CV_32FC1,Mat()); //归一化
17
18      convertScaleAbs(norm_dst, abs_dst);            //线性变换为 8 位无符号
19
20      Mat result_img = src.clone();                  //绘制 Harris 角点
21      for(int i = 0; i < result_img.rows; i++) {
22          for(int j = 0; j < result_img.cols; j++) {
23              uchar value = abs_dst.at<uchar>(i, j);
24              if (value > 100) {
25                  circle(result_img, Point(j, i),5,Scalar(0,0,255),1);
26              }
27          }
28      }
29      imshow("output", result_img);
30      imwrite("image_Harris.jpg", result_img);       //输出图像
31      waitKey();
32      return 0;
33  }
```

运行此程序，最终得到的 Harris 角点检测结果如图 5-5 所示。通过图 5-5 可以看出，当前检测到了丰富的特征点。其他特征点的检测过程和 Harris 角点检测过程类似，限于篇幅原因，我们只给出图像特征提取的关键代码，具体完整代码请读者到本书代码链接下载源码。

FAST 角点提取关键代码如下：

```
9   vector<KeyPoint> keyPoints;
10  FastFeatureDetector fast(40);                     //初始化，检测的阈值为 40
```

```
11    fast.detect(src,keyPoints);                    //特征点提取
12
13    //特征点绘制
14    int flag = DrawMatchesFlags::DRAW_OVER_OUTIMG;
15    drawKeypoints(src,keyPoints,src,Scalar::all(-1),flag);
```

代码运行结果如图 5-7 所示。

霍夫变换代码实现分为霍夫线变换和霍夫圆变换两部分，霍夫线变换关键代码如下：

```
8     //灰度转换和边缘检测
9     Mat   gray,CannyImage;
10    cvtColor(image, gray, CV_RGB2GRAY);
11    Canny(gray, CannyImage, 30, 150, 3);
12    imshow("CannyImg", CannyImage);
13    //霍夫线变换
14    vector<Vec4i> Lines;
15    HoughLinesP(CannyImage, Lines, 1, CV_PI / 360, 170,30,15);
16    //在图像上标定直线
17    for (size_t i = 0; i < Lines.size(); i++)
18    {
19          line(image, Point(Lines[i][0],Lines[i][1]),
20             Point(Lines[i][2],Lines[i][3]),Scalar(0,0,255),2,8);
21    }
```

代码运行结果如图 5-11 所示。

霍夫圆变换关键代码如下：

```
18        Mat bf;                    //对灰度图像进行双边滤波
19        bilateralFilter(src_gray, bf, kvalue, kvalue*2, kvalue/2);
20
21        vector<Vec3f> circles;     //用来保存检测到的圆的圆心坐标和半径
22        //霍夫圆变换检测圆
23        HoughCircles(bf,circles,CV_HOUGH_GRADIENT,1.5,20,130,38,10,80);
24
25        //将霍夫圆变换检测到的圆绘制出来
26        for(size_t i = 0; i < circles.size(); i++)
27        {
28             Point center(cvRound(circles[i][0]), cvRound(circles[i][1]));
29             int radius = cvRound(circles[i][2]);
30             circle( dst, center, 0, Scalar(0, 255, 0), -1, 8, 0 );
31             circle( dst, center, radius, Scalar(0, 0, 255), 5, 8, 0 );
32        }
```

在霍夫圆变换中，我们选择的输入图像和代码运行结果如图 5-12 所示。

SIFT 特征点检测关键代码如下：

```
12  //初始化
13  vector<KeyPoint> keyPoints;
14  SiftFeatureDetector sift;
15  sift.detect(gray, keyPoints);         //特征点提取
16  //特征点绘制
17  int flag = DrawMatchesFlags::DRAW_OVER_OUTIMG;
18  drawKeypoints(src, keyPoints, src, Scalar::all(-1), flag);
```

代码运行结果如图 5-20 所示。

SURF 特征点检测关键代码如下：

```
12  //初始化
13  vector<KeyPoint> keyPoints;
14  SurfFeatureDetector surf(800);       //Hessian 矩阵阈值为 800，阈值越大，特征越精确
15  surf.detect(gray,keyPoints);         //特征点提取
16  //特征点绘制
17  int flag = DrawMatchesFlags::DRAW_OVER_OUTIMG;
18  drawKeypoints(src, keyPoints, src, Scalar::all(-1),flag);
```

代码运行结果如图 5-27 所示。

ORB 特征点检测关键代码如下：

```
10  //初始化
11  vector<KeyPoint> keyPoints;
12  OrbFeatureDetector orb;
13  orb.detect(gray,keyPoints);          //特征点提取
14  //特征点绘制
15  int flag = DrawMatchesFlags::DRAW_OVER_OUTIMG;
16  drawKeypoints(src, keyPoints, src, Scalar::all(-1),flag);
```

代码运行结果如图 5-28 所示。

第6章

图像的特征匹配

6.1 概述

在前面的章节中介绍了图像的全局特征和局部特征，本章将介绍图像的特征匹配。所谓特征匹配，就是指利用图像的特征数据，找出两幅或多幅图像之间的相似的特征点。根据特征匹配使用的图像特征，特征匹配可以分为全局特征匹配和局部特征匹配。在全局特征匹配中，通过比较图像中的颜色、纹理等数据来判断图像之间的相似度。在局部特征匹配中，通过比较图像之间的局部特征信息来比较图像的局部相似度。通常用到的局部特征信息是特征点，因为特征点的特征描述子具有较强的鲁棒性。因此，局部特征匹配是针对特征描述子进行的，特征描述子通常是一个向量，两个特征描述子之间的距离可以反映它们的相似度。

全局特征匹配是在图像的宏观上的一种匹配，匹配的速度较快，在图像分类、场景识别等领域应用较多。局部特征匹配通常比较两个特征点之间的相似度，即在特征点的集合中寻找与待匹配特征点最相似的特征点，这个寻找过程的计算量较大，匹配速度相对较慢，但准确率高，在图像拼接等方面具有广泛应用。本章主要介绍图像特征点的匹配。

6.2 度量函数

图像特征点的匹配是针对特征描述子进行的。上面提到的特征描述子通常是一个向量，两个特征描述子之间的距离可以反映它们的相似度，即距离越小，相似度越高。根据特征描述子的不同，可以选择不同的距离来度量其相似度，如浮点类型的特征描述子可以使用欧氏距离；二进制特征描述子可以使用汉明距离等。下面将分别介绍几种常用的度量函数。

1. 曼哈顿距离

曼哈顿距离也称为出租车距离，由19世纪著名的数学家赫尔曼·闵可夫斯基发明。它用于标明两个点在笛卡儿坐标系上的绝对轴距总和，如在笛卡儿坐标系上的两点

(x_1,y_1)、(x_2,y_2)，它们之间的曼哈顿距离 d 为

$$d = |x_1 - x_2| + |y_1 - y_2| \tag{6-1}$$

由此可见，采用曼哈顿距离进行计算只有简单的加减和绝对值求和，运算简单，计算量少，可以极大地提高运算速度。

2. 欧氏距离

欧氏距离是我们最熟悉的一种距离度量，它也称为欧几里得距离。在一个 n 维空间中，两个点之间的直线距离即欧氏距离，具体计算方式为两个点在各自维度上的坐标相减，平方求和后开方。

在二维平面上两点 (x_1,y_1)、(x_2,y_2) 的欧氏距离 d 为

$$d = \sqrt{(x_1 - x_2)^2 + (y_1 - y_2)^2} \tag{6-2}$$

在三维平面上两点 (x_1,y_1,z_1)、(x_2,y_2,z_2) 的欧氏距离 d 为

$$d = \sqrt{(x_1 - x_2)^2 + (y_1 - y_2)^2 + (z_1 - z_2)^2} \tag{6-3}$$

在 n 维空间上两点 $(x_0,x_1,\cdots,x_{n-1})$、$(y_0,y_1,\cdots,y_{n-1})$ 的欧氏距离 d 为

$$d = \sqrt{\sum_{i=0}^{n-1}(x_i - y_i)^2} \tag{6-4}$$

对于浮点类型的特征描述子，如 SIFT 特征描述子和 SURF 特征描述子等，使用欧氏距离是比较方便的一种距离度量方式，只要先计算出某个特征点的特征描述子与其他所有特征点的特征描述子之间的欧氏距离，然后将得到的欧氏距离排序，取距离最近的一个特征点作为匹配点就可以完成特征点的匹配，这种匹配方式称为暴力匹配。

3. 汉明距离

汉明距离是一个概念，它表示两个相同长度的字符串对应位置不同字符的数量。对两个字符串进行异或运算并统计结果为 1 的个数，这个数就是汉明距离，即将一个字符串变换成另一个字符串所需要替换的字符个数。例如，1011101 与 1001001 之间的汉明距离是 2，2143896 与 2233796 之间的汉明距离是 3。

对于二进制特征描述子，如 BRIEF 特征描述子，可以直接使用汉明距离来度量特征点之间的相似度，汉明距离越小，相似度越高。使用汉明距离可以避免平方、开方等运算，极大地提高运算速度和匹配效率。

6.3 特征点匹配优化算法

特征点之间通常采用特征描述子来衡量相似度，而特征描述子是向量的形式。因此，在特征点匹配中，通常可以根据特征描述子的特性选择合适的度量函数度量两个特征描述子之间的距离，两个特征点的特征描述子之间的距离越小，说明两个特征点越相似，这就是特征点匹配的原始思想。但在实际应用中，采用暴力匹配实现的特征点匹配

通常包含许多误匹配的特征点对，即两幅图像中不是同一个特征点的地方匹配为一个特征点对，如图 6-1 所示。

图 6-1　误匹配示意图

由图 6-1 可知，暴力匹配的匹配结果是非常不理想的，存在大量误匹配的特征点对，为了提高特征点匹配精度，通常需要采用一些优化算法剔除误匹配的特征点对。下面将介绍一些常用的特征点匹配优化算法。

6.3.1　距离筛选算法

在检测出两幅图像的特征点后，通过暴力匹配查找匹配的特征点对，这样的粗匹配方式会产生非常多的误匹配的特征点对，因此需要进一步对特征点对进行筛选，剔除误匹配的特征点对，从而提高特征点匹配精度。

由于误匹配的特征点对打破了各特征点对之间的平行位移关系，所以误匹配的特征点对所形成的线段与其他线段是相交的状态，它的距离一般大于正确匹配的特征点对之间的距离，因此，本节设置最小距离的 2 倍为阈值，当已经匹配的特征点对的距离大于这一阈值时，将该特征点对剔除，从而减少误匹配的特征点对的存在。距离筛选算法的流程如下。

首先确定所有特征点对中的最小距离，并将其设为 $d_{\min}$，再设所有特征点对距离为 d_{KNN}，依次进行距离筛选比较，当 $d_{\mathrm{KNN}} \leqslant 2d_{\min}$ 时，将该特征点对列入正确匹配的特征点对行列，否则，将其视为误匹配的特征点对并剔除。距离筛选算法的实现效果如图 6-2 所示。

图 6-2　距离筛选算法的实现效果

6.3.2 交叉匹配算法

交叉匹配算法通过增加一次逆向匹配提高匹配精度，具体流程如下。

首先，进行正向匹配，对于两幅待匹配图像 A 和 B，以图像 A 作为待匹配图像，在图像 B 中通过暴力匹配寻找与图像 A 的特征点匹配的特征点并记录。

然后，进行逆向匹配，即以图像 B 作为待匹配图像，在图像 A 中通过暴力匹配寻找与图像 B 的特征点匹配的特征点并记录。

最后，比较两次匹配的结果，如果某一特征点在正向匹配和逆向匹配中都与另一特征点判断为特征点对，则记录该特征点对；否则，判断为误匹配的特征点对并剔除。使用交叉匹配算法优化后的结果如图 6-3 所示。

图 6-3 使用交叉匹配算法优化后的结果

6.3.3 KNN 算法

KNN 算法又称为 K 最近邻算法。所谓 K 最近邻，就是指 K 个最近的邻居的意思，即每个样本都可以用最接近它的 K 个邻居来代表，一般所选择的 K 个邻居都是已经正确分类的。在特征点匹配过程中，特征点之间的近邻关系是通过欧氏距离来衡量的，两个特征点之间的欧氏距离越小，表示这两个特征点靠得越近。

KNN 算法的具体步骤如下。

（1）计算测试数据与已知数据之间的距离。

（2）按照距离的递增关系排序。

（3）选取距离最近的 K 个点，并确定其中占据优势的类别。

（4）返回占据优势的类别作为测试数据的分类。

在实际应用 KNN 算法时，通常选用 $K=2$ 的最近邻匹配，具体的算法流程如下。

首先，对于两幅待匹配图像 A 和 B，针对图像 A 中的某一特征点 q，在图像 B 中寻找与其欧氏距离最近的特征点，并将距离记为 d_1。

然后，在图像 B 中寻找与特征点 q 的欧氏距离次近的点，并将距离记为 d_2。

最后，对 d_1 和 d_2 进行比值运算，即

$$T=\frac{d_1}{d_2} \tag{6-5}$$

当 T 小于某一阈值时，判断特征点 q 和与其欧氏距离最近的特征点为一个特征点对；否则，判断为误匹配的特征点对并剔除。一般 T 的取值范围为 0.4～0.8，可以根据实际需求进行调整。如此循环，直至图像 A 的所有特征点匹配完毕，当阈值为 0.6 时，使用 KNN 算法优化后的结果如图 6-4 所示。

图 6-4　使用 KNN 算法优化后的结果

6.3.4　RANSAC 算法

RANSAC 算法，即随机采样一致算法，在一组测量数据中通过迭代方式估计模型的参数，根据参数估计尽可能准确的数学模型，并用该模型对匹配的特征点对进行提纯。该算法是目前误匹配点优化最常使用的算法。

在特征点匹配中，RANSAC 算法主要用于剔除误匹配的特征点对，需要计算图像变换单应矩阵 $\boldsymbol{H}$。单应矩阵就是把一幅图像的像素点投影到另一幅图像所在平面的变换矩阵，比如将图像 B 的像素点 (x,y) 投影到图像 A 所在平面，变换方式为

$$s\begin{bmatrix}x'\\y'\\1\end{bmatrix}=\boldsymbol{H}\begin{bmatrix}x\\y\\1\end{bmatrix} \tag{6-6}$$

式中，(x',y') 是图像 B 经变换后在图像 A 上的像素点；$\boldsymbol{H}$ 是一个 3×3 矩阵；s 是尺度空间因子。

在具体介绍 RANSAC 算法流程之前，首先介绍两个误差衡量标准。

一个是投影误差距离 d，即

$$d(\boldsymbol{X}',\boldsymbol{HX})=\sqrt{(x'-x_c)^2+(y'-y_c)^2} \tag{6-7}$$

式中，(x',y') 为 (x,y) 的正确匹配的特征点的坐标；(x_c,y_c) 为 (x,y) 通过单应矩阵 $\boldsymbol{H}$ 变换到 (x',y') 所在平面的坐标。用投影误差距离衡量单应矩阵的好坏，当一个特征点对为正确匹配的特征点对时，一个好的单应矩阵应该使投影误差距离最小。

另一个是投影标准差 D，具体计算方式为

$$D=\sqrt{\frac{\sum_{i=1}^{n}d(\boldsymbol{X}_i',\boldsymbol{HX}_i)^2}{n}} \tag{6-8}$$

投影标准差 D 越小，单应矩阵 $\boldsymbol{H}$ 越好。

RANSAC 算法在特征点对筛选中的主要流程如下。

（1）从样本集中随机抽选一个 RANSAC 样本，即 4 个特征点对。

（2）判断 4 个特征点对中同一平面的 4 个特征点是否有任意 3 个特征点共线，如果共线，则返回 0；否则，根据这 4 个特征点对计算单应矩阵 $\boldsymbol{H}$。

（3）对于匹配的特征点对集中的其他特征点对，根据单应矩阵 $\boldsymbol{H}$ 计算它们的投影误差距离 d。

（4）设定一个阈值 T，如果 $d \leqslant T$，则将特征点对标记为内点；否则，标记为外点。

重复步骤（1）～（4）m 次后，内点数最多，同时投影标准差 D 最小的单应矩阵 $\boldsymbol{H}$ 即所求的变换单应矩阵。

上述的 RANSAC 算法的流程中有两个待确定的参数：一个是阈值 T，一般通过实验的方法来确定，阈值 T 的大小决定了单应矩阵的精度；另一个是随机采样次数 m，在随机采样时，理想情况是搜索所有可能的组合，但这样会造成非常大的计算量。因此，在实际应用中的做法是，如果模型估计需要的特征点对有 n 个，那么采用一个适当的采样次数 N，以保证此时采样的 n 个特征点对都是内点的概率足够高，以 p 表示此概率。设 p_i 为任何一个特征点对是内点的概率，则 $\varepsilon = 1 - p_i$ 为任意一个特征点对为外点的概率，因此，当采样到 m 次时，$\left(1 - p_i^n\right)^m = 1 - p$，对等式进行求解得到采样次数 m 的值，即

$$m = \frac{\log(1-p)}{\log\left[1-(1-\varepsilon)^n\right]} \tag{6-9}$$

当取 $T = 5$，$n = 4$，$p = 0.995$ 时，使用 RANSAC 算法优化后的结果如图 6-5 所示。

图 6-5　使用 RANSAC 算法优化后的结果

以上介绍了 4 种特征点匹配优化算法，这 4 种算法各有优势。在实际应用中，为了获得高可信度的特征点对，通常可以将以上算法组合使用。比如，使用 KNN 算法剔除误匹配的特征点对后使用 RANSAC 算法进一步提纯。组合算法优化后的匹配效果比使用单一算法更具优势，但相应地带来计算量增大、效率低下等问题，因此，应根据需求选择合理的优化方式。

6.4 实践：图像特征匹配

本节通过程序演示如何实现图像特征匹配。与图像特征提取类似，前面介绍的几种特征点匹配优化算法在 OpenCV 库中已经有封装好的实现代码，只需要根据需求调用相关函数得到匹配结果即可。在本节中，首先给出一个实现暴力匹配的完整代码，其他特征点匹配优化算法都是在暴力匹配基础上进行修正实现的。我们将给出修正部分的关键代码，完整代码请读者到本书代码链接下载源码。

暴力匹配实现代码如下：

```
1    #include "highgui/highgui.hpp"
2    #include "opencv2/nonfree/nonfree.hpp"
3    #include "opencv2/legacy/legacy.hpp"
4    #include <iostream>
5    using namespace cv;
6    using namespace std;
7    int main()
8    {
9        Mat image01 = imread("D:/picture/image1.jpg");
10       Mat image02 = imread("D:/picture/image2.jpg");
11
12       Mat image1, image2;          //灰度图像转换
13       cvtColor(image01, image1, CV_RGB2GRAY);
14       cvtColor(image02, image2, CV_RGB2GRAY);
15
16       //提取 SURF 特征点
17       SurfFeatureDetector surfDetector(2000);
18       vector<KeyPoint> keyPoint1, keyPoint2;
19       surfDetector.detect(image1, keyPoint1);
20       surfDetector.detect(image2, keyPoint2);
21
22       //计算特征点的特征描述子
23       SurfDescriptorExtractor SurfDescriptor;
24       Mat imageDesc1, imageDesc2;
25       SurfDescriptor.compute(image1, keyPoint1, imageDesc1);
26       SurfDescriptor.compute(image2, keyPoint2, imageDesc2);
27
28       //初始化暴力匹配器
29       BFMatcher matcher;           //默认使用暴力匹配
30       vector<DMatch> matches;      //用于记录匹配特征点对信息
31       matcher.match(imageDesc1, imageDesc2, matches, Mat());
32       cout << "total match points: " << matches.size() << endl;
33       //显示结果
```

```
34          Mat img_match;
35          drawMatches(image01, keyPoint1, image02, keyPoint2, matches, img_match);
36          namedWindow("match", 0);
37          imshow("match",img_match);
38          imwrite("match_BF.jpg", img_match);
39
40          waitKey();
41          return 0;
42      }
```

运行此代码，得到的输出结果如图 6-1 所示。直接通过暴力匹配得到的结果是最差的，后续特征点匹配优化算法都是在暴力匹配的前提下进行优化修正的。其中，交叉匹配算法只需在暴力匹配实例化过程中传入 true 参数即可，在此不再列出其关键代码。下面分别给出其他特征点匹配优化算法的关键代码。

距离筛选算法的关键代码如下，其运行输出结果如图 6-2 所示。

```
24          //暴力匹配特征点
25          BFMatcher matcher;
26          vector<DMatch> matchePoints;
27          matcher.match(imageDesc1, imageDesc2, matchePoints, Mat());
28          cout << "total match points: " << matchePoints.size() << endl;
29
30          //特征点对筛选
31          double min_dist = 1000, max_dist = 0;
32        //找出所有匹配的特征点之间的距离最大值和最小值
33          for (int i = 0; i < imageDesc1.rows; i++)
34          {
35              double dist = matchePoints[i].distance;
36              if (dist < min_dist) min_dist = dist;
37              if (dist > max_dist) max_dist = dist;
38          }
39           //当特征描述子之间的匹配大于2倍的最小距离时，即认为该匹配的特征点对是一个误匹配
        的特征点对
40           //但有时特征描述子之间的最小距离非常小，可以设置一个经验值作为下限
41           //选取 good_matches 作为最终匹配的特征点对
42          vector<DMatch> good_matches;
43          for (int i = 0; i < imageDesc1.rows; i++)
44          {
45              if (matchePoints[i].distance <= max(2 * min_dist, 0.1))
46                  good_matches.push_back(matchePoints[i]);
47          }
```

KNN 算法的关键代码如下，其运行输出结果如图 6-4 所示。

```
27          const float minRatio =0.6;              //KNN 算法阈值
```

```
28          const int k = 2;
29          //初始化暴力匹配器
30          vector<DMatch> matches;
31          BFMatcher matcher;                                        //实例化暴力匹配器
32          vector<vector<DMatch>> knnMatches;
33          matcher.knnMatch(imageDesc1,imageDesc2,knnMatches,k);
34          //选取比值小于 minRatio 的匹配特征点对作为最终匹配的特征点对
35          for (size_t i = 0; i < knnMatches.size(); i++) {
36              const DMatch& bestMatch = knnMatches[i][0];
37              const DMatch& betterMatch = knnMatches[i][1];
38              float   distanceRatio = bestMatch.distance / betterMatch.distance;
39              if (distanceRatio < minRatio)
40                  matches.push_back(bestMatch);
41          }
```

RANSAC 算法的关键代码如下，其运行输出结果如图 6-5 所示。

```
29      BFMatcher matcher;                                        //实例化暴力匹配器
30      vector<DMatch> matches;
31      matcher.match(imageDesc1, imageDesc2, matches, Mat());   //暴力匹配
32      const int minNumbermatchesAllowed = 8;
33      //特征点对数小于最低要求，结束程序
34      if (matches.size() < minNumbermatchesAllowed)
35          return 0;
36      //为计算单应矩阵准备数据
37      vector<Point2f> srcPoints(matches.size());
38      vector<Point2f> dstPoints(matches.size());
39
40      for (size_t i = 0; i < matches.size(); i++) {
41          srcPoints[i] = keyPoint2[matches[i].trainIdx].pt;
42          dstPoints[i] = keyPoint1[matches[i].queryIdx].pt;
43      }
44      //计算单应矩阵
45      vector<uchar> inliersMask(srcPoints.size());
46      Mat homography;
47      homography=findHomography(srcPoints,dstPoints,CV_FM_RANSAC,5,inliersMask);
48      //根据单应矩阵筛选出正确匹配的特征点对
49      vector<DMatch> inliers;
50      for (size_t i = 0; i < inliersMask.size(); i++){
51          if (inliersMask[i])
52              inliers.push_back(matches[i]);
53      }
54      matches.swap(inliers);//将符合标准的内点作为匹配特征点对
```

第7章 几何变换

7.1 概述

对室内场景的图像进行处理时，经常使用一些数学方法。从本章开始，我们将介绍一些常用的数学理论。

在视觉定位导航中，点、线、面是最基本的物体形状构件，常被称为几何基元。几何基元在二维空间和三维空间的各种变换是对照相机所拍摄的物体与真实世界中的物体最直观的刻画。几何基元在二维空间和三维空间中有各自的表达方式。常用的几何空间有欧氏空间（Euclidean Space）和投影空间（Projective Space）。欧氏几何可以被看作透视几何的一个子集合。

欧氏空间主要用来描述角度和形状，针对的是理想几何物体，是日常生活中最常用的一种几何空间。欧氏空间使用的是笛卡儿坐标，在该空间中的两条平行线永远不会相交。

投影空间主要用来描述物体被照相机拍摄后所成像的空间，是计算机视觉中常用的几何空间。在投影空间中，两条直线一定会相交于一点，即使是两条平行线，也会相交于无穷远点。与欧氏空间不同，投影空间一般使用的是齐次坐标。齐次坐标可以理解为在笛卡儿坐标上再增加一个维度，即将一个原本是 n 维的向量扩展成 $n+1$ 维的向量。所增加的这个维度可以理解为尺度参数，其作用是控制几何基元在投影空间的尺度缩放。当尺度参数等于 1 时，表示尺度不变；当尺度参数不等于 1 时，可以理解为照相机被拉远或贴近，从而实现了投影的缩放。另外，通过使用齐次坐标，还可以将旋转、平移、缩放等各种变换表示成线性矩阵乘法的形式，从而便于后续的数据处理。

7.2 几何基元

为了更好地了解和掌握几何基元在几何空间中的不同表达，下面将按照点、平面、直线的顺序进行介绍。

1．点

在欧氏空间中，一个二维点 $\boldsymbol{v}$ 可以用一对数值 (x,y) 来表示，或者以列向量方式表示为

$$\boldsymbol{v}=\begin{bmatrix}x\\y\end{bmatrix} \tag{7-1}$$

上面的二维点 $\boldsymbol{v}$ 是用笛卡儿坐标表示的，如果将其变换成齐次坐标，就需要增加一个额外的维度。假设增加的维度为 $\tilde{w}$，则这个二维点 $\boldsymbol{v}$ 坐标 (x,y) 就可以表示为 $(\tilde{x},\tilde{y},\tilde{w})$，即二维点 $\boldsymbol{v}$ 的齐次坐标可以表示为 $\tilde{\boldsymbol{v}}=(\tilde{x},\tilde{y},\tilde{w})$，并且有

$$x=\frac{\tilde{x}}{\tilde{w}},\ y=\frac{\tilde{y}}{\tilde{w}} \tag{7-2}$$

式中，$\tilde{w}$ 可以理解为照相机到二维点 $\boldsymbol{v}$ 所在的二维欧氏空间平面距离的远近程度。当 $\tilde{w}=0$ 时，齐次坐标表示的点为无穷远点。此时，该点的非齐次坐标为 (∞,∞)。这样，用二维点 $\boldsymbol{v}$ 的齐次坐标除以 $\tilde{w}$ 就可以获得该点的非齐次坐标 (x,y)，即

$$\tilde{\boldsymbol{v}}=(\tilde{x},\tilde{y},\tilde{w})=\tilde{w}(x,y,1)=\tilde{w}\bar{\boldsymbol{v}} \tag{7-3}$$

式中，$\bar{\boldsymbol{v}}=(x,y,1)$ 被称为增广向量。

在欧氏空间中，三维点 $\boldsymbol{q}$ 的坐标 (x,y,z) 在投影空间中的齐次坐标为 $\tilde{\boldsymbol{v}}=(\tilde{x},\tilde{y},\tilde{z},\tilde{w})$，也可以使用增广向量 $\bar{\boldsymbol{v}}=(x,y,z,1)$ 来表示三维点 $\tilde{\boldsymbol{v}}=\tilde{w}\bar{\boldsymbol{v}}$。

2．平面

在三维空间中，一个平面可以表示为 $ax+by+cz+d=0$。与直线的表示方式相似，平面在投影空间中的齐次坐标为 $\tilde{\boldsymbol{p}}=(a,b,c,d)$。如果将平面 $\tilde{\boldsymbol{p}}$ 归一化，则有 $\tilde{\boldsymbol{p}}=(n_x,n_y,n_z,d)=(\hat{\boldsymbol{n}},d)$，其中 $\|\hat{\boldsymbol{n}}\|=\sqrt{n_x^2+n_y^2+n_z^2}=1$。此时，$\hat{\boldsymbol{n}}=(n_x,n_y,n_z)$ 是三维空间内垂直于平面 $\tilde{\boldsymbol{p}}$ 的法向量，如图 7-1 所示。

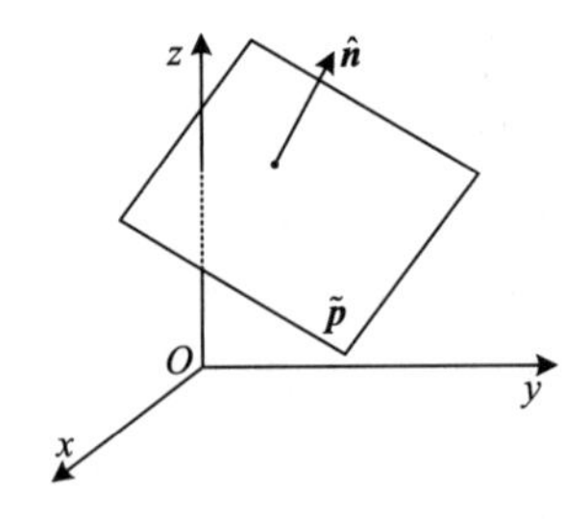

图 7-1　一个在三维空间中的平面及其法向量

3．直线

在二维空间中，一条直线 $\boldsymbol{l}$ 可以表示为 $ax+by+c=0$，如果该直线用向量表示，则可以写为

$$\bar{\boldsymbol{v}}\tilde{\boldsymbol{l}}=ax+by+c=0 \tag{7-4}$$

式中，$\tilde{\boldsymbol{l}}=(a,b,c)$ 是直线的齐次坐标，可以认为该直线是通过 $(x,y,1)$ 的一条直线。需要说明的是，二维点和二维直线的齐次坐标的表示方式是一样的，都是用 3 个变量表示的，即都有 3 个自由度。

在投影空间中，可以利用下面的方法来计算两条直线 $\tilde{\boldsymbol{l}}_1=(a_1,b_1,c_1)$ 和 $\tilde{\boldsymbol{l}}_2=(a_2,b_2,c_2)$ 的交点 $\tilde{\boldsymbol{x}}$：

$$\tilde{\boldsymbol{x}}=\tilde{\boldsymbol{l}}_1\times\tilde{\boldsymbol{l}}_2=(b_1c_2-b_2c_1,a_2c_1-a_1c_2,a_1b_2-a_2b_1) \tag{7-5}$$

式中，符号“×”为叉积运算。叉积也称为外积、叉乘、向量积，是对三维空间中的两个向量的二元运算。当 $a_1/a_2=b_1/b_2\neq c_1/c_2$ 时，$a_1b_2-a_2b_1=0$，此时，直线 $\tilde{\boldsymbol{l}}_1$ 和 $\tilde{\boldsymbol{l}}_2$ 为该平面中的两条平行线，它们的交点在投影空间的无穷远处。当 $a_1/a_2=b_1/b_2=c_1/c_2=k\neq0$ 时，直线 $\tilde{\boldsymbol{l}}_1$ 和 $\tilde{\boldsymbol{l}}_2$ 是同一条直线。

通过式（7-5）可以看出，在投影空间中，利用齐次坐标来计算两条直线的交点比在欧氏空间中的计算方便得多。类似地，通过两个点 $\tilde{\boldsymbol{x}}_1$ 和 $\tilde{\boldsymbol{x}}_2$ 的直线 $\tilde{\boldsymbol{l}}$ 也可以被表示为叉积的形式，即

$$\tilde{\boldsymbol{l}}=\tilde{\boldsymbol{x}}_1\times\tilde{\boldsymbol{x}}_2 \tag{7-6}$$

在三维空间中，相较于点和平面，直线的表示方式非常复杂。设有两个平面 $\boldsymbol{p}_1$ 和 $\boldsymbol{p}_2$ 分别为

$$\begin{aligned}\boldsymbol{p}_1:&\quad a_1x+b_1y+c_1z+d_1=0\\ \boldsymbol{p}_2:&\quad a_2x+b_2y+c_2z+d_2=0\end{aligned} \tag{7-7}$$

若 $\boldsymbol{p}_1$ 和 $\boldsymbol{p}_2$ 的交线为直线 $\boldsymbol{l}$，则直线 $\boldsymbol{l}$ 的方程为

$$\begin{cases}a_1x+b_1y+c_1z+d_1=0\\ a_2x+b_2y+c_2z+d_2=0\end{cases} \tag{7-8}$$

式（7-8）是三维空间中直线 $\boldsymbol{l}$ 的一般表达式。

7.3 二维空间中的变换

图像的几何变换是一种空间变换，可以通过改变图像中的像素空间位置，实现从一幅图像到另一幅图像的坐标映射。图 7-2 给出了在二维平面中最简单的 5 种变换，这 5 种变换是二维平面变换的基本集，其他变换都是在这 5 种变换的基础上合成的。

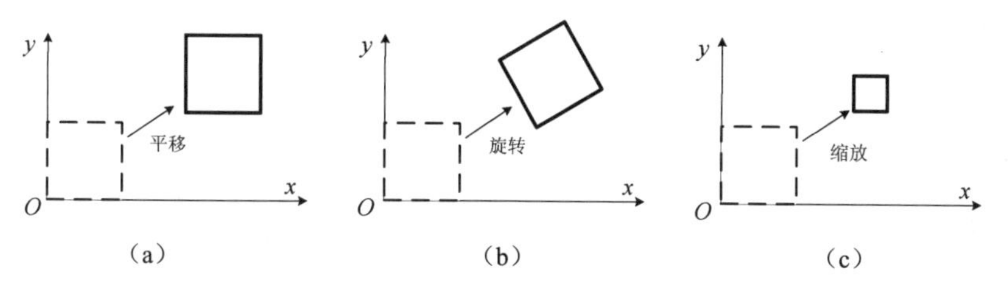

图 7-2 二维平面变换的基本集

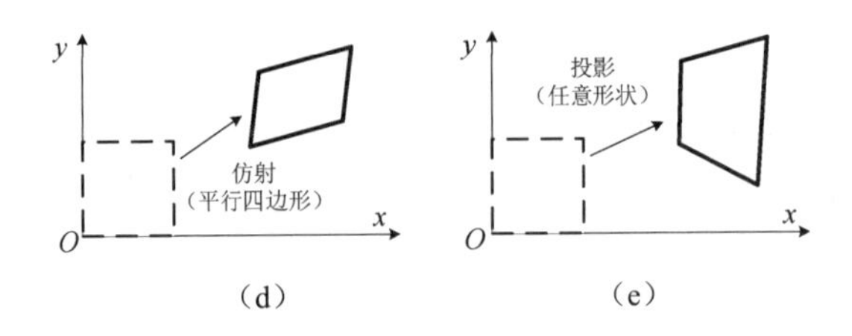

图 7-2　二维平面变换的基本集（续）

1．平移

平移变换可以写为$\boldsymbol{u}=\boldsymbol{v}+\boldsymbol{t}$，其矩阵表达式为

$$\boldsymbol{u}=\begin{bmatrix}\boldsymbol{I} & \boldsymbol{t}\end{bmatrix}\boldsymbol{v} \tag{7-9}$$

式中，$\boldsymbol{I}$是二阶单位矩阵；$\boldsymbol{t}$是平移向量。式（7-9）还可以写为

$$\bar{\boldsymbol{u}}=\begin{bmatrix}\boldsymbol{I} & \boldsymbol{t}\\ \boldsymbol{0}^{\mathrm{T}} & 1\end{bmatrix}\bar{\boldsymbol{v}} \tag{7-10}$$

式中，$\bar{\boldsymbol{u}}$和$\bar{\boldsymbol{v}}$是增广向量；$\boldsymbol{0}$ 是零向量。式（7-10）比式（7-9）表达得更为紧凑，实现了方形矩阵的乘法。

2．旋转

旋转变换是一种二维刚体运动，始终保持了各几何基元的欧氏距离，因此也称为二维欧氏变换。旋转变换可以写为$\boldsymbol{v}'=\boldsymbol{R}\boldsymbol{v}+\boldsymbol{t}$，其矩阵表达式为

$$\boldsymbol{v}'=\begin{bmatrix}\boldsymbol{R} & \boldsymbol{t}\end{bmatrix}\bar{\boldsymbol{v}} \tag{7-11}$$

式中，$\boldsymbol{R}$是一个 2×2 的矩阵，被称为旋转矩阵，即

$$\boldsymbol{R}=\begin{bmatrix}\cos\theta & -\sin\theta\\ \sin\theta & \cos\theta\end{bmatrix} \tag{7-12}$$

式中，θ是刚体在笛卡儿坐标系中进行逆时针旋转的角度。

需要说明的是，$\boldsymbol{R}$是一个正交矩阵，有$\boldsymbol{R}\boldsymbol{R}^{\mathrm{T}}=\boldsymbol{I}$和$\det(\boldsymbol{R})=1$。

3．缩放

缩放变换也称为相似变换，该变换可以表示为$\boldsymbol{v}'=s\boldsymbol{R}\boldsymbol{v}+\boldsymbol{t}$，其中，$s$ 是任意的一个尺度因子。该变换可以写为

$$\boldsymbol{v}'=\begin{bmatrix}s\boldsymbol{R} & \boldsymbol{t}\end{bmatrix}\bar{\boldsymbol{v}} \tag{7-13}$$

4．仿射

仿射变换可写为$\boldsymbol{v}'=\boldsymbol{A}\bar{\boldsymbol{v}}$，其中，$\boldsymbol{A}$是一个 2×3 的矩阵。这里需要注意，在仿射变换下，平行线依然平行。

5．投影

投影变换也称为透视变换，用齐次坐标表示最为简洁，即

$$\tilde{\boldsymbol{x}}'=\tilde{\boldsymbol{H}}\tilde{\boldsymbol{x}} \tag{7-14}$$

式中，$\tilde{\boldsymbol{H}}$ 是一个任意的 3×3 的矩阵。透视变换保持直线性，即直线在变换后仍然是直线。

7.4 三维空间中的变换

三维空间中的变换与二维空间中的变换最大的不同是：三维空间中的旋转矩阵 $\boldsymbol{R}$ 更为复杂。为了确定三维空间中的旋转矩阵，需要确定旋转轴 $\hat{\boldsymbol{n}}$ 和旋转角度 θ。与式（7-12）所定义的二维空间的旋转矩阵类似，三维空间的旋转矩阵是一个 3×3 的矩阵，定义为 $\boldsymbol{R}(\hat{\boldsymbol{n}},\theta)$，即

$$\boldsymbol{R}(\hat{\boldsymbol{n}},\theta)=\begin{bmatrix}\cos\theta & -\sin\theta & 0\\ \sin\theta & \cos\theta & 0\\ 0 & 0 & 1\end{bmatrix} \tag{7-15}$$

式中，$\hat{\boldsymbol{n}}$ 是旋转轴；θ 是相对于旋转轴的旋转角度。在三维空间中，如果两个旋转角度 θ_1 和 θ_2 都是对于相同的旋转轴 $\hat{\boldsymbol{n}}$ 进行的，则有

$$\boldsymbol{R}(\hat{\boldsymbol{n}},\theta_1)\boldsymbol{R}(\hat{\boldsymbol{n}},\theta_2)=\boldsymbol{R}(\hat{\boldsymbol{n}},\theta_1+\theta_2) \tag{7-16}$$

图 7-3 给出了向量 $\boldsymbol{v}$ 以 $\hat{\boldsymbol{n}}$ 为旋转轴、θ 为旋转角度变换到向量 $\boldsymbol{u}$ 的过程。其中，旋转轴 $\hat{\boldsymbol{n}}=(n_x,n_y,n_z)$ 是单位向量，且仍然有 $\|\hat{\boldsymbol{n}}\|=1$。

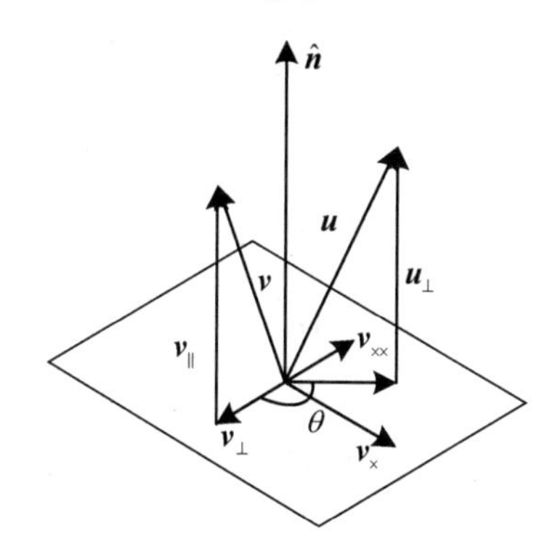

图 7-3 向量 $\boldsymbol{v}$ 以 $\hat{\boldsymbol{n}}$ 为旋转轴、θ 为旋转角度变换到向量 $\boldsymbol{u}$ 的过程

我们可以将向量 $\boldsymbol{v}$ 分解为平行于旋转轴 $\hat{\boldsymbol{n}}$ 的分量 $\boldsymbol{v}_{\parallel}$ 和正交（垂直）于旋转轴 $\hat{\boldsymbol{n}}$ 的分量 $\boldsymbol{v}_{\perp}$，即

$$\boldsymbol{v}=\boldsymbol{v}_{\parallel}+\boldsymbol{v}_{\perp} \tag{7-17}$$

对于图 7-3 中的旋转，首先，将向量 $\boldsymbol{v}$ 投影到旋转轴 $\hat{\boldsymbol{n}}$，由点乘的投影几何意义可得

$$\boldsymbol{v}_{\parallel}=\hat{\boldsymbol{n}}(\hat{\boldsymbol{n}}\cdot\boldsymbol{v})=(\hat{\boldsymbol{n}}\hat{\boldsymbol{n}}^{\mathrm{T}})\boldsymbol{v} \tag{7-18}$$

式中，$\boldsymbol{v}_{\parallel}$ 是向量 $\boldsymbol{v}$ 不受旋转影响的分量。

其次，计算向量 $\boldsymbol{v}$ 相对旋转轴 $\hat{\boldsymbol{n}}$ 的垂直分量 $\boldsymbol{v}_{\perp}$，根据向量减法可得

$$\boldsymbol{v}_{\perp}=\boldsymbol{v}-\boldsymbol{v}_{\parallel}=\left(\boldsymbol{I}-\hat{\boldsymbol{n}}\hat{\boldsymbol{n}}^{\mathrm{T}}\right)\boldsymbol{v} \tag{7-19}$$

使用叉积运算将向量 $\boldsymbol{v}$ 旋转 90°后，可以得到向量 $\boldsymbol{v}_{\times}$，即

$$\boldsymbol{v}_{\times}=\hat{\boldsymbol{n}}\times\boldsymbol{v}=[\hat{\boldsymbol{n}}]_{\times}\boldsymbol{v} \tag{7-20}$$

式中，$[\hat{\boldsymbol{n}}]_{\times}$ 是叉积算子的矩阵形式，即

$$[\hat{\boldsymbol{n}}]_{\times}=\begin{bmatrix}0 & -n_z & n_y\\ n_z & 0 & -n_x\\ -n_y & n_x & 0\end{bmatrix} \tag{7-21}$$

如果将 $\boldsymbol{v}_{\times}$ 旋转 90°，就等同于再次进行叉积运算，即

$$\boldsymbol{v}_{\times\times}=\hat{\boldsymbol{n}}\times\boldsymbol{v}_{\times}=[\hat{\boldsymbol{n}}]_{\times}^{2}\boldsymbol{v}=-\boldsymbol{v}_{\perp} \tag{7-22}$$

因此，有

$$\boldsymbol{v}_{\parallel}=\boldsymbol{v}-\boldsymbol{v}_{\perp}=\boldsymbol{v}+\boldsymbol{v}_{\times\times}=\left(\boldsymbol{I}+[\hat{\boldsymbol{n}}]_{\times}^{2}\right)\boldsymbol{v} \tag{7-23}$$

最后，计算旋转后的向量 $\boldsymbol{u}$ 在垂直平面内的分量为

$$\boldsymbol{u}_{\perp}=\cos\theta\boldsymbol{v}_{\perp}+\sin\theta\boldsymbol{v}_{\times}=\left(\sin\theta[\hat{\boldsymbol{n}}]_{\times}-\cos\theta[\hat{\boldsymbol{n}}]_{\times}^{2}\right)\boldsymbol{v} \tag{7-24}$$

将所有这些项放在一起，且 $\boldsymbol{u}_{\parallel}=\boldsymbol{v}_{\parallel}$，可以得到旋转后的向量 $\boldsymbol{u}$ 为

$$\boldsymbol{u}=\boldsymbol{u}_{\perp}+\boldsymbol{v}_{\parallel}=\left[\boldsymbol{I}+\sin\theta[\hat{\boldsymbol{n}}]_{\times}+(1-\cos\theta)[\hat{\boldsymbol{n}}]_{\times}^{2}\right]\boldsymbol{v} \tag{7-25}$$

这样，我们就得到了向量 $\boldsymbol{v}$ 以 $\hat{\boldsymbol{n}}$ 为旋转轴、θ 为旋转角变换到向量 $\boldsymbol{u}$ 的旋转关系为

$$\boldsymbol{R}(\hat{\boldsymbol{n}},\theta)=\boldsymbol{I}+\sin\theta[\hat{\boldsymbol{n}}]_{\times}+(1-\cos\theta)[\hat{\boldsymbol{n}}]_{\times}^{2} \tag{7-26}$$

式（7-26）又称为 Rodrigues 公式，其中，$[\hat{\boldsymbol{n}}]_{\times}\boldsymbol{v}=\hat{\boldsymbol{n}}\times\boldsymbol{v}$，$[\hat{\boldsymbol{n}}]_{\times}^{2}\boldsymbol{v}=\hat{\boldsymbol{n}}\times\hat{\boldsymbol{n}}\times\boldsymbol{v}$。

旋转轴 $\hat{\boldsymbol{n}}$ 和旋转角度 θ 的乘积 $\boldsymbol{\omega}=\theta\hat{\boldsymbol{n}}=\left(\omega_x,\omega_y,\omega_z\right)$ 是三维旋转的最小表示。但是，这种表示不是唯一的，因为总是可以给旋转角度 θ 乘以 360°（2π 弧度）的倍数而得到相同的旋转矩阵：

$$\boldsymbol{R}\left(\hat{\boldsymbol{n}},\theta+2\pi k\right)=\boldsymbol{R}\left(\hat{\boldsymbol{n}},\theta\right),\ k=0,\pm1,\pm2,\cdots \tag{7-27}$$

$$\left[\boldsymbol{R}\left(\hat{\boldsymbol{n}},\theta\right)\right]^{-1}=\boldsymbol{R}\left(\hat{\boldsymbol{n}},-\theta\right)=\boldsymbol{R}\left(-\hat{\boldsymbol{n}},\theta\right) \tag{7-28}$$

将式（7-27）和式（7-28）联立，有

$$\boldsymbol{R}\left(\hat{\boldsymbol{n}},2\pi-\theta\right)=\boldsymbol{R}\left(-\hat{\boldsymbol{n}},\theta\right) \tag{7-29}$$

并且有

$$\left[\boldsymbol{R}\left(\hat{\boldsymbol{n}},\pi\right)\right]^{2}=\boldsymbol{I} \tag{7-30}$$

如果 $\theta=0$，则旋转矩阵为

$$\boldsymbol{R}\left(\hat{\boldsymbol{n}},0\right)=\boldsymbol{I} \tag{7-31}$$

此时，$\boldsymbol{R}(\hat{\boldsymbol{n}},0)$ 被称为独立于旋转轴 $\hat{\boldsymbol{n}}$ 的单位算子（Identity Operator），也被称为平凡旋转（Trivial Rotation）。

对于式（7-26），如果旋转是无限小或瞬时的，则 Rodrigues 公式可以简化为

$$\boldsymbol{R}(\hat{\boldsymbol{n}},\theta)\approx \boldsymbol{I}+\sin\theta[\hat{\boldsymbol{n}}]_{\times}\approx \boldsymbol{I}+[\theta\hat{\boldsymbol{n}}]_{\times}=\begin{bmatrix}1 & -\omega_z & \omega_y\\ \omega_z & 1 & -\omega_x\\ -\omega_y & \omega_x & 1\end{bmatrix} \tag{7-32}$$

这样，式（7-32）就给出了在旋转角度 θ 很小的情况下旋转参数和旋转矩阵 $\boldsymbol{R}(\hat{\boldsymbol{n}},\theta)$ 之间的线性关系。

单位四元数表达与旋转轴、旋转角度表达紧密相关。一个单位四元数是单位长度的四分量向量，写为 $\boldsymbol{q}=(q_x,q_y,q_z,q_\omega)$，或者可以更为简洁地写为 $\boldsymbol{q}=(x,y,z,\omega)$。由于单位四元数在单位四元数球上，因此有 $\|\boldsymbol{q}\|=1$，并且相反的单位四元数 $\boldsymbol{q}$ 和 $-\boldsymbol{q}$ 表示相同的旋转，如图 7-4 所示。

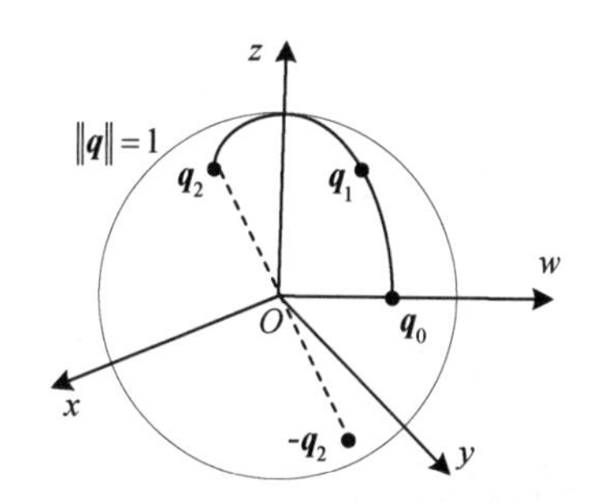

图 7-4　单位四元数在单位四元数球上

单位四元数表达是唯一的，并且该表达是连续的，即可以随着旋转矩阵连续变换。因此，尽管在单位四元数球上的路径始终处于卷绕直至回到原点 $\boldsymbol{q}_0=(0,0,0,0)$，仍可以看到连续的单位四元数表达。可以说，单位四元数在计算机图形学中是姿态和姿态内插中常用的一种表达。

另外，单位四元数也可以根据旋转的定义，通过式（7-33）给出：

$$\boldsymbol{q}=(\boldsymbol{v},\boldsymbol{\omega})=\left(\sin\frac{\theta}{2}\hat{\boldsymbol{n}},\cos\frac{\theta}{2}\hat{\boldsymbol{n}}\right) \tag{7-33}$$

式中，$\hat{\boldsymbol{n}}$ 和 θ 分别是旋转轴和旋转角度。使用三角等式 $\sin\theta=2\sin(\theta/2)\cos(\theta/2)$ 和 $(1-\cos\theta)=2\sin^2(\theta/2)$，Rodrigues 公式可以转化为

$$\begin{aligned}\boldsymbol{R}(\hat{\boldsymbol{n}},\theta)&=\boldsymbol{I}+\sin\theta[\hat{\boldsymbol{n}}]_{\times}+(1-\cos\theta)[\hat{\boldsymbol{n}}]_{\times}^2\\&=\boldsymbol{I}+2\omega[\boldsymbol{v}]_{\times}+2[\boldsymbol{v}]_{\times}^2\end{aligned} \tag{7-34}$$

Rodrigues 公式提供了一种快速途径来将四元数旋转向量应用于向量的旋转。这通过使用一系列叉积、伸缩和加法运算实现。

7.5 旋转向量

对于坐标系的旋转，任意旋转都可以用一个旋转轴和一个旋转角度来描述。因此，旋转轴的旋转方向可以使用一种向量表示。该向量的方向与旋转轴旋转方向一致，且大小等于旋转角度，这种向量称为旋转向量。这样，使用一个旋转向量和一个平移向量即可表达一次变换。

下面分析旋转向量和旋转矩阵 $\boldsymbol{R}(\hat{\boldsymbol{n}},\theta)$ 之间的转换关系。对式（7-15）两边取迹有

$$\operatorname{tr}\left[\boldsymbol{R}(\hat{\boldsymbol{n}},\theta)\right]=1+2\cos\theta \tag{7-35}$$

式中，$\operatorname{tr}[\bullet]$ 表示对矩阵求迹。

这样，我们得到的旋转角度 θ 为

$$\theta=\arccos\frac{\operatorname{tr}\left[\boldsymbol{R}(\hat{\boldsymbol{n}},\theta)\right]-1}{2} \tag{7-36}$$

式（7-36）给出了一种非常好的方法，即如果已知旋转矩阵 $\boldsymbol{R}(\hat{\boldsymbol{n}},\theta)$，就可以求其旋转角度 θ。另外，对于旋转轴 $\hat{\boldsymbol{n}}$，由于其上的向量在旋转后不发生改变，因此有

$$\boldsymbol{R}(\hat{\boldsymbol{n}},\theta)\hat{\boldsymbol{n}}=\hat{\boldsymbol{n}} \tag{7-37}$$

这样，旋转轴 $\hat{\boldsymbol{n}}$ 是旋转矩阵 $\boldsymbol{R}(\hat{\boldsymbol{n}},\theta)$ 的特征值为 1 时所对应的特征向量。

7.6 实践：运动轨迹绘制代码实现

前面介绍的各种旋转表示方式都可以先使用 Eigen 来表示矩阵、向量，然后进行旋转矩阵与平移向量的求解计算。Eigen 是一个 C++开源线性代数库。它提供了矩阵的线性代数运算，还包括解方程等功能。许多上层的软件库也使用 Eigen 进行矩阵运算，包括 g2o、Sophus 等。下面用一个实例来展示运动轨迹绘制过程。

如果仅研究旋转和平移这些概念的数学形式，那么可能觉得很复杂，无从下手。事实上，虽然旋转矩阵、平移向量这些概念在数值上可能不够直观，但是可以进行可视化的演示。首先需要预先获得运动轨迹文件，假设它存储于 trajectory.txt，其中每行都按照标准的时间、平移向量、旋转单位四元数格式保存，则可以把这些向量端点显示在窗口上，然后将这一系列按时间的向量端点组成的序列看作画出的轨迹。Ubuntu 中有很多库都支持三维绘图，我们选用一个基于 OpenGL 的常见的库——Pangolin 库，它可以支持一些 GUI（图形用户界面）的功能。下面是运动轨迹绘制的主要代码：

```
1    #include <pangolin/pangolin.h>
2    #include <Eigen/Core>
3    #include <unistd.h>
4    using namespace std;
5    using namespace Eigen;
```

```
6
7
8      string trajectory_file =
9      "/home/shaoming/SLAM/slambook2-master/ch3/examples/trajectory.txt";
10
11     //本实例演示了如何画出一个预先存储的轨迹
12
13     Void DrawTrajectry(vector<Isometry3d,Eigen::aligned_allocator<Isometry3d>>);
14     int main(int argc, char **argv) {
15         vector<Isometry3d, Eigen::aligned_allocator<Isometry3d>> poses;
16         ifstream fin(trajectory_file);
17         if (!fin) {
18             cout << "cannot find trajectory file at " << trajectory_file << endl;
19             return 1;
20         }
21         while (!fin.eof()) {
22             double time, tx, ty, tz, qx, qy, qz, qw;
23             fin >> time >> tx >> ty >> tz >> qx >> qy >> qz >> qw;
24             Isometry3d Twr(Quaterniond(qw, qx, qy, qz));
25             Twr.pretranslate(Vector3d(tx, ty, tz));
26             poses.push_back(Twr);
27         }
28         cout << "read total " << poses.size() << " pose entries" << endl;
29         //在 Pangolin 中绘制轨迹
30         DrawTrajectory(poses);
31         return 0;
32     }
```

图 7-5 所示为运动轨迹绘制的结果，先用 3 个方向的横线画出每个运动点位姿的三维信息，然后将这些运动点连起来形成整个运动轨迹。

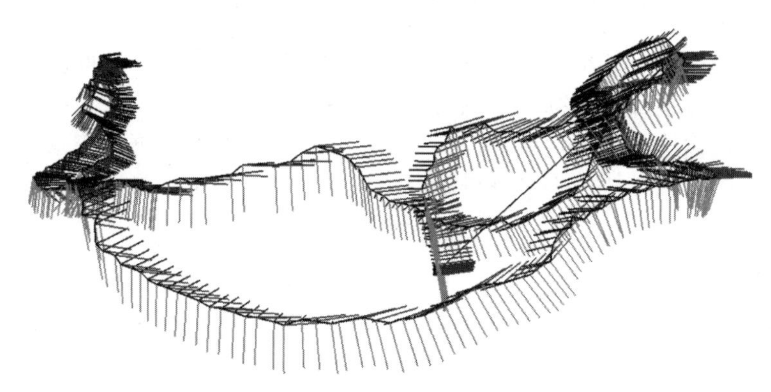

图 7-5　运动轨迹绘制的结果

第 8 章

照相机位置估计与求解

8.1 概述

在视觉定位导航领域中，视觉定位系统需要通过图像来获得关于室内场景的信息，进而完成定位工作。目前，常用的视觉定位手段是，首先采用以手机作为载体的单目照相机获取图像，然后与图像数据库进行对比，从而完成照相机的位置估计与求解。本章首先对视觉定位系统中所应用到的照相机进行建模，然后在此基础上对视觉定位系统中的 4 种坐标系进行分析。对于基于对极几何理论的视觉定位系统，定位过程可以分为图像检索和利用对极几何约束关系进行地理位置估计两个阶段。为了便于后续分析，本章将重点研究基于对极几何理论的视觉定位系统中关于图像检索阶段和对极几何约束关系的相关理论。

8.2 照相机建模

8.2.1 投射投影矩阵和非固有参数

视觉定位的核心是利用二维图像信息和成像模型各参数计算二维图像中的像素所对应的三维坐标。为了找到三维空间点与二维图像中对应点的映射关系，首先需要建立相应的坐标系来确定这些点的位置。在视觉定位系统中，需要根据用户拍摄的待定位图像估计用户所在的地理位置。为了分析用户拍摄得到的待定位图像中的像素与用户所在的真实地理位置空间的对应关系，定义如下 4 个坐标系。

1. 像素坐标系

在数字图像中，像素是基本元素，每个像素包含图像的基本色彩信息，以二维平面的排列形式表示二维图像。如图 8-1 所示，像素坐标系的原点为 O_0，坐标用 (u,v) 表示，坐标值代表了各像素的灰度值，在一些情况下，坐标值也可代替展现该幅图像的颜色信息。一般情况下，像素坐标系中的 u 轴与 v 轴的角度 θ 为 90°；特殊情况下，角度 θ 可以不为 90°。

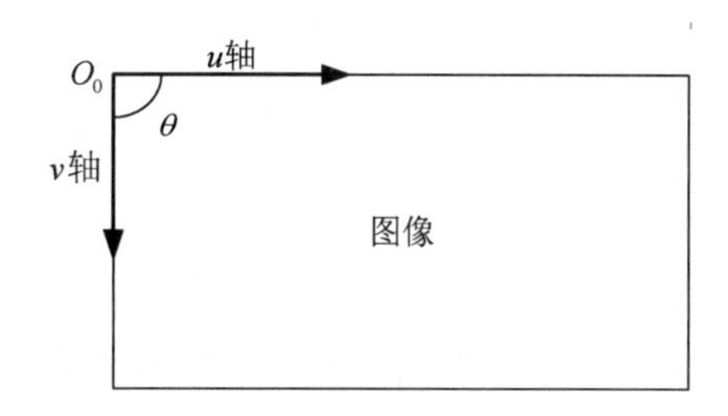

图 8-1　像素坐标系示意图

2．图像坐标系

在三维空间中，人类感知世界或度量三维物体需要使用物理单位，与之类似，需要建立二维的图像坐标系用于使计算机或视觉定位系统充分理解图像。如图 8-2 所示，平面 α 为图像平面，坐标系 O_1 - XY 为图像坐标系，O_1 是照相机的光轴与图像平面的交点，用 (X,Y) 来表示图像平面上的坐标点。对于图像坐标系，X 轴和 Y 轴在现实世界中的位置由照相机的采样系统决定。

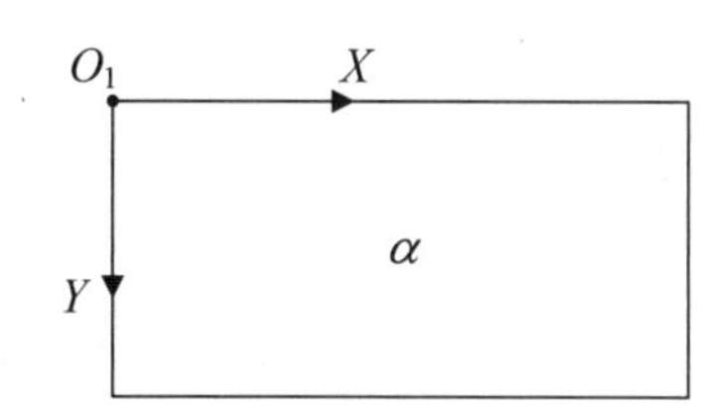

图 8-2　图像坐标系示意图

3．照相机坐标系

在三维空间中，选择三维直角坐标系 O_f - XYZ，使得该坐标系原点与照相机的光心相重合，X 轴和 Y 轴与照相机镜头平面共面，并且 Z 轴与照相机光轴重叠。如此建立的三维坐标系称为照相机系统的标准坐标系，简称照相机坐标系。

4．世界坐标系

在实际应用中，照相机系统所拍摄的物体可以是任意三维坐标系下的一点，该三维坐标系可以称为世界坐标系。世界坐标系 O_w - $X_wY_wZ_w$ 的建立方式一般没有明确不变的选取方式。根据室内定位的特殊研究要求适当选取世界坐标系，可以更加方便地对研究对象所处的具体位置进行估计。

对于给定的一点 $\boldsymbol{m}$，用 $\boldsymbol{m}=[x,y]^{\mathrm{T}}$ 表示点 $\boldsymbol{m}$ 在图像坐标系中的坐标，$\boldsymbol{M}=[X,Y,Z]^{\mathrm{T}}$ 表示点 $\boldsymbol{m}$ 在像素坐标系中的坐标。根据几种不同坐标系的定义，可以得出 $\boldsymbol{m}=[x,y]^{\mathrm{T}}$ 和 $\boldsymbol{M}=[X,Y,Z]^{\mathrm{T}}$ 之间的关系为

$$\frac{x}{X}=\frac{y}{Y}=\frac{f}{Z} \tag{8-1}$$

为了便于分析，式（8-1）可以改写为

$$\begin{bmatrix} U \\ V \\ S \end{bmatrix} = \begin{bmatrix} f & 0 & 0 & 0 \\ 0 & f & 0 & 0 \\ 0 & 0 & 1 & 0 \end{bmatrix} \begin{bmatrix} X \\ Y \\ Z \\ 1 \end{bmatrix} = \boldsymbol{P} \begin{bmatrix} X \\ Y \\ Z \\ 1 \end{bmatrix} \tag{8-2}$$

式中，$x = U/S$，$y = V/S$，$S \neq 0$，矩阵 $\boldsymbol{P}$ 为透射投影矩阵。对于一个给定的向量 $\boldsymbol{x} = [x, y, \cdots]^{\mathrm{T}}$，定义 $\tilde{\boldsymbol{x}}$ 为 $\boldsymbol{x}$ 的增广向量，即 $\tilde{\boldsymbol{x}} = [x, y, \cdots, 1]^{\mathrm{T}}$。因此，式（8-2）可以表示为

$$s\tilde{\boldsymbol{m}} = \boldsymbol{P}\tilde{\boldsymbol{M}} \tag{8-3}$$

式中，$s = S$ 表示任意的非零标量。

在视觉定位中，用户所能得到的最终定位结果需要以一种直观的、便于理解的方式表示，即可以用地理位置坐标表示。因此，需要在用户照相机或数据库坐标系和用户所在的坐标系之间建立联系。如图 8-3 所示，如果点 $\boldsymbol{m}$ 在用户所在的坐标系下用 $\boldsymbol{M}_{\mathrm{w}} = [X_{\mathrm{w}}, Y_{\mathrm{w}}, Z_{\mathrm{w}}]^{\mathrm{T}}$ 表示，则 $\boldsymbol{M}_{\mathrm{w}}$ 和 $\boldsymbol{M}$ 之间的关系有

$$\boldsymbol{M} = \boldsymbol{R}\boldsymbol{M}_{\mathrm{w}} + \boldsymbol{t} \tag{8-4}$$

增广向量的形式可以表示为

$$\tilde{\boldsymbol{M}} = \boldsymbol{D}\tilde{\boldsymbol{M}}_{\mathrm{w}} \tag{8-5}$$

在式（8-5）中，矩阵 $\boldsymbol{D}$ 为三维空间的欧氏变换，可以表示为

$$\boldsymbol{D} = \begin{bmatrix} \boldsymbol{R} & \boldsymbol{t} \\ \boldsymbol{0}_3^{\mathrm{T}} & 1 \end{bmatrix} \tag{8-6}$$

式中，$\boldsymbol{0}_3^{\mathrm{T}} = [0,0,0]$，矩阵 $\boldsymbol{R}$ 和向量 $\boldsymbol{t}$ 分别表示关于用户所在的坐标系下的旋转矩阵和平移向量，二者可以称为非固有参数。

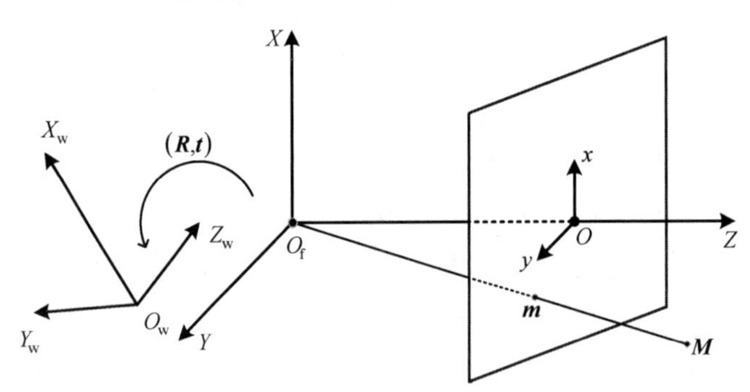

图 8-3　世界坐标系和非固有参数示意图

8.2.2　照相机固有参数矩阵

在视觉定位的应用中，需要将可以由图像直接获得的二维像素坐标和三维世界坐标建立联系来进行位置估计。对于实际的照相机系统，由于难以直接获得图像平面的原点位置，需要进行像素到图像平面之间的坐标变换。如图 8-4 所示，坐标系 $O\text{-}xy$ 为以 O

为原点的图像坐标系，坐标系 O_0 - uv 为以 O_0 为原点的像素坐标系。

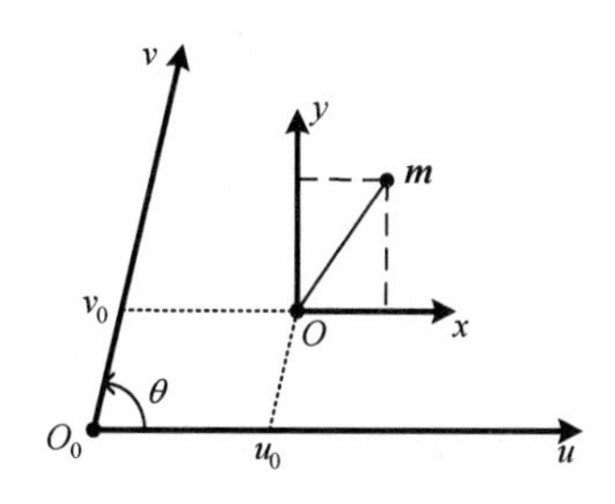

图 8-4　照相机固有参数示意图

值得注意的是，一般情况下，像素坐标系的原点位于图像的左上角，为了便于分析，在这里令像素坐标系的 u 轴平行于图像坐标系的 x 轴。像素坐标系的 u 轴与 v 轴不必保证严格正交，用 θ 表示 u 轴与 v 轴之间的夹角。图像坐标系的原点 O 在像素坐标系中的坐标用 $\left[u_0, v_0\right]^{\mathrm{T}}$ 来表示，像素坐标系的 u 轴和 v 轴的单位长度分别表示为 k_u 和 k_v。上述 5 个参数并不依赖照相机系统的位置和方向，因此称为照相机固有参数。

对于给定的一点 $\boldsymbol{m}$，用 $\boldsymbol{m}_{\text{old}} = \left[x, y\right]^{\mathrm{T}}$ 表示该点在图像坐标系下的坐标，$\boldsymbol{m}_{\text{new}} = \left[u, v\right]^{\mathrm{T}}$ 表示该点在像素坐标系下的坐标，则二者的关系可以表示为

$$\tilde{\boldsymbol{m}}_{\text{new}} = \boldsymbol{H}\tilde{\boldsymbol{m}}_{\text{old}} \tag{8-7}$$

在式（8-7）中，矩阵 $\boldsymbol{H}$ 可以表示为

$$\boldsymbol{H} = \begin{bmatrix} k_u & k_u \cot\theta & u_0 \\ 0 & k_v / \sin\theta & v_0 \\ 0 & 0 & 1 \end{bmatrix} \tag{8-8}$$

由式（8-3）可知

$$s\tilde{\boldsymbol{m}}_{\text{old}} = \boldsymbol{P}\tilde{\boldsymbol{M}} \tag{8-9}$$

将式（8-7）代入式（8-9）中，可得

$$s\tilde{\boldsymbol{m}}_{\text{new}} = \boldsymbol{H}\boldsymbol{P}\tilde{\boldsymbol{M}} \tag{8-10}$$

因此，可令

$$\boldsymbol{P}_{\text{new}} = \boldsymbol{H}\boldsymbol{P} = \begin{bmatrix} fk_u & fk_u \cot\theta & u_0 & 0 \\ 0 & fk_v / \sin\theta & v_0 & 0 \\ 0 & 0 & 1 & 0 \end{bmatrix} \tag{8-11}$$

为了便于对矩阵 $\boldsymbol{P}_{\text{new}}$ 进行分析，需要定义一个特殊的归一化坐标系。在归一化坐标系下，照相机的图像平面到照相机光心的距离为一个单位长度，即 $f = 1$。在这种情况下，归一化透射投影矩阵可以表示为

$$\boldsymbol{P}_{\text{normal}} = \begin{bmatrix} 1 & 0 & 0 & 0 \\ 0 & 1 & 0 & 0 \\ 0 & 0 & 1 & 0 \end{bmatrix} \tag{8-12}$$

由式（8-11）得到的矩阵 $\boldsymbol{P}_{\text{new}}$ 可以进行如下分解：

$$\boldsymbol{P}_{\text{new}} = \boldsymbol{AP}_{\text{normal}} \tag{8-13}$$

式中，矩阵 $\boldsymbol{A}$ 为

$$\boldsymbol{A} = \begin{bmatrix} fk_u & fk_u \cot\theta & u_0 \\ 0 & fk_v/\sin\theta & v_0 \\ 0 & 0 & 1 \end{bmatrix} \tag{8-14}$$

根据式（8-14）可知，矩阵 $\boldsymbol{A}$ 中所包含的元素只取决于照相机本身。因此，矩阵 $\boldsymbol{A}$ 称为照相机固有参数矩阵。

8.3 视觉定位中的图像特征描述子

8.3.1 图像检索流程

基于视觉的室内定位方法可以分为基于标志的视觉室内定位和基于指纹的视觉室内定位两类。然而，任一类基于视觉的室内定位方法都涉及数据库图像的检索过程。对于基于指纹的视觉室内定位，其主要特点是将待定位输入图像和数据库中大量的指纹库图像进行搜索匹配。因此，图像的搜索匹配过程的性能对整个室内定位系统的性能有着直接的影响。对于基于标志的视觉室内定位，如果能够快速且准确地对各标志物进行检索，将会显著提高系统性能。

基于内容的图像检索（Content-Based Image Retrieval，CBIR）过程如图 8-5 所示。典型的基于内容的图像检索不仅要对多种多样的图像信息进行处理，还要充分考虑用户的检索需求。基于内容的图像检索系统在对图像内容信息和用户检索需求进行分析的基础上，从图像数据库中检索满足要求的图像，并将这些图像提供给用户。这种充分考虑用户检索需求的图像检索系统的核心是如何提取特征以用于描述图像内容。在广义的概念上，图像特征既可以是关键词和注释这类基于文本的描述特征，又可以是颜色等视觉特征。图像特征描述子根据描述一幅图像所需的特征数量可以分为全局特征描述子和局部特征描述子。全局特征描述子仅需要使用一个特征向量对一幅图像进行描述，而局部特征描述子则需要使用多个特征向量对一幅图像进行描述。在视觉定位系统中，图像特征描述子不仅被用于图像检索过程，在通过对极几何约束关系进行地理位置估计的过程中，还被用于基本矩阵的计算。

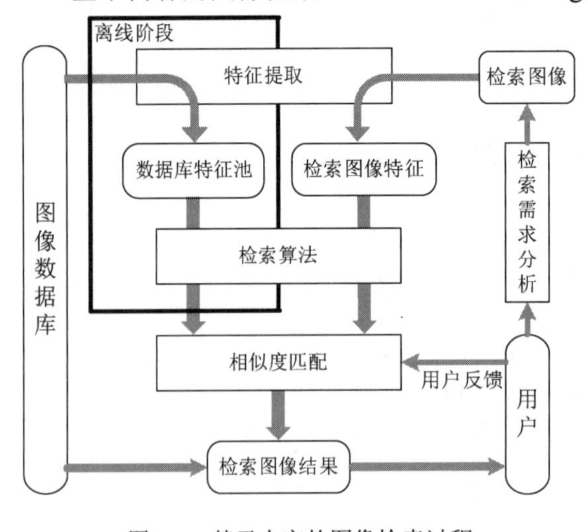

图 8-5　基于内容的图像检索过程

8.3.2 全局特征描述子

在基于视觉的室内定位中，图像检索过程需要对图像数据库中的全部图像进行遍历，如果直接将用户输入的待定位图像与图像数据库中的全部图像的特征点进行逐个比较，那么由于图像数据库所含图像数量巨大且单幅图像尺寸较大，图像检索过程的计算量将会相当庞大，无法达到实时检索与定位的目的。针对现有的基于视觉的室内定位中图像检索过程运算量较大且耗时过长的问题，采用全局特征描述子来代替现阶段被广泛应用的局部特征描述子是必要的。

图像 Gist 全局特征描述子被广泛应用于场景描述和图像快速检索。图像 Gist 全局特征描述子提取流程如表 8-1 所示。

表 8-1 图像 Gist 全局特征描述子提取流程

输入：图像 I
输出：Gist 全局特征描述向量 $\boldsymbol{G}$
第一步：对图像 I 进行预处理，包括图像截取和灰度处理
第二步：图像缩放，将图像大小按比例缩放至 256 像素×256 像素
第三步：利用 Gabor 滤波器进行滤波，得到 $i'(x,y)=\sum I(f_x,f_y)G(\theta_i,l)\mathrm{e}^{\mathrm{j}2\pi(f_x x+f_y y)}$
第四步：网格划分，将滤波后的图像划分为 16 块
第五步：统计滤波后每块图像的灰度直方图
第六步：对第五步结果用向量表示，得到图像 I 的 Gist 全局特征描述向量

对图像进行预处理，当原始输入图像不是正方形图像时，应从图像长边中点向两侧截取等于图像短边像素数的部分，从而保留一个正方形图像，舍弃其余部分；当原始输入图像是正方形图像时，可以省略此处理过程。

对得到的灰度图像进一步利用 Gabor 滤波器进行滤波。在对图像利用 Gabor 滤波器进行滤波时，需要对图像进行二维离散傅里叶变换，即

$$I(f_x,f_y)=\sum_{x,y=0}^{N-1} i(x,y)h(x,y)\mathrm{e}^{-\mathrm{j}2\pi(f_x x+f_y y)} \tag{8-15}$$

式中，$i(x,y)$ 是图像的灰度值分布；f_x 和 f_y 是空间频率变量；$h(x,y)$ 是为了减少边缘效应引入的环形汉明窗函数；$I(f_x,f_y)$ 是图像进行二维离散傅里叶变换后的结果。更进一步，可由式（8-16）来进行 Gabor 函数计算，即

$$G(\theta_i,l)=\exp\left(-\frac{{x_{\theta_i}}^2+{y_{\theta_i}}^2}{2\sigma^{2(l-1)}}\right)\exp\left(2\pi\mathrm{j}\left(x_{\theta_i}+y_{\theta_i}\right)\right) \tag{8-16}$$

式中，l 是图像所在的尺度；θ_l 是该尺度下的方向总数，$\theta_i=\pi(k-1)/\theta_l$，$k=1,2,\cdots,\theta_l$；$\sigma^2$ 是高斯函数的方差；x_{θ_i} 和 y_{θ_i} 可由式（8-17）计算得到，即

$$\begin{cases} x_{\theta_i}=\pi\cos\theta_i+y\sin\theta_i \\ y_{\theta_i}=-\pi\sin\theta_i+y\cos\theta_i \end{cases} \tag{8-17}$$

在此基础上，先将图像的二维离散傅里叶变换结果与 Gabor 函数进行乘积运算，再进行二维离散傅里叶反变换，可得到图像的滤波结果，即

$$i'(x,y)=\sum I(f_x,f_y)G(\theta_i,l)\mathrm{e}^{\mathrm{j}2\pi(f_x x+f_y y)} \tag{8-18}$$

将滤波后的图像按 4×4 的网格划分为 16 块，依次统计每块图像内的滤波结果在不同方向上的灰度直方图，并用一个行向量 $\boldsymbol{G}$ 来表示，该向量 $\boldsymbol{G}$ 即可作为图像的 Gist 全局特征描述子。对于该向量 $\boldsymbol{G}$ 的维数可以由式（8-19）计算得到，即

$$R(\boldsymbol{G})=n^2\sigma\delta \tag{8-19}$$

式中，n^2 是划分的网格数；σ 是尺度层数；δ 是各尺度所对应的方向数。

室内场景图像及其 Gist 全局特征描述子的可视化结果如图 8-6 所示。Gist 全局特征描述子仅使用一个特征向量即可完成对图像的描述。图 8-6（b）所示为对应的图 8-6（a）所示的室内场景图像的 Gist 全局特征描述子的可视化结果。由图 8-6 可以看出，在 Gist 全局特征计算过程中，要对图像进行预处理，在处理分块后可以只使用一个特征向量表示图像。在图像检索过程中，采用这种全局特征可以有效降低图像检索过程的计算复杂度，减少时间开销。

（a）室内场景图像

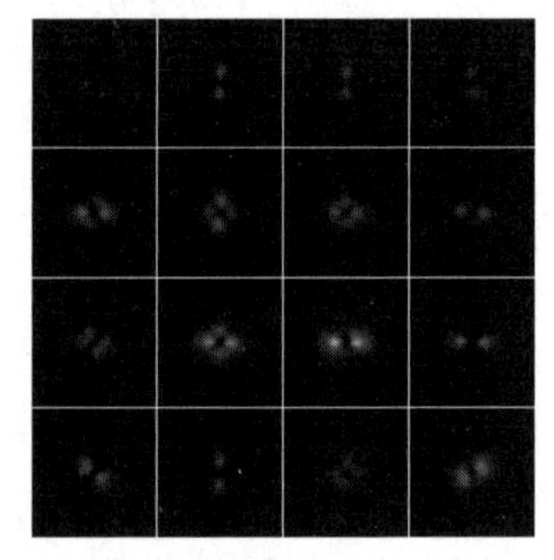

（b）Gist 全局特征描述子的可视化结果

图 8-6 室内场景图像及其 Gist 全局特征描述子的可视化结果

8.3.3 局部特征描述子

在视觉定位中，为了有效提高视觉定位系统的定位精度，图像数据库中所包含的图像数量要尽可能多。在这种情况下，采用全局特征描述子作为基于内容的图像检索的图像特征可以有效提高图像检索效率，减少图像检索过程的时间开销。然而，随着图像数据库中图像数量的增加，图像之间的差异会逐渐减小，图像之间的相似度会有所增加，从而使图像的全局特征描述向量之间的欧氏距离越来越小，导致图像检索过程的检索结果会存在一些误差。在这种情况下，为了提高图像检索过程的检索准确度，在视觉定位系统中的图像检索过程需要进一步引入图像局部特征描述子。

SURF（Speeded-Up Robust Features，加速鲁棒特征）局部特征描述子是一种基于 Hessian 矩阵的特征描述子。对于图像 I 中给定的任一像素点 $\boldsymbol{x}=(x,y)$，在 $\boldsymbol{x}$ 处的尺度为

σ 的 Hessian 矩阵 $\boldsymbol{H}(\boldsymbol{x},\sigma)$，其可表示为

$$\boldsymbol{H}(\boldsymbol{x},\sigma)=\begin{bmatrix} L_{xx}(\boldsymbol{x},\sigma) & L_{xy}(\boldsymbol{x},\sigma) \\ L_{xy}(\boldsymbol{x},\sigma) & L_{yy}(\boldsymbol{x},\sigma) \end{bmatrix} \tag{8-20}$$

式中，$L_{xx}(\boldsymbol{x},\sigma)$ 表示图像 I 中像素点 $\boldsymbol{x}$ 处的高斯二阶导数 $\dfrac{\partial^2 g(\sigma)}{\partial x^2}$ 的卷积，$L_{xy}(\boldsymbol{x},\sigma)$ 和 $L_{yy}(\boldsymbol{x},\sigma)$ 与其类似。

基于 Hessian 矩阵的 SURF 局部特征描述子是一种具有尺度不变性和旋转不变性的图像特征描述子。SURF 局部特征描述子在显著降低计算复杂度的基础上，保持了局部特征描述子所具有的可重复性、可辨别性和鲁棒性。在视觉定位应用中，室内环境容易受室外天气和室内灯光所造成的光线变化影响，由于 SURF 局部特征描述子对光照影响和仿射变换具有一定的鲁棒性，因此可以在视觉定位系统的图像检索过程中引入 SURF 局部特征描述子，进一步提高图像检索过程的检索性能。

室内场景图像的 SURF 局部特征描述子如图 8-7 所示。由图 8-7 可以看出，在采用 SURF 局部特征描述子对室内场景图像进行描述时，室内场景图像具有数量众多的局部特征点。与全局特征描述子进行比较，可进一步表明，在视觉定位系统的图像检索过程中使用全局特征描述子进行初步图像检索可以有效减少图像检索过程的时间开销。然而，随着图像数据库中图像数量的增加，图像之间的差异逐渐减小，数量众多的局部特征点有利于实现相似图像之间的差异区分。在采用 SURF 局部特征描述子进行图像匹配时，可以通过计算并比较局部特征描述向量之间的欧氏距离来实现图像检索匹配。

图 8-7　室内场景图像的 SURF 局部特征描述子

在分别对输入图像和数据库图像进行 SURF 局部特征点提取后，需要通过对上述提取的特征点进行 SURF 特征点匹配来完成基于内容的图像检索。在进行 SURF 特征点匹配的过程中，需要将输入图像的每个提取到的局部特征描述向量和待匹配数据库图像的每个提取到的局部特征向量进行欧氏距离的计算，只有当输入图像的局部特征描述向量和待匹配数据库图像的局部特征描述向量之间的欧氏距离小于设定的门限时，才可以认

为这两个局部特征描述向量是匹配的。对于整幅输入图像，只有当该图像中的大部分局部特征点和数据库中某幅图像的大部分局部特征点匹配时，才可以认为输入图像和该数据库图像是匹配的。相似室内场景图像的SURF局部特征描述子匹配结果如图8-8所示。

图8-8　相似室内场景图像的SURF局部特征描述子匹配结果

由图8-8可以看出，针对两幅较为相似的室内场景图像，采用SURF局部特征描述子可以进行特征匹配。在存在多幅相似图像的情况下，仅仅采用全局特征描述子难以有效地进行图像检索，采用局部特征描述子则可以进一步在这些相似图像中检索到视觉定位系统所需要的图像。

8.4　对极几何约束

8.4.1　模型描述

对极几何约束关系存在于任意两个照相机坐标系之间，如图8-9所示。C和C'分别表示两个照相机坐标系的光心。M为空间中一点，m为其在第一幅图像I中的像素点，m'为其在第二幅图像I'中的像素点。C和C'的连线称为基线，基线与图像I、图像I'分别相交于极点e、e'。像素点与极点连线所在的直线称为极线，记图像I中的极线为l_{m}，图像I'中的极线为l'_{m}。像素点m与m'被约束在点$CC'M$所构成的极平面中。在特殊情况下，如果两个照相机光心的连线与其中一个或两个图像平面平行，那么其中一个极点或两个极点将会处在无限远的位置上，并且两条极线将会互相平行。在不同视角下对同一物体的图像进行多视角匹配的过程中，对于第一幅图像中的任意一点，该点在第二幅图像中所对应的点一定位于该点在第二幅图像中所对应的极线上。因此，对极几何约束可以将多视角匹配过程中对应点的搜索空间由二维空间降低为一维线性空间，大大减少了多视角匹配过程中的计算开销。

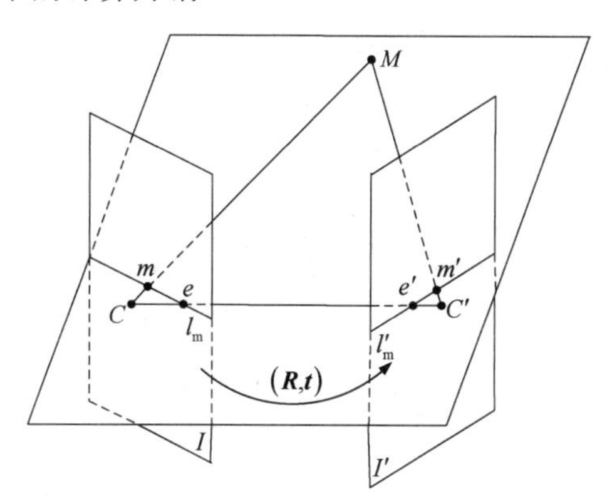

图 8-9 对极几何约束示意图

从图 8-9 中可以看出，在计算机视觉领域，对极几何约束关系所描述的是不同照相机坐标系之间的相对位置关系。在这种对极几何约束中，上述两个照相机坐标系的位置关系可由旋转矩阵 $\boldsymbol{R}$ 和平移向量 $\boldsymbol{t}$ 来描述。因此，在第一个照相机坐标系下的任一点 (X,Y,Z) 与第二个照相机坐标系下的对应点 (X',Y',Z') 可由式（8-21）计算得到，即

$$\begin{bmatrix} X \\ Y \\ Z \end{bmatrix} = \boldsymbol{R}\begin{bmatrix} X' \\ Y' \\ Z' \end{bmatrix} + \boldsymbol{t} \tag{8-21}$$

8.4.2 本质矩阵

在归一化坐标系下，对于三维空间中任一点 $\boldsymbol{X}=[X,Y,Z]^{\mathrm{T}}$，该点在第一幅图像和第二幅图像中的像素点可以分别表示为 $[x,y,1]^{\mathrm{T}}$ 与 $[x',y',1]^{\mathrm{T}}$，并且该点在第二幅图像所属的照相机坐标系下的坐标为 $\boldsymbol{X}'=[X',Y',Z']^{\mathrm{T}}$。根据针孔成像模型可得

$$\begin{cases} \tilde{\boldsymbol{x}} = \boldsymbol{X}/Z \\ \tilde{\boldsymbol{x}}' = \boldsymbol{X}'/Z' \end{cases} \tag{8-22}$$

结合式（8-21）可得

$$\tilde{\boldsymbol{x}} = \frac{1}{Z}\left(Z'\boldsymbol{R}\tilde{\boldsymbol{x}}' + \boldsymbol{t}\right) \tag{8-23}$$

在式（8-23）中，仍然存在两个未知的结构参数 Z 和 Z'。为了消除上述两个未知参数的影响，首先将式（8-23）左右两端分别与平移向量 $\boldsymbol{t}$ 进行叉积运算，可得

$$\boldsymbol{t}\times\tilde{\boldsymbol{x}} = \frac{Z'}{Z}\boldsymbol{t}\times\boldsymbol{R}\tilde{\boldsymbol{x}}' \tag{8-24}$$

进一步，由式（8-24）可得

$$\tilde{\boldsymbol{x}}^{\mathrm{T}}\boldsymbol{t}\times\left(\boldsymbol{R}\tilde{\boldsymbol{x}}'\right) = 0 \tag{8-25}$$

对于式（8-25），从对极几何约束角度来说，CC'、$C\tilde{x}$ 和 $C'\tilde{x}'$ 这 3 个向量是共平面的。如果在第一个照相机坐标系中描述上述 3 个向量，则可以分别表示为 $\boldsymbol{t}$、$\tilde{\boldsymbol{x}}$ 和 $\boldsymbol{R}\tilde{\boldsymbol{x}}'$。由于共面的 3 个向量的混合积为零，因此，式（8-25）在几何角度上是成立的。

为了便于分析本质矩阵，定义映射 $[\bullet]_\times$ 表示将一个三维向量映射成一个 3×3 的反对称矩阵，即

$$\begin{bmatrix} x_1 \\ x_2 \\ x_3 \end{bmatrix}_\times = \begin{bmatrix} 0 & -x_3 & x_2 \\ x_3 & 0 & -x_1 \\ -x_2 & x_1 & 0 \end{bmatrix} \tag{8-26}$$

显然，有

$$[\boldsymbol{t}]_\times = -[\boldsymbol{t}]_\times^{\mathrm{T}} \tag{8-27}$$

利用上述映射关系，对任意的 $\tilde{\boldsymbol{x}}$ 有

$$\boldsymbol{t} \times \tilde{\boldsymbol{x}} = [\boldsymbol{t}]_\times \tilde{\boldsymbol{x}} \tag{8-28}$$

因此，可以将式（8-25）改写为

$$\tilde{\boldsymbol{x}}^{\mathrm{T}} \boldsymbol{E} \tilde{\boldsymbol{x}}' = 0 \tag{8-29}$$

式中，矩阵 $\boldsymbol{E}$ 为

$$\boldsymbol{E} = [\boldsymbol{t}]_\times \boldsymbol{R} \tag{8-30}$$

在对极几何约束中，式（8-29）为对极方程，矩阵 $\boldsymbol{E}$ 为本质矩阵。

8.4.3 基本矩阵

在归一化坐标系下的两个像素点需要满足式（8-29）的关系。对应地，如果 $\boldsymbol{m}$ 和 $\boldsymbol{m}'$ 分别表示在第一个照相机和第二个照相机下的像素坐标系中的坐标，那么 $\boldsymbol{m}$ 和 $\boldsymbol{m}'$ 一定满足：

$$\tilde{\boldsymbol{m}}^{\mathrm{T}} \boldsymbol{F} \tilde{\boldsymbol{m}}' = 0 \tag{8-31}$$

在式（8-31）中，有

$$\boldsymbol{F} = \boldsymbol{A}^{-\mathrm{T}} \boldsymbol{E} \boldsymbol{A}'^{-1} \tag{8-32}$$

式中，$\boldsymbol{A}$ 和 $\boldsymbol{A}'$ 分别表示第一个照相机和第二个照相机的固有参数矩阵，具体形式如式（8-14）所示。矩阵 $\boldsymbol{F}$ 被称为基本矩阵，表示两幅图像中两个相对应的像素点之间的基本关系。在基本矩阵的基础上，可以将两个未归一化的图像之间的对极方程用式（8-31）表示。

在对极几何约束中，本质矩阵 $\boldsymbol{E}$ 完全取决于两个照相机坐标系之间的旋转和平移变化。由于 $[\boldsymbol{t}]_\times$ 是反对称的，则可以得

$$\det\left([\boldsymbol{t}]_\times\right) = 0 \tag{8-33}$$

根据式（8-30）可得

$$\det(\boldsymbol{E})=\det([\boldsymbol{t}]_\times)\det(\boldsymbol{R})=0 \tag{8-34}$$

因此，对于基本矩阵 $\boldsymbol{F}$，有

$$\det(\boldsymbol{F})=0 \tag{8-35}$$

由于基本矩阵 $\boldsymbol{F}$ 的行列式为零，表明基本矩阵 $\boldsymbol{F}$ 的秩为 2。更进一步，通过基本矩阵 $\boldsymbol{F}$ 的秩为 2 可知，基本矩阵 $\boldsymbol{F}$ 中的各元素之间存在一定的关系，在求解基本矩阵 $\boldsymbol{F}$ 的过程中可以使用较少的方程对基本矩阵 $\boldsymbol{F}$ 进行求解。因此，在视觉定位过程中，由于基本矩阵 $\boldsymbol{F}$ 的秩为 2，所以可以减少基本矩阵 $\boldsymbol{F}$ 求解过程中所需的方程数量，进而降低基本矩阵 $\boldsymbol{F}$ 求解的复杂度。

8.5 实践：对极几何约束求解照相机运动位置

根据 8.4 节内容可知，要求解照相机运动位置，就需要先求解本质矩阵 $\boldsymbol{E}$。一个比较好的思路是利用匹配好的特征点来计算本质矩阵 $\boldsymbol{E}$、基本矩阵 $\boldsymbol{F}$ 和单应矩阵 $\boldsymbol{H}$，进而通过分解本质矩阵 $\boldsymbol{E}$ 得到旋转矩阵 $\boldsymbol{R}$ 和平移向量 $\boldsymbol{t}$。下面是利用 OpenCV 提供的算法进行求解的代码，由于本章篇幅有限，所以此处只展示位置估计部分的代码。

```
1   void pose_estimation_2d2d(std::vector<KeyPoint> keypoints_1,
2           std::vector<KeyPoint> keypoints_2,
3           std::vector<DMatch> matches,
4           Mat &R, Mat &t) {
5           //照相机内参，TUM Freiburg2
6           Mat K = (Mat_<double>(3, 3) << 520.9, 0, 325.1, 0, 521.0, 249.7, 0, 0, 1);
7
8           //把匹配好的特征点转换为 vector<Point2f>的形式
9           vector<Point2f> points1;
10          vector<Point2f> points2;
11          for (int i = 0; i < (int) matches.size(); i++) {
12                  points1.push_back(keypoints_1[matches[i].queryIdx].pt);
13                  points2.push_back(keypoints_2[matches[i].trainIdx].pt);
14          }
15
16          //计算基本矩阵
17          Mat fundamental_matrix;
18          fundamental_matrix = findFundamentalMat(points1, points2, CV_FM_8POINT);
19          cout << "fundamental_matrix is " << endl << fundamental_matrix << endl;
20          //计算本质矩阵
21          Point2d principal_point(325.1, 249.7);  //照相机光心，TUM dataset 标定值
22          double focal_length = 521;              //照相机焦距，TUM dataset 标定值
23          Mat essential_matrix;
```

```
24          essential_matrix = findEssentialMat(points1, points2, focal_length,
25      principal_point);
26          cout << "essential_matrix is " << endl << essential_matrix << endl;
27          //计算单应矩阵
28          //但是本实例中的场景不是平面，单应矩阵意义不大
29          Mat homography_matrix;
30          homography_matrix = findHomography(points1, points2, RANSAC, 3);
31          cout << "homography_matrix is " << endl << homography_matrix << endl;
32
33          //从本质矩阵中恢复旋转和平移信息
34          recoverPose(essential_matrix, points1, points2, R, t, focal_length,
35          principal_point);
36          cout << "R is " << endl << R << endl;
37          cout << "t is " << endl << t << endl;
38      }
```

对极几何约束求解照相机运动位置的输出结果如图 8-10 所示，输出了本质矩阵 $\boldsymbol{E}$、基本矩阵 $\boldsymbol{F}$ 和单应矩阵 $\boldsymbol{H}$ 的值，验证了对极几何约束求解照相机运动位置的方法是否合理，以及能否通过分解得到旋转矩阵 $\boldsymbol{R}$ 和平移向量 $\boldsymbol{t}$。

```
shaoming@shaoming-cr1xxx:~/SLAM/test/cap3$ build/pose_estimation_2d2d 1.png 2.pn
g
-- Max dist : 95.000000
-- Min dist : 4.000000
一共找到了79组匹配点
fundamental_matrix is
[4.844484382466111e-06, 0.0001222601840188731, -0.01786737827487386;
 -0.0001174326832719333, 2.122888800459598e-05, -0.01775877156212593;
 0.01799658210895528, 0.008143605989020664, 1]
essential_matrix is
[-0.02036185505234771, -0.4007110038118444, -0.033240742498241;
 0.3939270778216368, -0.03506401846698084, 0.5857110303721015;
 -0.006788487241438231, -0.5815434272915687, -0.01438258684486259]
homography_matrix is
[0.9497129583105288, -0.143556453147626, 31.20121878625771;
 0.04154536627445031, 0.9715568969832015, 5.306887618807696;
 -2.81813676978796e-05, 4.353702039810921e-05, 1]
R is
[0.9985961798781877, -0.05169917220143662, 0.01152671359827862;
 0.05139607508976053, 0.9983603445075083, 0.02520051547522452;
 -0.01281065954813537, -0.02457271064688494, 0.9996159607036126]
t is
[-0.8220841067933339;
 -0.0326974270640541;
```

图 8-10　对极几何约束求解照相机运动位置的输出结果

从输出结果可以看出，本质矩阵 $\boldsymbol{E}$ 和基本矩阵 $\boldsymbol{F}$ 相差了照相机的内参矩阵，而由于本质矩阵 $\boldsymbol{E}$ 本身具有尺度不变性，所以它分解得到的旋转矩阵 $\boldsymbol{R}$ 和平移向量 $\boldsymbol{t}$ 也具有一定的尺度不变性。因此，通常将平移向量 $\boldsymbol{t}$ 归一化，让它的长度等于 1。

第9章 同步定位与地图构建

9.1 概述

同步定位与地图构建（Simultaneous Localization And Mapping，SLAM）通常是指机器人在未知环境中从一个未知位置开始移动，在移动过程中根据位置和地图进行自身定位，同时在自身定位的基础上建立增量式地图，实现机器人的自主定位和导航。随着无人机技术的发展，利用微型无人机实现室内 SLAM 已经成为必然的发展趋势。但是，照相机受限于单架无人机飞行时间短和板载处理器计算资源较少等问题，单架无人机对大规模环境的完整探测过于耗时。因此，需要考虑联合 RGB-D 照相机和 IMU（惯性测量单元），通过多传感器之间的约束关系来提高无人机位姿估计和地图建立的实时性、稳定性和鲁棒性。

本章将主要研究视觉传感器、IMU 的原理模型，同时对关于室内建图方面的关键技术进行分析，为后面提出的建图算法提供坚实的理论基础。图 9-1 所示为整体 SLAM 系统框图。

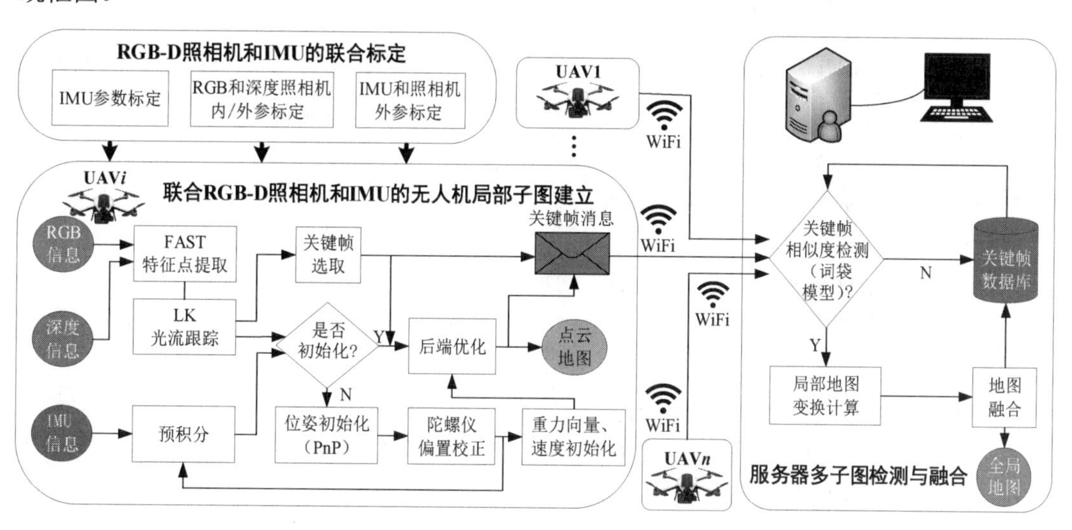

图 9-1　整体 SLAM 系统框图

整体 SLAM 系统可以分为 3 部分：RGB-D 照相机和 IMU 的联合标定、联合 RGB-D 照相机和 IMU 的无人机局部子图建立、服务器多子图检测与融合。

（1）RGB-D 照相机和 IMU 的联合标定。通过联合标定实验获得 RGB-D 照相机和 IMU 的内/外参，并输入后续模块。RGB-D 照相机和 IMU 的内/外参的准确性会对后续的位姿估计和地图建立产生很大的影响。因此，首先要获得精确的传感器参数。

（2）联合 RGB-D 照相机和 IMU 的无人机局部子图建立。传统的基于照相机的室内建图算法对场景光照条件、纹理条件要求较高，并且要求照相机保持平稳慢速，这样才能获得高精度的建图结果。因此，实时性难以保证。目前的无人机飞行控制技术已经很成熟了，在无人机应用场景中，在室内没有风力干扰的情况下，人们认为无人机能够稳定匀速地飞行，从而获得成像质量较高的图像数据。但由于无人机是自主导航飞行的，无法保证其所飞过区域的光照条件和纹理条件，有可能飞到较暗的环境或纹理稀缺的环境，这会对无人机的位姿估计产生很大的影响，再加上无人机自主导航飞行过程中需要实时的地图来体现周围环境的障碍物信息，以进行避障和路径规划操作。因此，在无人机自主导航飞行过程中，如何实时、稳定、鲁棒地估计无人机位姿并建立周围环境地图成为关键问题。

（3）服务器多子图检测与融合。单架无人机建图受照相机视角、机载计算资源的限制，通常难以进行大规模点云地图的建立，再加上点云地图本身具有海量数据、存在冗余性、无法用于避障导航的缺点，导致其无法实时建立大规模点云地图。服务器多子图检测与融合旨在对单架无人机的关键帧在后台服务器中进行匹配优化，从而获得大规模的全局一致性室内三维地图。

9.2 IMU 和 RGB-D 照相机模型分析

9.2.1 IMU 模型

由于本章选用了 RGB-D 照相机和 IMU 两大传感器，涉及多个坐标系，因此在描述 RGB-D 照相机和 IMU 的模型前，首先明确一下本章用到的坐标系，主要有以下坐标系。

（1）世界坐标系：用 w 表示，在单架无人机中，以第一帧数据的 IMU 坐标系作为世界坐标系，在多架无人机中，以第一架无人机的世界坐标系作为全局世界坐标系。

（2）IMU 坐标系：用 b 表示，IMU 的重心位置设置为坐标系的原点。

（3）照相机坐标系：用 c 表示，照相机的光心设置为坐标系的原点，光轴设置为 Z 轴，是一个右手坐标系。

（4）像素坐标系：用 uv 表示，是一个二维平面坐标系，图像的左上角设置为坐标系原点，u 轴与 x 轴平行，v 轴与 y 轴平行。像素坐标系可以通过缩放图像平面，并且平移其原点至图像平面的左上角得到。

IMU 是一种常见的传感器，随着 IMU 相关理论的逐步完善，以及其小巧轻便的特点，IMU 越来越多地被应用在移动机器人、无人驾驶、无人机飞行等场景中。常见的 IMU 为六轴传感器，通常由一个加速度计和一个陀螺仪组成，利用 IMU 可以获得三轴加速度的值和三轴角速度的值，对二者进行积分操作，可以得到搭载 IMU 的主体的运动情况，包括旋转和平移。根据上述 IMU 的工作原理来建立其数学模型，即

$$\begin{cases}\tilde{\boldsymbol{\omega}}_{\mathrm{b}}=\boldsymbol{\omega}_{\mathrm{b}}+\boldsymbol{b}_{\omega\mathrm{b}}+\boldsymbol{n}_{\omega}\\ \tilde{\boldsymbol{a}}_{\mathrm{b}}=\boldsymbol{a}_{\mathrm{b}}+\boldsymbol{R}_{\mathrm{w}}^{\mathrm{b}}\boldsymbol{g}_{\mathrm{w}}+\boldsymbol{b}_{a\mathrm{b}}+\boldsymbol{n}_{a}\end{cases} \tag{9-1}$$

式中，$\tilde{\boldsymbol{\omega}}_{\mathrm{b}}$、$\tilde{\boldsymbol{a}}_{\mathrm{b}}$ 分别是 IMU 测量得到的角速度和加速度；$\boldsymbol{\omega}_{\mathrm{b}}$、$\boldsymbol{a}_{\mathrm{b}}$ 分别是真实的角速度和加速度；$\boldsymbol{b}_{\omega\mathrm{b}}$、$\boldsymbol{b}_{a\mathrm{b}}$ 分别是角速度和加速度的偏置，二者的导数具有高斯性质，可以将其建模为随机游走噪声；$\boldsymbol{n}_{\omega}$、$\boldsymbol{n}_{a}$ 是影响角速度和加速度的噪声，通常为高斯白噪声，加速度还受重力向量 $\boldsymbol{g}_{\mathrm{w}}$ 的影响；$\boldsymbol{R}_{\mathrm{w}}^{\mathrm{b}}$ 是从世界坐标系到 IMU 坐标系的旋转矩阵，其四元数表示为 $\boldsymbol{q}_{\mathrm{w}}^{\mathrm{b}}$。

假设第 k 帧和第 $k+1$ 帧图像所对应的时间为 t_k 和 t_{k+1}，则在时间间隔 $[t_k,t_{k+1}]$ 内，对式（9-1）进行积分可以得到 t_{k+1} 时刻主体在世界坐标系下的位移、速度和方向，即

$$\boldsymbol{p}_{\mathrm{b}_{k+1}}^{\mathrm{w}}=\boldsymbol{p}_{\mathrm{b}_k}^{\mathrm{w}}+\boldsymbol{v}_{\mathrm{b}_k}^{\mathrm{w}}\Delta t+\int_{t\in[t_k,t_{k+1}]}\left[\int\left(\boldsymbol{q}_{\mathrm{b}_t}^{\mathrm{w}}\left(\tilde{\boldsymbol{a}}_{\mathrm{b}}-\boldsymbol{b}_{a\mathrm{b}}\right)-\boldsymbol{g}_{\mathrm{w}}\right)\mathrm{d}t\right]\mathrm{d}t \tag{9-2}$$

$$\begin{aligned}\boldsymbol{v}_{\mathrm{b}_{k+1}}^{\mathrm{w}}&=\boldsymbol{v}_{\mathrm{b}_k}^{\mathrm{w}}+\int_{t\in[t_k,t_{k+1}]}\boldsymbol{q}_{\mathrm{b}_t}^{\mathrm{w}}\left(\tilde{\boldsymbol{a}}_{\mathrm{b}}-\boldsymbol{R}_{\mathrm{w}}^{\mathrm{b}}\boldsymbol{g}_{\mathrm{w}}-\boldsymbol{b}_{a\mathrm{b}}\right)\mathrm{d}t\\&=\boldsymbol{v}_{\mathrm{b}_k}^{\mathrm{w}}+\int_{t\in[t_k,t_{k+1}]}\left(\boldsymbol{q}_{\mathrm{b}_t}^{\mathrm{w}}\left(\tilde{\boldsymbol{a}}_{\mathrm{b}}-\boldsymbol{b}_{a\mathrm{b}}\right)-\boldsymbol{g}_{\mathrm{w}}\right)\mathrm{d}t\end{aligned} \tag{9-3}$$

$$\begin{aligned}\boldsymbol{q}_{\mathrm{b}_{k+1}}^{\mathrm{w}}&=\boldsymbol{q}_{\mathrm{b}_k}^{\mathrm{w}}\otimes\int_{t\in[t_k,t_{k+1}]}\dot{\boldsymbol{q}}_{\mathrm{b}_t}^{\mathrm{b}_k}\mathrm{d}t\\&=\boldsymbol{q}_{\mathrm{b}_k}^{\mathrm{w}}\otimes\int_{t\in[t_k,t_{k+1}]}\frac{1}{2}\boldsymbol{q}_{\mathrm{b}_t}^{\mathrm{b}_k}\otimes\begin{bmatrix}0\\\tilde{\boldsymbol{\omega}}_{\mathrm{b}}-\boldsymbol{b}_{\omega\mathrm{b}}\end{bmatrix}\mathrm{d}t\\&=\boldsymbol{q}_{\mathrm{b}_k}^{\mathrm{w}}\otimes\int_{t\in[t_k,t_{k+1}]}\frac{1}{2}\boldsymbol{\Omega}\left(\tilde{\boldsymbol{\omega}}_{\mathrm{b}}-\boldsymbol{b}_{\omega\mathrm{b}}\right)\boldsymbol{q}_{\mathrm{b}_t}^{\mathrm{b}_k}\mathrm{d}t\end{aligned} \tag{9-4}$$

式中，$\boldsymbol{p}_{\mathrm{b}_{k+1}}^{\mathrm{w}}$、$\boldsymbol{v}_{\mathrm{b}_{k+1}}^{\mathrm{w}}$ 和 $\boldsymbol{q}_{\mathrm{b}_{k+1}}^{\mathrm{w}}$ 分别是 t_{k+1} 时刻的第 $k+1$ 帧在世界坐标系下的位置、速度和旋转；$\dot{\boldsymbol{q}}_{\mathrm{b}_t}^{\mathrm{b}_k}$ 是四元数的导数，本章统一将四元数写成实部在前、虚部在后的形式；符号 $\otimes$ 表示矩阵乘法；$\boldsymbol{\Omega}(\boldsymbol{\omega})$ 函数的形式为

$$\boldsymbol{\Omega}(\boldsymbol{\omega})=\begin{bmatrix}0&-\boldsymbol{\omega}^{\mathrm{T}}\\\boldsymbol{\omega}&-\boldsymbol{\omega}^{\wedge}\end{bmatrix} \tag{9-5}$$

式中，$\boldsymbol{\omega}^{\wedge}$ 表示从向量 $\boldsymbol{\omega}$ 到其反对称矩阵的变换。

因为 IMU 输出的数据都是离散化的，而上述的积分公式是在时间连续的前提下推导得到的，所以需要对连续积分进行离散化处理。由于 t_k 和 t_{k+1} 对应的是图像帧时间，在时间间隔 $[t_k,t_{k+1}]$ 内存在多帧离散的 IMU 帧，对于时间间隔 $[t_k,t_{k+1}]$ 内连续的两帧 IMU 帧，记为第 i 帧和第 $i+1$ 帧，利用中值法将上述连续积分离散化，得

$$\begin{cases} \boldsymbol{p}_{\mathrm{b}_{i+1}}^{\mathrm{w}} = \boldsymbol{p}_{\mathrm{b}_i}^{\mathrm{w}} + \boldsymbol{v}_{\mathrm{b}_i}^{\mathrm{w}} \Delta t + \dfrac{1}{2} \bar{\boldsymbol{a}}_{\mathrm{b}} \Delta t^2 \\ \boldsymbol{v}_{\mathrm{b}_{i+1}}^{\mathrm{w}} = \boldsymbol{v}_{\mathrm{b}_i}^{\mathrm{w}} + \bar{\boldsymbol{a}}_{\mathrm{b}} \Delta t \\ \boldsymbol{q}_{\mathrm{b}_{i+1}}^{\mathrm{w}} = \boldsymbol{q}_{\mathrm{b}_i}^{\mathrm{w}} \otimes \begin{bmatrix} 1 \\ \dfrac{1}{2} \bar{\boldsymbol{\omega}}_{\mathrm{b}} \Delta t \end{bmatrix} \end{cases} \tag{9-6}$$

式中

$$\begin{cases} \bar{\boldsymbol{a}}_{\mathrm{b}} = \dfrac{1}{2} \left[\boldsymbol{q}_{\mathrm{b}_i}^{\mathrm{w}} \left(\tilde{\boldsymbol{a}}_{\mathrm{b}_i} - \boldsymbol{b}_{a\mathrm{b}} \right) + \boldsymbol{q}_{\mathrm{b}_{i+1}}^{\mathrm{w}} \left(\tilde{\boldsymbol{a}}_{\mathrm{b}_{i+1}} - \boldsymbol{b}_{a\mathrm{b}} \right) \right] - \boldsymbol{g}_{\mathrm{w}} \\ \bar{\boldsymbol{\omega}}_{\mathrm{b}} = \dfrac{1}{2} \left(\tilde{\boldsymbol{\omega}}_{\mathrm{b}_i} + \tilde{\boldsymbol{\omega}}_{\mathrm{b}_{i+1}} \right) - \boldsymbol{b}_{\omega\mathrm{b}} \end{cases} \tag{9-7}$$

因此，如果已经求得第 k 帧的位姿，就可以在第 k 帧位姿的基础上利用式（9-6）对时间间隔 $[t_k, t_{k+1}]$ 内的所有 IMU 数据进行计算，从而得到第 $k+1$ 帧的位姿。

9.2.2 针孔成像模型

RGB-D 照相机生成深度图像的一种主流方法是利用红外结构光测距原理，因此，RGB-D 照相机通常由 RGB 照相机、红外发射器、红外照相机 3 部分组成。其中，RGB 照相机用于获取场景的颜色信息，红外发射器用于发射红外光散斑，红外照相机用于接收从环境中反射回来的红外光散斑。红外照相机的成像原理和 RGB 照相机相同，都是针孔成像原理，如图 9-2 所示。

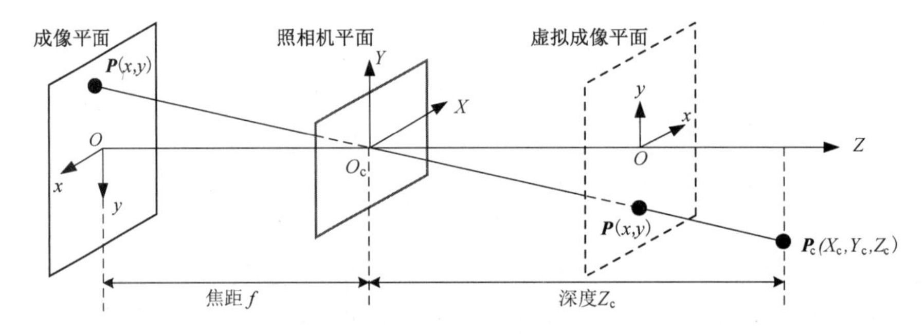

图 9-2　针孔成像原理

在图 9-2 中，对于空间中的一个点 $\boldsymbol{P}$，它在世界坐标系下表示为 $\boldsymbol{P}_{\mathrm{w}} = [X_{\mathrm{w}}, Y_{\mathrm{w}}, Z_{\mathrm{w}}]^{\mathrm{T}}$，将其转换到照相机坐标系下，并表示为 $\boldsymbol{P}_{\mathrm{c}} = [X_{\mathrm{c}}, Y_{\mathrm{c}}, Z_{\mathrm{c}}]^{\mathrm{T}}$，从世界坐标系到照相机坐标系的转换关系可以表示为 $\boldsymbol{P}_{\mathrm{c}} = \boldsymbol{R}_{\mathrm{w}}^{\mathrm{c}} \boldsymbol{P}_{\mathrm{w}} + \boldsymbol{t}_{\mathrm{w}}^{\mathrm{c}}$。点 $\boldsymbol{P}$ 在虚拟成像平面上表示为 $[x, y]^{\mathrm{T}}$，则根据针孔成像模型中的几何关系 $Z_{\mathrm{c}}/f = X_{\mathrm{c}}/x = Y_{\mathrm{c}}/y$，可得

$$\begin{cases} x = f \dfrac{X_{\mathrm{c}}}{Z_{\mathrm{c}}} \\ y = f \dfrac{Y_{\mathrm{c}}}{Z_{\mathrm{c}}} \end{cases} \tag{9-8}$$

记点 $\boldsymbol{P}$ 在像素坐标系下的坐标为 $\boldsymbol{P}_{\mathrm{uv}}=[u,v]^{\mathrm{T}}$，将虚拟成像平面分别在 x 轴、y 轴上缩放 α 倍、β 倍，并将原点平移 $[c_x,c_y]^{\mathrm{T}}$，由此可以得到像素坐标系，这一过程可以描述为

$$\begin{cases} u=\alpha x+c_x=\alpha f\dfrac{X_{\mathrm{c}}}{Z_{\mathrm{c}}}+c_x \\ v=\beta y+c_y=\beta f\dfrac{Y_{\mathrm{c}}}{Z_{\mathrm{c}}}+c_y \end{cases} \tag{9-9}$$

记 $f_x=\alpha f$，$f_y=\beta f$，将式（9-9）写成矩阵形式，即

$$\begin{bmatrix} u \\ v \\ 1 \end{bmatrix}=\frac{1}{Z_{\mathrm{c}}}\begin{bmatrix} f_x & 0 & c_x \\ 0 & f_y & c_y \\ 0 & 0 & 1 \end{bmatrix}\begin{bmatrix} X_{\mathrm{c}} \\ Y_{\mathrm{c}} \\ Z_{\mathrm{c}} \end{bmatrix}=\frac{1}{Z_{\mathrm{c}}}\boldsymbol{K}\boldsymbol{P}_{\mathrm{c}}=\frac{1}{Z_{\mathrm{c}}}\boldsymbol{K}\left(\boldsymbol{R}_{\mathrm{w}}^{\mathrm{c}}\boldsymbol{P}_{\mathrm{w}}+\boldsymbol{t}_{\mathrm{w}}^{\mathrm{c}}\right) \tag{9-10}$$

式中，矩阵 $\boldsymbol{K}$ 称为照相机的内参矩阵，可以通过照相机标定方法获得；$\boldsymbol{R}_{\mathrm{w}}^{\mathrm{c}}$、$\boldsymbol{t}_{\mathrm{w}}^{\mathrm{c}}$ 组成照相机的外参矩阵 $\boldsymbol{T}_{\mathrm{w}}^{\mathrm{c}}$，需要通过求解照相机的运动位姿获得。

从空间位置上看，RGB 照相机和深度照相机并不在同一个位置上，而是存在一定的位置差异。这使得在同一时刻所拍摄的 RGB 图像和深度图像的像素点并不是一一对应的，为了使 RGB 图像和深度图像的像素点能够一一对应，还需要标定 RGB 照相机和深度照相机之间的关系。设点 $\boldsymbol{P}$ 在 RGB 照相机坐标系下的坐标为 $\boldsymbol{P}_{\mathrm{RGB}}$，外参为 $\boldsymbol{R}_{\mathrm{RGB}}$、$\boldsymbol{t}_{\mathrm{RGB}}$，点 $\boldsymbol{P}$ 在深度照相机坐标系下的坐标为 $\boldsymbol{P}_{\mathrm{D}}$，外参为 $\boldsymbol{R}_{\mathrm{D}}$、$\boldsymbol{t}_{\mathrm{D}}$，则满足以下关系：

$$\begin{cases} \boldsymbol{P}_{\mathrm{RGB}}=\boldsymbol{R}_{\mathrm{RGB}}\boldsymbol{P}+\boldsymbol{t}_{\mathrm{RGB}} \\ \boldsymbol{P}_{\mathrm{D}}=\boldsymbol{R}_{\mathrm{D}}\boldsymbol{P}+\boldsymbol{t}_{\mathrm{D}} \end{cases} \tag{9-11}$$

整理可得

$$\begin{aligned} \boldsymbol{P}_{\mathrm{RGB}}&=\boldsymbol{R}_{\mathrm{RGB}}\boldsymbol{R}_{\mathrm{D}}^{-1}\left(\boldsymbol{P}_{\mathrm{D}}-\boldsymbol{t}_{\mathrm{D}}\right)+\boldsymbol{t}_{\mathrm{RGB}} \\ &=\boldsymbol{R}_{\mathrm{RGB}}\boldsymbol{R}_{\mathrm{D}}^{-1}\boldsymbol{P}_{\mathrm{D}}+\boldsymbol{t}_{\mathrm{RGB}}-\boldsymbol{R}_{\mathrm{RGB}}\boldsymbol{R}_{\mathrm{D}}^{-1}\boldsymbol{t}_{\mathrm{D}} \end{aligned} \tag{9-12}$$

利用式（9-12）可以完成从深度照相机坐标系到 RGB 照相机坐标系的转换，一般通过标定来获得深度照相机坐标系和 RGB 照相机坐标系之间的转换关系。同理，IMU 和 RGB 照相机之间也存在一定的位置差异，因此也需要标定 IMU 和 RGB 照相机之间的外参矩阵。

9.2.3 RGB-D 照相机和 IMU 联合标定

本章所选用的 RGB-D 照相机为 Intel 公司所生产的 RealSense D455。该照相机能获得 RGB 图像、深度图像和 IMU 信息，所用的 RGB 图像和深度图像的分辨率是 640 像素×480 像素。在使用该照相机前，首先要对其进行标定，以下是标定步骤。

第一步，利用 pyrealsense2 标定 IMU 的重力加速度 g_norm。

第二步，利用 imu_utils 标定加速度计高斯噪声 acc_n 和陀螺仪高斯噪声 gyr_n，以及加速度计偏置 acc_w 和陀螺仪偏置 gyr_w。

第三步，利用 kalibr 标定 RGB 照相机和深度照相机的内参，以及二者之间的外参。

第四步，利用 kalibr 标定 IMU 和 RGB 照相机之间的外参。

RGB-D 照相机和 IMU 联合标定关系如图 9-3 所示。

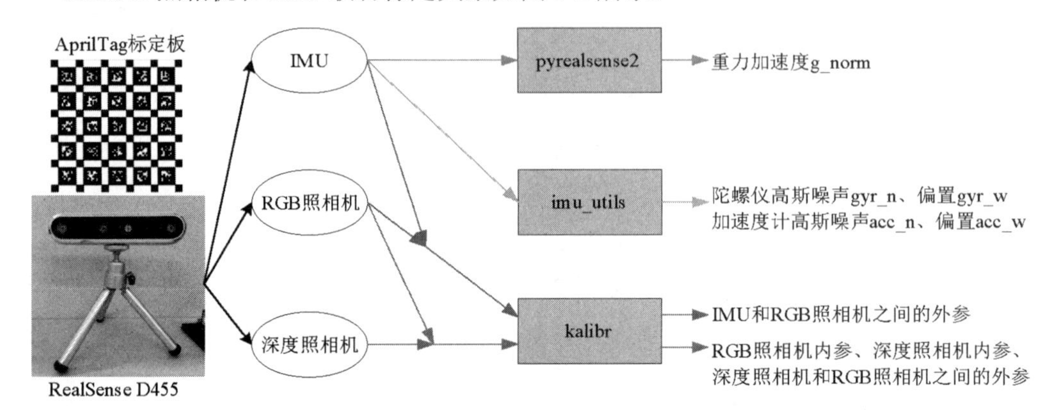

图 9-3　RGB-D 照相机和 IMU 联合标定关系

RGB-D 照相机和 IMU 标定结果如表 9-1 所示。

表 9-1　RGB-D 照相机和 IMU 标定结果

参　数	数　值
重力加速度	g_norm=9.806459
陀螺仪高斯噪声	gyr_n=1.9056589463524261e-03
陀螺仪偏置	gyr_w=1.3201564084326406e-05
加速度计高斯噪声	acc_n=1.2233668651567622e-02
加速度计偏置	acc_w=2.9779134008757626e-04
RGB 照相机内参	$\boldsymbol{K}_{\mathrm{RGB}}=\begin{bmatrix}381.67 & 0 & 322.56\\ 0 & 382.59 & 245.19\\ 0 & 0 & 1\end{bmatrix}$
深度照相机内参	$\boldsymbol{K}_{\mathrm{D}}=\begin{bmatrix}379.74 & 0 & 317.21\\ 0 & 381.12 & 237.23\\ 0 & 0 & 1\end{bmatrix}$
从深度照相机到 RGB 照相机的变换	$\boldsymbol{T}_{\mathrm{D}}^{\mathrm{RGB}}=\begin{bmatrix}1 & -4.446\times10^{-5} & 0.005 & -0.059\\ 3.968\times10^{-5} & 1 & 0.001 & 2.100\times10^{-5}\\ -0.005 & -0.001 & 1 & 3.433\times10^{-4}\\ 0 & 0 & 0 & 1\end{bmatrix}$
从 IMU 到 RGB 照相机的变换	$\boldsymbol{T}_{\mathrm{IMU}}^{\mathrm{RGB}}=\begin{bmatrix}1 & -0.023 & -6.890\times10^{-4} & -0.029\\ 0.023 & 1 & -0.003 & -0.003\\ 7.568\times10^{-4} & 0.003 & 1 & -0.015\\ 0 & 0 & 0 & 1\end{bmatrix}$

获得上述标定好的参数后，将深度图像配准到 RGB 图像中，并且将深度图像转换为点云图像。图 9-4 所示为 RGB 图像的原始图像和深度图像对齐后转换为点云图像的结果。

（a）RGB 图像的原始图像

（b）深度图像转换为点云图像

图 9-4　RGB 图像的原始图像和深度图像对齐后转换为点云图像的结果

9.3　室内建图系统关键技术分析

9.3.1　刚体运动的三维表示

一个刚体在三维空间中的状态可以用位置和姿态这两个状态量来描述，位置描述刚体在三维空间中具体的某个地方，姿态描述刚体在三维空间中的朝向。将刚体的位置和姿态抽象成数学模型，即三维空间用一个固定不动的世界坐标系表示，刚体本身也是一个坐标系，随着刚体的运动而运动。刚体的运动可以表示为坐标系之间的变换关系。这种变换关系是一种欧氏变换，包括旋转和平移。

对于旋转，假设世界坐标系下的单位正交基是$[\boldsymbol{e}_1,\boldsymbol{e}_2,\boldsymbol{e}_3]^{\mathrm{T}}$，刚体坐标系下的单位正交基是$[\boldsymbol{e}_1',\boldsymbol{e}_2',\boldsymbol{e}_3']^{\mathrm{T}}$。对于三维空间中的一点，其在世界坐标系和刚体坐标系下的坐标分别表示为$\boldsymbol{p}=[x,y,z]^{\mathrm{T}}$和$\boldsymbol{p}'=[x',y',z']^{\mathrm{T}}$，并有如下关系：

$$\begin{bmatrix}\boldsymbol{e}_1 & \boldsymbol{e}_2 & \boldsymbol{e}_3\end{bmatrix}\begin{bmatrix}x\\y\\z\end{bmatrix}=\begin{bmatrix}\boldsymbol{e}_1' & \boldsymbol{e}_2' & \boldsymbol{e}_3'\end{bmatrix}\begin{bmatrix}x'\\y'\\z'\end{bmatrix} \tag{9-13}$$

对式（9-13）进行变换，得

$$\boldsymbol{p}=\begin{bmatrix}x\\y\\z\end{bmatrix}=\begin{bmatrix}\boldsymbol{e}_1^{\mathrm{T}}\boldsymbol{e}_1' & \boldsymbol{e}_1^{\mathrm{T}}\boldsymbol{e}_2' & \boldsymbol{e}_1^{\mathrm{T}}\boldsymbol{e}_3'\\ \boldsymbol{e}_2^{\mathrm{T}}\boldsymbol{e}_1' & \boldsymbol{e}_2^{\mathrm{T}}\boldsymbol{e}_2' & \boldsymbol{e}_2^{\mathrm{T}}\boldsymbol{e}_3'\\ \boldsymbol{e}_3^{\mathrm{T}}\boldsymbol{e}_1' & \boldsymbol{e}_3^{\mathrm{T}}\boldsymbol{e}_2' & \boldsymbol{e}_3^{\mathrm{T}}\boldsymbol{e}_3'\end{bmatrix}\begin{bmatrix}x'\\y'\\z'\end{bmatrix}=\boldsymbol{R}\boldsymbol{p}' \tag{9-14}$$

式中，矩阵$\boldsymbol{R}$称为旋转矩阵，描述了坐标系之间的旋转，并具有行列式为 1 和正交两大性质。

如果将平移也考虑进来，则对于世界坐标系下的一点$\boldsymbol{p}$，经过一次旋转$\boldsymbol{R}$和平移$\boldsymbol{t}$变换后变成点$\boldsymbol{p}'$，这种变换可以表示为

$$\boldsymbol{p}'=\boldsymbol{R}\boldsymbol{p}+\boldsymbol{t} \tag{9-15}$$

由于旋转是 3 自由度的，所以用 3×3 的旋转矩阵来表示旋转略显冗余。而对于任意一次旋转，都可以表示为绕着一个旋转轴进行角度为θ的旋转，如果用单位向量$\boldsymbol{n}$表示此旋转轴，则旋转又可以描述为一个 3×1 的旋转向量$\theta\boldsymbol{n}$。旋转矩阵$\boldsymbol{R}$和旋转向量$\theta\boldsymbol{n}$之间的转换关系为

$$\boldsymbol{R}=\cos\theta\boldsymbol{I}+\left(1-\cos\theta\right)\boldsymbol{n}\boldsymbol{n}^{\mathrm{T}}+\sin\theta\boldsymbol{n}^{\wedge} \tag{9-16}$$

式中，$\boldsymbol{n}^{\wedge}$是$\boldsymbol{n}=\left[n_1,n_2,n_3\right]^{\mathrm{T}}$转换的反对称矩阵，即

$$\boldsymbol{n}^{\wedge}=\begin{bmatrix}0 & -n_3 & n_2\\ n_3 & 0 & -n_1\\ -n_2 & n_1 & 0\end{bmatrix} \tag{9-17}$$

反之，如果已知旋转矩阵$\boldsymbol{R}$，则由式（9-18）可以得到其所对应的旋转向量$\theta\boldsymbol{n}$，即

$$\begin{cases}\theta=\arccos\left(\dfrac{\mathrm{tr}\left(\boldsymbol{R}\right)-1}{2}\right)\\ \boldsymbol{R}\boldsymbol{n}=\boldsymbol{n}\end{cases} \tag{9-18}$$

式中，$\boldsymbol{n}$是旋转矩阵$\boldsymbol{R}$的特征值为 1 时所对应的归一化特征向量；tr 是求迹运算。

显然，用旋转向量来描述旋转是紧凑的，但由于旋转角的周期性，所以称旋转向量具有奇异性。

四元数是一种扩展的复数，由于其既是紧凑的，又没有奇异性，所以通常被用来表示旋转。一个四元数$\boldsymbol{q}$可以表示为

$$\boldsymbol{q}=w+x\mathrm{i}+y\mathrm{j}+z\mathrm{k}=\left[w,x,y,z\right]^{\mathrm{T}} \tag{9-19}$$

式中，w是四元数的实部；x、y、z是四元数的虚部。

对于任意一个旋转向量$\theta\boldsymbol{n}$，$\boldsymbol{n}=\left[n_1,n_2,n_3\right]^{\mathrm{T}}$都可以用一个单位四元数$\boldsymbol{q}_0$表示，即

$$\boldsymbol{q}_0=\left[\cos\frac{\theta}{2},\sin\frac{\theta}{2}n_1,\sin\frac{\theta}{2}n_2,\sin\frac{\theta}{2}n_3\right]^{\mathrm{T}}=\left[\cos\frac{\theta}{2},\sin\frac{\theta}{2}\boldsymbol{n}\right]^{\mathrm{T}} \tag{9-20}$$

反之，可以由单位四元数$\boldsymbol{q}_0$计算出旋转向量$\theta\boldsymbol{n}$。

9.3.2 传感器的位姿估计问题

室内建图最基本的问题就是如何估计传感器在世界坐标系下的位姿，只要传感器的位姿能够被准确估计，就能够得到较为精确的基本点云地图，后续更高级的建图任务，诸如曲面重建、纹理贴图等，都是建立在精确的位姿估计基础上的。因此，如何准确估计传感器的位姿就显得至关重要。

传感器在三维空间中的运动可以抽象成一个运动方程和一个观测方程，即

$$\begin{cases}\boldsymbol{x}_k=f\left(\boldsymbol{x}_{k-1},\boldsymbol{u}_k\right)+\boldsymbol{w}_k\\ \boldsymbol{z}_{k,j}=h\left(\boldsymbol{y}_j,\boldsymbol{x}_k\right)+\boldsymbol{v}_{k,j}\end{cases} \tag{9-21}$$

式中，第一个方程是运动方程，描述 t_k 时刻传感器的位姿 $\boldsymbol{x}_k$ 可以由 t_{k-1} 时刻的位姿 $\boldsymbol{x}_{k-1}$ 和传感器的运动测量数据 $\boldsymbol{u}_k$ 来估计，并且位姿 $\boldsymbol{x}_k$ 的估计值会受到噪声 $\boldsymbol{w}_k$ 的影响；第二个方程是观测方程，描述传感器在位姿 $\boldsymbol{x}_k$ 观测到路标点 $\boldsymbol{y}_j$ 并生成观测数据 $\boldsymbol{z}_{k,j}$，路标点 $\boldsymbol{y}_j$ 即通常所说的特征点，观测数据 $\boldsymbol{z}_{k,j}$ 同样会受到噪声 $\boldsymbol{v}_{k,j}$ 的影响。

通常认为噪声 $\boldsymbol{w}_k$ 和 $\boldsymbol{v}_{k,j}$ 满足高斯分布，并且均值为 0，即

$$\begin{cases}\boldsymbol{w}_k \sim N(0,\boldsymbol{R}_k) \\ \boldsymbol{v}_k \sim N(0,\boldsymbol{Q}_{k,j})\end{cases} \tag{9-22}$$

这样，传感器的状态估计问题就可以转换成在噪声的影响下由观测数据 $\boldsymbol{z}_{k,j}$ 和运动测量数据 $\boldsymbol{u}_k$ 估计传感器的位姿 $\boldsymbol{x}_k$ 和构成地图的路标点集合 $\boldsymbol{y}$，以及 $\boldsymbol{x}_k$ 和 $\boldsymbol{y}$ 的概率分布。将所要估计的变量统一成一个状态变量 $\boldsymbol{x}=\{\boldsymbol{x}_1,\cdots,\boldsymbol{x}_n,\boldsymbol{y}_1,\cdots,\boldsymbol{y}_m\}$，因此传感器的状态估计问题的数学模型可以用条件概率 $P(\boldsymbol{x}\,|\,\boldsymbol{z},\boldsymbol{u})$ 的估计来表示，其中，$\boldsymbol{z}$ 和 $\boldsymbol{u}$ 是观测数据和运动测量数据的统一。利用贝叶斯公式将 $P(\boldsymbol{x}\,|\,\boldsymbol{z},\boldsymbol{u})$ 展开为

$$P(\boldsymbol{x}\,|\,\boldsymbol{z},\boldsymbol{u})=\frac{P(\boldsymbol{z},\boldsymbol{u}\,|\,\boldsymbol{x})P(\boldsymbol{x})}{P(\boldsymbol{z},\boldsymbol{u})}\propto P(\boldsymbol{z},\boldsymbol{u}\,|\,\boldsymbol{x})P(\boldsymbol{x}) \tag{9-23}$$

式中，$P(\boldsymbol{x}\,|\,\boldsymbol{z},\boldsymbol{u})$ 是一个后验概率，由于 $P(\boldsymbol{z},\boldsymbol{u})$ 是已知值，所以 $P(\boldsymbol{x}\,|\,\boldsymbol{z},\boldsymbol{u})$ 正比于似然分布 $P(\boldsymbol{z},\boldsymbol{u}\,|\,\boldsymbol{x})$ 和先验信息 $P(\boldsymbol{x})$ 的乘积。因此，传感器的状态估计问题又可以进一步转换为最大后验估计，即

$$\boldsymbol{x}^*=\arg\max P(\boldsymbol{x}\,|\,\boldsymbol{z},\boldsymbol{u})=\arg\max P(\boldsymbol{z},\boldsymbol{u}\,|\,\boldsymbol{x})P(\boldsymbol{x}) \tag{9-24}$$

由于先验信息 $P(\boldsymbol{x})$ 是未知的，所以将传感器的状态估计问题转换为最大似然估计，即

$$\boldsymbol{x}^*=\arg\max P(\boldsymbol{z},\boldsymbol{u}\,|\,\boldsymbol{x}) \tag{9-25}$$

式（9-25）的物理意义是：在什么状态 $\boldsymbol{x}$ 下，传感器最可能产生现在得到的观测数据 $\boldsymbol{z}$ 和运动测量数据 $\boldsymbol{u}$。

9.3.3 非线性优化

首先考虑观测数据，由于观测数据的噪声 $\boldsymbol{v}_{k,j}$ 满足 $\boldsymbol{v}_k \sim N(0,\boldsymbol{Q}_{k,j})$，根据观测方程，经推导可得 $P(\boldsymbol{z}_{k,j}\,|\,\boldsymbol{x}_k,\boldsymbol{y}_j)=N(h(\boldsymbol{y}_j,\boldsymbol{x}_k),\boldsymbol{Q}_{k,j})$。对于一个高斯分布的最大似然的求解问题，可以通过采用最小化负对数的方法来解决。针对任意一个均值为 $\boldsymbol{m}$、协方差矩阵为 $\boldsymbol{\Sigma}$ 的 d 维高斯分布 $\boldsymbol{x}\sim N(\boldsymbol{m},\boldsymbol{\Sigma})$，其概率密度可以表示为

$$P(\boldsymbol{x})=\frac{1}{\sqrt{(2\pi)^d\det(\boldsymbol{\Sigma})}}\exp\left(-\frac{1}{2}(\boldsymbol{x}-\boldsymbol{m})^{\mathrm{T}}\boldsymbol{\Sigma}^{-1}(\boldsymbol{x}-\boldsymbol{m})\right) \tag{9-26}$$

式中，det 表示取行列式。式（9-26）左右两边取负对数得

$$-\ln(P(\boldsymbol{x}))=\frac{1}{2}\ln\left((2\pi)^d\det(\boldsymbol{\Sigma})\right)+\frac{1}{2}(\boldsymbol{x}-\boldsymbol{m})^{\mathrm{T}}\boldsymbol{\Sigma}^{-1}(\boldsymbol{x}-\boldsymbol{m}) \tag{9-27}$$

因此，求 $P(\boldsymbol{x})$ 的最大值就相当于求式（9-27）的最小值。由于式（9-27）等号右边的第一项是个常量，所以可以忽略，只需要最小化第二项 $\frac{1}{2}(\boldsymbol{x}-\boldsymbol{m})^{\mathrm{T}}\boldsymbol{\Sigma}^{-1}(\boldsymbol{x}-\boldsymbol{m})$ 即可。将观测方程代入式（9-27）中，可得

$$\arg\max P(\boldsymbol{z}\mid\boldsymbol{x})=\arg\min\left(\left(\boldsymbol{z}_{k,j}-h\left(\boldsymbol{y}_j,\boldsymbol{x}_k\right)\right)^{\mathrm{T}}\boldsymbol{Q}_{k,j}^{-1}\left(\boldsymbol{z}_{k,j}-h\left(\boldsymbol{y}_j,\boldsymbol{x}_k\right)\right)\right) \tag{9-28}$$

运动测量数据和观测数据同时存在，其中，运动测量数据是由 IMU 测量得到的，观测数据是由照相机测量得到的。由于 IMU 和照相机是两个独立的传感器，二者之间互不相关，因此观测数据和运动测量数据互相独立，最大似然可以转换为

$$\begin{aligned}\boldsymbol{x}^*&=\arg\max P\left(\boldsymbol{z},\boldsymbol{u}\mid\boldsymbol{x}\right)\\&=\arg\max P\left(\boldsymbol{z}\mid\boldsymbol{x}\right)P\left(\boldsymbol{u}\mid\boldsymbol{x}\right)\\&=\arg\max\prod_{k,j}P\left(\boldsymbol{z}_{k,j}\mid\boldsymbol{x}_k,\boldsymbol{y}_j\right)\prod_k P\left(\boldsymbol{u}_k\mid\boldsymbol{x}_k,\boldsymbol{x}_{k-1}\right)\end{aligned} \tag{9-29}$$

定义每次输入的误差为

$$\begin{cases}\boldsymbol{e}_{v,k}=\boldsymbol{x}_k-f\left(\boldsymbol{x}_{k-1},\boldsymbol{u}_k\right)\\\boldsymbol{e}_{y,j,k}=\boldsymbol{z}_{k,j}-h\left(\boldsymbol{y}_j,\boldsymbol{x}_k\right)\end{cases} \tag{9-30}$$

因此，传感器的状态估计问题最终转换为一个最小化优化问题，即

$$\boldsymbol{x}^*=\arg\min\left(\sum_k\boldsymbol{e}_{v,k}^{\mathrm{T}}\boldsymbol{R}_k^{-1}\boldsymbol{e}_{v,k}+\sum_k\sum_j\boldsymbol{e}_{y,j,k}^{\mathrm{T}}\boldsymbol{Q}_{k,j}^{-1}\boldsymbol{e}_{y,j,k}\right) \tag{9-31}$$

式（9-31）是一个最小二乘问题，它的最优解是整个系统的最佳估计状态。

9.4 RGB-D 照相机和 IMU 信息的前端处理

9.4.1 IMU 预积分

在已知前一帧位姿和 IMU 输出值的前提下，根据 IMU 积分公式，可以计算出当前帧的位姿，即式（9-6）。但是，在式（9-6）中，积分值依赖于第 k 帧在世界坐标系下的位姿 $\boldsymbol{q}_{\mathrm{b}_k}^{\mathrm{w}}$，由于在后端优化中会迭代更新关键帧的位姿，所以需要重新计算积分来更新两个关键帧之间的所有位姿，从而产生了较大的计算量。因此，考虑将 IMU 与绝对位姿（世界坐标系下的位姿）进行解耦，在 IMU 坐标系下进行积分操作，即 IMU 的预积分理论。

由于 IMU 采样频率相比于照相机采样频率过高，需要使 IMU 和 RGB-D 照相机在采样频率上能够对齐，因此 IMU 的预积分范围为图像前后帧之间的所有 IMU 数据，如图 9-5 所示。

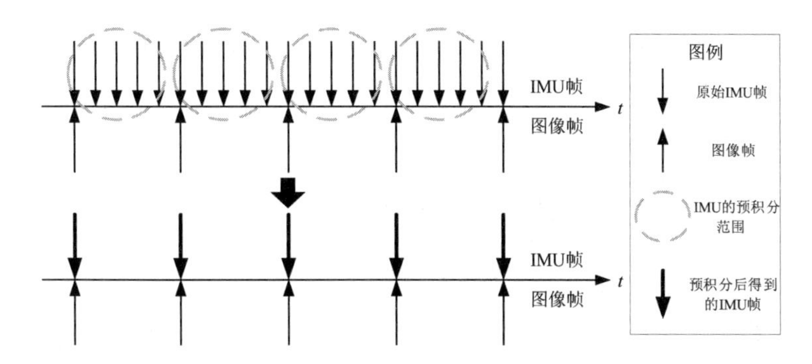

图 9-5　IMU 和图像帧对齐示意图

在图 9-5 中，由于 IMU 帧的采样频率高于 RGB-D 照相机，因此在 RGB-D 照相机图像帧之间存在多帧 IMU 帧。图 9-5 中的虚线框表示的是 IMU 的预积分范围，即对前后两帧图像之间的所有 IMU 数据进行预积分操作，预积分后得到的 IMU 帧和图像帧之间的采样频率就能够一致了。

将式（9-2）～式（9-4）两边均同乘 $\boldsymbol{q}_{\mathrm{w}}^{\mathrm{b}_k}$ 即可完成从世界坐标系到 IMU 坐标系的转换，得

$$\begin{cases}\boldsymbol{q}_{\mathrm{w}}^{\mathrm{b}_k}\boldsymbol{p}_{\mathrm{b}_{k+1}}^{\mathrm{w}}=\boldsymbol{q}_{\mathrm{w}}^{\mathrm{b}_k}\left(\boldsymbol{p}_{\mathrm{b}_k}^{\mathrm{w}}+\boldsymbol{v}_{\mathrm{b}_k}^{\mathrm{w}}\Delta t-\dfrac{1}{2}\boldsymbol{g}_{\mathrm{w}}\Delta t^2\right)+\displaystyle\int_{t\in[t_k,t_{k+1}]}\left[\int\boldsymbol{q}_{\mathrm{b}_t}^{\mathrm{b}_k}\left(\tilde{\boldsymbol{a}}_{\mathrm{b}}-\boldsymbol{b}_{a\mathrm{b}}\right)\mathrm{d}t\right]\mathrm{d}t\\ \boldsymbol{q}_{\mathrm{w}}^{\mathrm{b}_k}\boldsymbol{v}_{\mathrm{b}_{k+1}}^{\mathrm{w}}=\boldsymbol{q}_{\mathrm{w}}^{\mathrm{b}_k}\left(\boldsymbol{v}_{\mathrm{b}_k}^{\mathrm{w}}-\boldsymbol{g}_{\mathrm{w}}\Delta t\right)+\displaystyle\int_{t\in[t_k,t_{k+1}]}\boldsymbol{q}_{\mathrm{b}_t}^{\mathrm{b}_k}\left(\tilde{\boldsymbol{a}}_{\mathrm{b}}-\boldsymbol{b}_{a\mathrm{b}}\right)\mathrm{d}t\\ \boldsymbol{q}_{\mathrm{w}}^{\mathrm{b}_k}\otimes\boldsymbol{q}_{\mathrm{b}_{k+1}}^{\mathrm{w}}=\displaystyle\int_{t\in[t_k,t_{k+1}]}\dfrac{1}{2}\boldsymbol{\Omega}\left(\tilde{\boldsymbol{\omega}}_{\mathrm{b}}-\boldsymbol{b}_{\omega\mathrm{b}}\right)\boldsymbol{q}_{\mathrm{b}_t}^{\mathrm{b}_k}\mathrm{d}t\end{cases}\tag{9-32}$$

记式（9-32）中的积分项为

$$\begin{cases}\boldsymbol{\alpha}_{\mathrm{b}_{k+1}}^{\mathrm{b}_k}=\displaystyle\int_{t\in[t_k,t_{k+1}]}\left[\int\boldsymbol{q}_{\mathrm{b}_t}^{\mathrm{b}_k}\left(\tilde{\boldsymbol{a}}_{\mathrm{b}}-\boldsymbol{b}_{a\mathrm{b}}\right)\mathrm{d}t\right]\mathrm{d}t\\ \boldsymbol{\beta}_{\mathrm{b}_{k+1}}^{\mathrm{b}_k}=\displaystyle\int_{t\in[t_k,t_{k+1}]}\boldsymbol{q}_{\mathrm{b}_t}^{\mathrm{b}_k}\left(\tilde{\boldsymbol{a}}_{\mathrm{b}}-\boldsymbol{b}_{a\mathrm{b}}\right)\mathrm{d}t\\ \boldsymbol{\gamma}_{\mathrm{b}_{k+1}}^{\mathrm{b}_k}=\displaystyle\int_{t\in[t_k,t_{k+1}]}\dfrac{1}{2}\boldsymbol{\Omega}\left(\tilde{\boldsymbol{\omega}}_{\mathrm{b}}-\boldsymbol{b}_{\omega\mathrm{b}}\right)\boldsymbol{\gamma}_{\mathrm{b}_t}^{\mathrm{b}_k}\mathrm{d}t\end{cases}\tag{9-33}$$

式（9-33）中的 3 个积分项表示在 IMU 坐标系下第 $k+1$ 帧相对于第 k 帧的相对运动量，当后端迭代更新状态量时，并不会对这 3 个积分项产生影响，从而避免了重复的积分运算，这便是 IMU 预积分的含义。

由于 IMU 的偏置 $\boldsymbol{b}_a$、$\boldsymbol{b}_\omega$ 也是待优化变量，因此在一次新的迭代优化中，如果偏置有所变化，就会影响预积分值，导致需要重新计算预积分。这里将 3 个积分项对偏置进行一阶泰勒展开来简化偏置变化的重积分问题，即

$$\begin{cases}\boldsymbol{\alpha}_{\mathrm{b}_{k+1}}^{\mathrm{b}_k}\approx\tilde{\boldsymbol{\alpha}}_{\mathrm{b}_{k+1}}^{\mathrm{b}_k}+\boldsymbol{J}_\alpha\left(\boldsymbol{b}_a\right)\delta\boldsymbol{b}_a+\boldsymbol{J}_\alpha\left(\boldsymbol{b}_\omega\right)\delta\boldsymbol{b}_\omega\\ \boldsymbol{\beta}_{\mathrm{b}_{k+1}}^{\mathrm{b}_k}\approx\tilde{\boldsymbol{\beta}}_{\mathrm{b}_{k+1}}^{\mathrm{b}_k}+\boldsymbol{J}_\beta\left(\boldsymbol{b}_a\right)\delta\boldsymbol{b}_a+\boldsymbol{J}_\beta\left(\boldsymbol{b}_\omega\right)\delta\boldsymbol{b}_\omega\\ \boldsymbol{\gamma}_{\mathrm{b}_{k+1}}^{\mathrm{b}_k}\approx\tilde{\boldsymbol{\gamma}}_{\mathrm{b}_{k+1}}^{\mathrm{b}_k}\otimes\begin{bmatrix}1\\ \dfrac{1}{2}\boldsymbol{J}_\gamma\left(\boldsymbol{b}_\omega\right)\delta\boldsymbol{b}_\omega\end{bmatrix}\end{cases}\tag{9-34}$$

因此，当 IMU 的偏置被优化后，只需按照式（9-34）就可以快速计算出更新后的预积分值。

利用中值法对式（9-33）进行离散化，即

$$
\begin{cases}
\boldsymbol{\alpha}_{i+1}^{\mathrm{b}_k} = \boldsymbol{\alpha}_i^{\mathrm{b}_k} + \boldsymbol{\beta}_i^{\mathrm{b}_k}\Delta t + \dfrac{1}{2}\overline{\boldsymbol{a}}_i\Delta t^2 \\
\boldsymbol{\beta}_{i+1}^{\mathrm{b}_k} = \boldsymbol{\beta}_i^{\mathrm{b}_k} + \overline{\boldsymbol{a}}_i\Delta t \\
\boldsymbol{\gamma}_{i+1}^{\mathrm{b}_k} = \boldsymbol{\gamma}_i^{\mathrm{b}_k} \otimes \boldsymbol{\gamma}_{i+1}^{i} = \boldsymbol{\gamma}_i^{\mathrm{b}_k} \otimes \begin{bmatrix} 1 \\ \dfrac{1}{2}\overline{\boldsymbol{\omega}}_i\Delta t \end{bmatrix}
\end{cases}
\tag{9-35}
$$

式中，i 为第 k 帧到第 $k+1$ 帧之间 IMU 测量的某个时刻；$\overline{\boldsymbol{a}}_i$、$\overline{\boldsymbol{\omega}}_i$ 分别为

$$
\begin{cases}
\overline{\boldsymbol{a}}_i = \dfrac{1}{2}\left[\boldsymbol{q}_i\left(\tilde{\boldsymbol{a}}_i - \boldsymbol{b}_a\right) + \boldsymbol{q}_{i+1}\left(\tilde{\boldsymbol{a}}_{i+1} - \boldsymbol{b}_a\right)\right] \\
\overline{\boldsymbol{\omega}}_i = \dfrac{1}{2}\left(\tilde{\boldsymbol{\omega}}_i + \tilde{\boldsymbol{\omega}}_{i+1}\right) - \boldsymbol{b}_\omega
\end{cases}
\tag{9-36}
$$

因此，只需利用式（9-35）就可以求得 IMU 的预积分值。

9.4.2 特征点提取与追踪

常用的特征点有 SIFT 特征点、SURF 特征点、FAST 角点等，虽然 SIFT 特征点、SURF 特征点的精度较高，但是它们的提取速度过慢，不利于实时性场景的应用。出于对实时性的考虑，通常采用提取速度最快的 FAST 角点，对于精度，依靠 IMU 和视觉深度信息的共同约束来提高。FAST 角点的优点主要在于计算速度快、实时性好。FAST 算法的基本思想是：对于一个像素点，如果其与邻域内足够多个连续像素点的亮度差别较大，则认为该像素点是一个角点。考虑一个半径为 3 个像素点的邻域，FAST 角点提取示意图如图 9-6 所示。

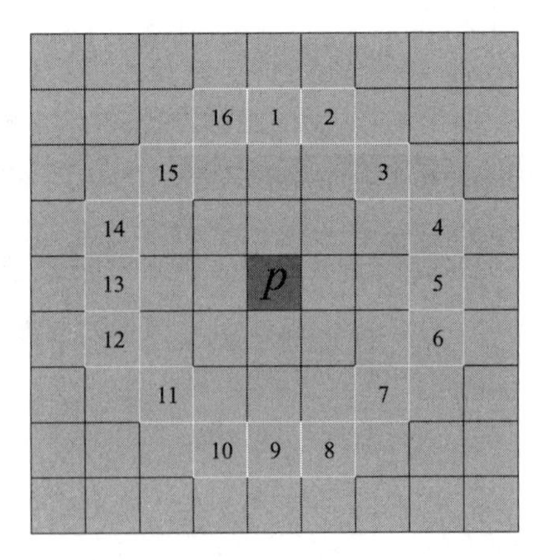

图 9-6 FAST 角点提取示意图

FAST 角点的提取步骤如表 9-2 所示。

表 9-2　FAST 角点的提取步骤

输入：	图像 I，阈值 T
输出：	FAST 角点的像素点坐标集合 KeyPoints
第一步	选取图像 I 中的像素点 p，其对应的亮度为 I_p
第二步	将像素点 p 当作圆心构建半径为 3 个像素点的圆，并选取圆边界的 16 个像素点
第三步	若 16 个像素点中存在连续 N 个像素点的亮度大于 I_p+T 或小于 I_p-T，则认为像素点 p 是角点，放入集合 KeyPoints 中
第四步	对图像 I 上的每个像素点循环第一步～第三步的操作

按照上述步骤提取的 FAST 角点的集合会出现角点聚集现象，为了使提取的特征点均匀化，对所提取的 FAST 角点进行非极大值抑制。首先计算每个 FAST 角点的响应值，即

$$\text{response}=\sum_{i=1且\left|I_i-I_p\right|>T}^{16}\left|I_i-I_p\right| \tag{9-37}$$

然后在一定大小的窗口内只保留响应值最大的特征点。图 9-7 所示为提取 FAST 角点和进行非极大值抑制的实验结果。

（a）利用 OpenCV 函数提取 FAST 角点的实验结果

（b）进行非极大值抑制后的 FAST 角点

图 9-7　提取 FAST 角点和进行非极大值抑制的实验结果

图 9-7（a）所示为利用 OpenCV 函数提取 FAST 角点的实验结果，可以看出，特征点过于聚集，出现扎堆现象。在经过非极大值抑制后得到图 9-7（b）所示的实验结果，可以看出，特征点的分布明显均匀了很多。

由于本章所用的实验设备是 RGB-D 照相机，具有深度信息，因此将深度信息融入所提取的二维特征点，构造具有三维信息的特征点可以使单目照相机的尺度可观测。在完成特征点提取后，通常下一步是基于特征描述子进行特征匹配，从而计算出前后两帧图像的位姿关系。考虑到特征匹配有计算量大、容易产生误匹配的缺点，目前主流的做法是在对一帧图像提取特征点后，利用光流法在后续图像中追踪所提取的特征点。本章采用 LK 光流法对 FAST 角点进行追踪。

LK 光流法所要解决的一个基本问题是：对于 t 时刻，第 k 帧图像中像素点坐标 (x,y) 为所对应的空间点坐标，估计其在 $t+\mathrm{d}t$ 时刻第 $k+1$ 帧图像中所对应的像素点坐标 $(x+\mathrm{d}x,y+\mathrm{d}y)$。解决此问题的基础是灰度不变假设，即对于同一个空间点，在不同时

刻的图像中，像素点的灰度值并不会发生改变，可以表达为

$$I\left(x+\mathrm{d}x, y+\mathrm{d}y, t+\mathrm{d}t\right)=I\left(x, y, t\right) \tag{9-38}$$

在图像运动速度很小的情况下，可以对 $I(x+\mathrm{d}x, y+\mathrm{d}y, t+\mathrm{d}t)$ 进行一阶泰勒展开，即

$$I\left(x+\mathrm{d}x, y+\mathrm{d}y, t+\mathrm{d}t\right) \approx I\left(x, y, t\right)+\frac{\partial I}{\partial x}\mathrm{d}x+\frac{\partial I}{\partial y}\mathrm{d}y+\frac{\partial I}{\partial t}\mathrm{d}t \tag{9-39}$$

根据灰度不变假设，可得

$$\frac{\partial I}{\partial x}\mathrm{d}x+\frac{\partial I}{\partial y}\mathrm{d}y+\frac{\partial I}{\partial t}\mathrm{d}t=0 \tag{9-40}$$

进一步变换得

$$\frac{\partial I}{\partial x}\frac{\mathrm{d}x}{\mathrm{d}t}+\frac{\partial I}{\partial y}\frac{\mathrm{d}y}{\mathrm{d}t}=-\frac{\partial I}{\partial t} \tag{9-41}$$

式中，$\mathrm{d}x/\mathrm{d}t$ 和 $\mathrm{d}y/\mathrm{d}t$ 分别是像素点在 x 轴和 y 轴上的运动速度，记为 u 和 v；$\partial I/\partial x$ 和 $\partial I/\partial y$ 分别是图像在 x 方向和 y 方向上的梯度，记为 I_x 和 I_y；$\partial I/\partial t$ 记为 I_t。因此，式（9-41）记为

$$I_x u+I_y v=-I_t \tag{9-42}$$

为了计算像素点的运动速度 u、v，假设 $w \times w$ 大小的窗口内的所有像素点都具有相同的运动，则可以利用最小二乘法来计算像素点的运动 u、v，从而跟踪到下一帧图像中特征点的位置。

由于光流法假设图像运动速度不大，所以导致其应用在无人机飞行场景中的鲁棒性降低。为了提高光流法对运动速度的鲁棒性，Bouguet 提出了利用图像金字塔进行光流追踪的做法，基本思想是：在金字塔的底层图像分辨率最高，像素点运动速度最大；而越往上，由于图像分辨率逐层降低，所以所对应的像素点运动速度也随之变小。

图 9-8 所示为 LK 光流追踪的实验结果。其中，图 9-8（a）是利用 FAST 算法得到的，图 9-8（b）是利用 LK 光流法对图 9-8（a）中的特征点进行追踪得到的，绿线表示特征点的匹配关系。

（a）FAST 特征点提取结果　　（b）LK 光流追踪得到的匹配特征点结果

图 9-8　LK 光流追踪的实验结果

光流法最大的优势是计算效率高，省去了计算特征描述子的时间，但是光流法受到灰度不变假设、运动速度较小和图像块内运动相同的约束，追踪精度相较于特征点匹配算法有所下降，在长时间的追踪下会产生特征点漂移现象。由于用到了 IMU 和 RGB-D 照相机，具有较多测量信息，因此为了提高光流法的追踪精度和对运动速度的鲁棒性，可以融合 IMU 和深度信息。在每次进行基于图像金字塔的光流追踪前，首先对待提取图像的特征点进行预测，并将预测值作为先验信息输入光流法中，以提高光流追踪的准确性。然后对待提取图像也进行 FAST 角点检测，计算追踪到的特征点和提取到的特征点之间的像素距离，由于已经对所提取的角点进行均匀化，消除了角点扎堆现象，因此当像素距离很小时，认为追踪到的特征点发生漂移，并用提取到的特征点来代替它，以对抗特征点漂移现象。

综上所述，对 t_{k+1} 时刻待提取图像的特征点的追踪步骤如下。

第一步，获取 t_k 时刻上一帧图像的位姿 $\boldsymbol{R}_k$、$\boldsymbol{p}_k$ 和 $[t_k,t_{k+1}]$ 时刻内所有的 IMU 测量值，利用式（9-6）估计 t_{k+1} 时刻的位姿 $\boldsymbol{R}_{k+1}$、$\boldsymbol{p}_{k+1}$。

第二步，由于本章所提取的特征点包含三维信息，因此可以利用位姿 $\boldsymbol{R}_{k+1}$、$\boldsymbol{p}_{k+1}$ 将上一帧图像所提取的全部特征点投影到本帧图像中，从而获得本帧图像特征点的一个预测值。

第三步，将特征点的预测值输入光流法中，进行基于图像金字塔的光流追踪。

第四步，对待提取图像进行 FAST 特征点提取和均匀化操作，并以此修正所追踪到的特征点的漂移。

9.4.3 PnP 估计帧间位姿

由于所用设备是 RGB-D 照相机，所以不仅有 RGB 信息，还有深度信息。深度信息可以转换为三维坐标信息，因此可以用 PnP 方法来计算图像帧之间的位姿变换。PnP 方法是一种求解从三维到二维点对运动的方法，典型的 PnP 问题是利用非线性最小二乘来优化三维点在待求解平面的重投影误差。PnP 问题的已知量包括上一帧中 n 个特征点的空间三维坐标 $\boldsymbol{P}_i=[X_i,Y_i,Z_i]^{\mathrm{T}}$，$i=1,2,\cdots,n$（这些三维坐标是利用深度图像和位姿变换计算出来的），以及这些三维坐标在待求解图像中所对应的像素点坐标 $\boldsymbol{u}_i=[u_i,v_i]^{\mathrm{T}},i=1,2,\cdots,n$。要求解的是待求解图像的照相机位姿变换 $\boldsymbol{R}$、$\boldsymbol{t}$，用李代数表示，记为 $\boldsymbol{\xi}$，利用照相机模型可以得

$$Z_i\boldsymbol{u}_i=\boldsymbol{K}\exp\left(\boldsymbol{\xi}^\wedge\right)\boldsymbol{P}_i \tag{9-43}$$

由于照相机位姿未知且观测到的像素坐标受噪声影响，因此式（9-43）存在误差，可以建立关于误差的最小二乘问题，即

$$\boldsymbol{\xi}^*=\arg\min_{\xi}\frac{1}{2}\sum_{i=1}^{n}\|\boldsymbol{e}_i\|_2^2=\arg\min_{\xi}\frac{1}{2}\sum_{i=1}^{n}\left\|\boldsymbol{u}_i-\frac{1}{Z_i}\boldsymbol{K}\exp\left(\boldsymbol{\xi}^\wedge\right)\boldsymbol{P}_i\right\|_2^2 \tag{9-44}$$

式（9-44）中的误差项的物理意义可以理解为：照相机观测到的像素点坐标与三维点按照估计位姿重投影到待求解图像所获得的像素点坐标之间的差值，因此，称其为重

投影误差，如图 9-9 所示。

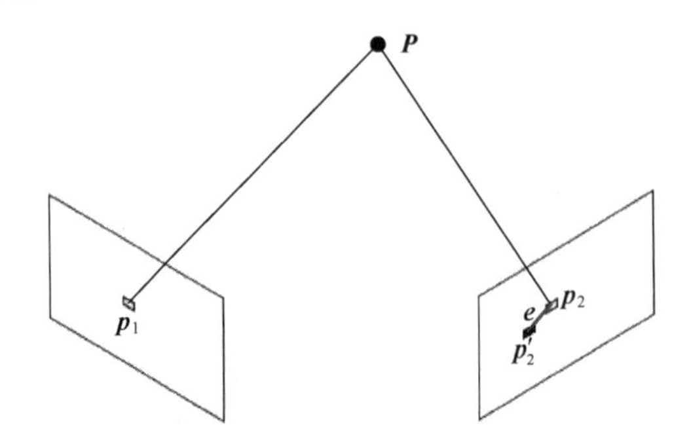

图 9-9　重投影误差示意图

在图 9-9 中，对于三维空间中的点 $\boldsymbol{P}$，它在上一帧图像和待求解图像中的投影点分别是 $\boldsymbol{p}_1$ 和 $\boldsymbol{p}_2$，$\boldsymbol{p}_1$ 和 $\boldsymbol{p}_2$ 之间的匹配关系是由 LK 光流追踪得到的。利用照相机位姿的估计值 $\boldsymbol{\xi}$ 和照相机成像模型，将点 $\boldsymbol{P}$ 投影到待求解图像的像素坐标系中，得到投影点 $\boldsymbol{p}_2'$，则 $\boldsymbol{p}_2$ 与 $\boldsymbol{p}_2'$ 之间的差值便是重投影误差 $\boldsymbol{e}$。为了进行求解，需要将误差项进行一阶泰勒展开，即

$$\boldsymbol{e}(\xi+\Delta\xi)\approx\boldsymbol{e}(\xi)+\boldsymbol{J}(\xi)\Delta\xi \tag{9-45}$$

式中，$\boldsymbol{e}$ 为重投影误差，是一个二维向量；$\boldsymbol{\xi}$ 为照相机位姿，是一个六维向量，因此，这里的雅可比矩阵 $\boldsymbol{J}$ 是一个 2×6 大小的矩阵。记点 $\boldsymbol{P}$ 在待求解图像照相机坐标系下的坐标为 $\boldsymbol{P}'=[X',Y',Z']^{\mathrm{T}}$，利用李代数的扰动模型求重投影误差 $\boldsymbol{e}$ 关于扰动量的导数，即

$$\frac{\partial\boldsymbol{e}}{\partial\delta\boldsymbol{\xi}}=\frac{\partial\boldsymbol{e}}{\partial\boldsymbol{P}'}\frac{\partial\boldsymbol{P}'}{\partial\delta\boldsymbol{\xi}} \tag{9-46}$$

$\partial\boldsymbol{e}/\partial\boldsymbol{P}'$ 表示重投影误差 $\boldsymbol{e}$ 对投影点求导，可以通过照相机模型求出，即

$$\frac{\partial\boldsymbol{e}}{\partial\boldsymbol{P}'}=-\begin{bmatrix}\dfrac{\partial u}{\partial X'} & \dfrac{\partial u}{\partial Y'} & \dfrac{\partial u}{\partial Z'}\\ \dfrac{\partial v}{\partial X'} & \dfrac{\partial v}{\partial Y'} & \dfrac{\partial v}{\partial Z'}\end{bmatrix}=-\begin{bmatrix}\dfrac{f_x}{Z'} & 0 & -\dfrac{f_xX'}{Z'^2}\\ 0 & \dfrac{f_y}{Z'} & -\dfrac{f_yY'}{Z'^2}\end{bmatrix} \tag{9-47}$$

$\partial\boldsymbol{P}'/\partial\delta\xi$ 表示照相机坐标系下的点 $\boldsymbol{P}'$ 对李代数求导，即

$$\frac{\partial\boldsymbol{P}'}{\partial\delta\xi}=\left[\boldsymbol{I}-\boldsymbol{P}'^{\wedge}\right] \tag{9-48}$$

因此，雅可比矩阵为

$$\boldsymbol{J}(\xi)=\frac{\partial\boldsymbol{e}}{\partial\delta\xi}=-\begin{bmatrix}\dfrac{f_x}{Z'} & 0 & -\dfrac{f_xX'}{Z'^2} & -\dfrac{f_xX'Y'}{Z'^2} & f_x+\dfrac{f_xX'^2}{Z'^2} & -\dfrac{f_xY'}{Z'}\\ 0 & \dfrac{f_y}{Z'} & -\dfrac{f_yY'}{Z'^2} & -f_y-\dfrac{f_yY'^2}{Z'^2} & \dfrac{f_yX'Y'}{Z'^2} & \dfrac{f_yX'}{Z'}\end{bmatrix} \tag{9-49}$$

可以采用高斯牛顿法迭代求解此最小二乘问题，得到位姿的最佳估计 ξ^*。高斯牛顿法的核心是求解增量方程，即

$$\boldsymbol{J}(\xi)^{\mathrm{T}}\boldsymbol{J}(\xi)\Delta\xi=-\boldsymbol{J}(\xi)^{\mathrm{T}}\boldsymbol{e}(\xi) \tag{9-50}$$

当利用 PnP 方法求出每帧图像的位姿初始值后，可以将其作为先验信息，与 IMU 预积分结果进行对齐，通过对位姿的旋转量和平移量分别进行对齐可以估计出陀螺仪偏置、重力加速度和速度的初始值。由于本章采用的是 RGB-D 照相机，其深度图像能够提供三维信息，与单目照相机和 IMU 联合的系统相比，不需要估计绝对尺度。

9.5 联合初始化和后端优化

9.5.1 RGB-D 照相机和 IMU 的旋转估计对齐

这里定义无人机上的 RGB-D 照相机所拍摄的第一帧 RGB 图像所在的照相机坐标系 c_0 为参考坐标系。因此，可以得到从 IMU 坐标系到照相机坐标系的变换，即

$$\boldsymbol{q}_{\mathrm{b}_k}^{\mathrm{c}_0}=\boldsymbol{q}_{\mathrm{c}_k}^{\mathrm{c}_0}\otimes\left(\boldsymbol{q}_{\mathrm{c}}^{\mathrm{b}}\right)^{-1} \tag{9-51}$$

式中，$\boldsymbol{q}_{\mathrm{c}}^{\mathrm{b}}$ 表示从照相机坐标系到 IMU 坐标系的旋转。由于 IMU 和照相机之间是固定的，因此这个值也是固定的，可以由 IMU 和照相机的标定获得。

对照相机和 IMU 所估计的旋转矩阵进行对齐，可以校正陀螺仪偏置。根据视觉所估计的相邻帧之间的旋转和 IMU 预积分所得到的旋转应该相等的条件，可得

$$\boldsymbol{q}_{\mathrm{b}_{k+1}}^{\mathrm{c}_0}=\boldsymbol{q}_{\mathrm{b}_k}^{\mathrm{c}_0}\otimes\boldsymbol{\gamma}_{\mathrm{b}_{k+1}}^{\mathrm{b}_k} \tag{9-52}$$

式中，$\boldsymbol{q}_{\mathrm{b}_{k+1}}^{\mathrm{c}_0}$、$\boldsymbol{q}_{\mathrm{b}_k}^{\mathrm{c}_0}$ 是视觉里程计的估计值；$\boldsymbol{\gamma}_{\mathrm{b}_{k+1}}^{\mathrm{b}_k}$ 是 IMU 的预积分项。利用式（9-52）构造最小二乘问题，即

$$\underset{\delta\boldsymbol{b}_\omega}{\arg\min}\sum_{k\in\mathrm{KeyFrame}}\left\|\left(\boldsymbol{q}_{\mathrm{b}_{k+1}}^{\mathrm{c}_0}\right)^{-1}\otimes\boldsymbol{q}_{\mathrm{b}_k}^{\mathrm{c}_0}\otimes\boldsymbol{\gamma}_{\mathrm{b}_{k+1}}^{\mathrm{b}_k}\right\|^2 \tag{9-53}$$

式中，$\boldsymbol{\gamma}_{\mathrm{b}_{k+1}}^{\mathrm{b}_k}$ 的值可以由式（9-34）得到。式（9-53）的最小值是一个单位四元数，因此可写为

$$\left(\boldsymbol{q}_{\mathrm{b}_{k+1}}^{\mathrm{c}_0}\right)^{-1}\otimes\boldsymbol{q}_{\mathrm{b}_k}^{\mathrm{c}_0}\otimes\boldsymbol{\gamma}_{\mathrm{b}_{k+1}}^{\mathrm{b}_k}=\begin{bmatrix}1\\0\end{bmatrix} \tag{9-54}$$

将式（9-34）代入式（9-54）中得

$$\begin{bmatrix}1\\ \frac{1}{2}\boldsymbol{J}_\gamma\left(\boldsymbol{b}_\omega\right)\delta\boldsymbol{b}_\omega\end{bmatrix}=\left(\tilde{\gamma}_{\mathrm{b}_{k+1}}^{\mathrm{b}_k}\right)^{-1}\otimes\left(\boldsymbol{q}_{\mathrm{b}_k}^{\mathrm{c}_0}\right)^{-1}\otimes\boldsymbol{q}_{\mathrm{b}_{k+1}}^{\mathrm{c}_0} \tag{9-55}$$

如果只考虑上式的虚部，并将系数矩阵转换为正定阵，则有

$$\boldsymbol{J}_\gamma\left(\boldsymbol{b}_\omega\right)^{\mathrm{T}}\boldsymbol{J}_\gamma\left(\boldsymbol{b}_\omega\right)\delta\boldsymbol{b}_\omega=2\boldsymbol{J}_\gamma\left(\boldsymbol{b}_\omega\right)^{\mathrm{T}}\left(\left(\tilde{\gamma}_{\mathrm{b}_{k+1}}^{\mathrm{b}_k}\right)^{-1}\otimes\left(\boldsymbol{q}_{\mathrm{b}_k}^{\mathrm{c}_0}\right)^{-1}\otimes\boldsymbol{q}_{\mathrm{b}_{k+1}}^{\mathrm{c}_0}\right)_{\mathrm{Im}} \tag{9-56}$$

式（9-56）是一个正定方程，求解此正定方程即可得到陀螺仪的初始偏置值，然后利用式（9-34）对 IMU 的预积分值进行快速的重新计算。

9.5.2 RGB-D 照相机和 IMU 的位移估计对齐

对 RGB-D 照相机和 IMU 所估计的平移向量进行对齐可以得到重力向量和速度的初始值。这里将待优化变量放入一个优化向量中，得到优化向量 $\boldsymbol{\chi}=[\boldsymbol{v}_{\mathrm{b}_0},\boldsymbol{v}_{\mathrm{b}_1},\cdots,\boldsymbol{v}_{\mathrm{b}_n},\boldsymbol{g}_{\mathrm{c}_0}]$，这是一个 $3(n+1)+3$ 维的向量。其中，$\boldsymbol{v}_{\mathrm{b}_k}$ 表示 IMU 坐标系下第 k 帧的速度；$\boldsymbol{g}_{\mathrm{c}_0}$ 表示第 0 帧的照相机坐标系下的重力向量。两帧之间的 IMU 预积分增量和视觉里程计所测得的照相机位姿存在如下关系：

$$\begin{cases}\boldsymbol{\alpha}_{\mathrm{b}_{k+1}}^{\mathrm{b}_k}=\boldsymbol{q}_{\mathrm{c}_0}^{\mathrm{b}_k}\left(\boldsymbol{p}_{\mathrm{b}_{k+1}}^{\mathrm{c}_0}-\boldsymbol{p}_{\mathrm{b}_k}^{\mathrm{c}_0}+\dfrac{1}{2}\boldsymbol{g}_{\mathrm{c}_0}\Delta t_k^2-\boldsymbol{q}_{\mathrm{b}_k}^{\mathrm{c}_0}\boldsymbol{v}_{\mathrm{b}_k}\Delta t_k\right)\\ \boldsymbol{\beta}_{\mathrm{b}_{k+1}}^{\mathrm{b}_k}=\boldsymbol{q}_{\mathrm{c}_0}^{\mathrm{b}_k}\left(\boldsymbol{q}_{\mathrm{b}_{k+1}}^{\mathrm{c}_0}\boldsymbol{v}_{\mathrm{b}_{k+1}}+\boldsymbol{g}_{\mathrm{c}_0}\Delta t_k-\boldsymbol{q}_{\mathrm{b}_k}^{\mathrm{c}_0}\boldsymbol{v}_{\mathrm{b}_k}\right)\end{cases} \tag{9-57}$$

由于 IMU 和 RGB-D 照相机之间存在位移，所以这个位移同样是固定值，可以通过标定得到，这就构成了如下关系：

$$\boldsymbol{p}_{\mathrm{b}_k}^{\mathrm{c}_0}=\boldsymbol{p}_{\mathrm{c}_k}^{\mathrm{c}_0}-\boldsymbol{q}_{\mathrm{b}_k}^{\mathrm{c}_0}\boldsymbol{p}_{\mathrm{c}}^{\mathrm{b}} \tag{9-58}$$

将式（9-58）代入式（9-57）中，并将待优化变量全部放到等式左边，得

$$\begin{cases}-\Delta t_k\boldsymbol{v}_{\mathrm{b}_k}+\dfrac{1}{2}\boldsymbol{q}_{\mathrm{c}_0}^{\mathrm{b}_k}\Delta t_k^2\boldsymbol{g}_{\mathrm{c}_0}=\boldsymbol{\alpha}_{\mathrm{b}_{k+1}}^{\mathrm{b}_k}-\boldsymbol{q}_{\mathrm{c}_0}^{\mathrm{b}_k}\left(\boldsymbol{p}_{\mathrm{c}_{k+1}}^{\mathrm{c}_0}-\boldsymbol{p}_{\mathrm{c}_k}^{\mathrm{c}_0}\right)+\boldsymbol{q}_{\mathrm{c}_0}^{\mathrm{b}_k}\boldsymbol{q}_{\mathrm{b}_{k+1}}^{\mathrm{c}_0}\boldsymbol{p}_{\mathrm{c}}^{\mathrm{b}}-\boldsymbol{p}_{\mathrm{c}}^{\mathrm{b}}\\ -\boldsymbol{v}_{\mathrm{b}_k}+\boldsymbol{q}_{\mathrm{c}_0}^{\mathrm{b}_k}\boldsymbol{q}_{\mathrm{b}_{k+1}}^{\mathrm{c}_0}\boldsymbol{v}_{\mathrm{b}_{k+1}}+\boldsymbol{q}_{\mathrm{c}_0}^{\mathrm{b}_k}\Delta t_k\boldsymbol{g}_{\mathrm{c}_0}=\boldsymbol{\beta}_{\mathrm{b}_{k+1}}^{\mathrm{b}_k}\end{cases} \tag{9-59}$$

矩阵形式为

$$\begin{bmatrix}-\Delta t_k\boldsymbol{I} & 0 & \dfrac{1}{2}\boldsymbol{q}_{\mathrm{c}_0}^{\mathrm{b}_k}\Delta t_k^2\\ -\boldsymbol{I} & \boldsymbol{q}_{\mathrm{c}_0}^{\mathrm{b}_k}\boldsymbol{q}_{\mathrm{b}_{k+1}}^{\mathrm{c}_0} & \boldsymbol{q}_{\mathrm{c}_0}^{\mathrm{b}_k}\Delta t_k\end{bmatrix}\begin{bmatrix}\boldsymbol{v}_{\mathrm{b}_k}\\ \boldsymbol{v}_{\mathrm{b}_{k+1}}\\ \boldsymbol{g}_{\mathrm{c}_0}\end{bmatrix}=\begin{bmatrix}\boldsymbol{\alpha}_{\mathrm{b}_{k+1}}^{\mathrm{b}_k}-\boldsymbol{q}_{\mathrm{c}_0}^{\mathrm{b}_k}\left(\boldsymbol{p}_{\mathrm{c}_{k+1}}^{\mathrm{c}_0}-\boldsymbol{p}_{\mathrm{c}_k}^{\mathrm{c}_0}\right)+\boldsymbol{q}_{\mathrm{c}_0}^{\mathrm{b}_k}\boldsymbol{q}_{\mathrm{b}_{k+1}}^{\mathrm{c}_0}\boldsymbol{p}_{\mathrm{c}}^{\mathrm{b}}-\boldsymbol{p}_{\mathrm{c}}^{\mathrm{b}}\\ \boldsymbol{\beta}_{\mathrm{b}_{k+1}}^{\mathrm{b}_k}\end{bmatrix} \tag{9-60}$$

式（9-60）可以定义为方程 $\boldsymbol{H\chi}=\boldsymbol{b}$，将其正定化，得到 $\boldsymbol{H}^{\mathrm{T}}\boldsymbol{H\chi}=\boldsymbol{H}^{\mathrm{T}}\boldsymbol{b}$，因此对重力向量、速度的求解就转换成求解方程 $\boldsymbol{H}^{\mathrm{T}}\boldsymbol{H\chi}=\boldsymbol{H}^{\mathrm{T}}\boldsymbol{b}$。

得到初始时刻重力向量在照相机坐标系下的 $\boldsymbol{g}_{\mathrm{c}_0}$ 值后，由于标定得到的重力向量在世界坐标系下的绝对向量为 $\boldsymbol{g}_{\mathrm{norm}}=[0,0,9.806]^{\mathrm{T}}$，因此可以计算从照相机坐标系到惯性坐标系的旋转矩阵，从而将所有变量调整到惯性坐标系下，完成视觉里程计和 IMU 的初始化。

9.5.3 后端优化与点云建图

系统在完成初始化后，会对后续收到的 IMU 预积分和视觉特征点进行紧耦合，即将二者放在同一个状态变量中进行跟踪优化，通过二者的共同约束信息来获取更加精确的位姿估计，这一环节称为后端优化。

由于照相机和 IMU 在运动过程中会不断产生观测数据和运动测量数据，如果对所有数据都进行紧耦合优化，那么随着时间的增加，系统计算量将大大增加，这是不合理的。因此，常用的做法是选取具有代表性的关键帧，并且设置滑动窗口，窗口的大小是固定的，通过对滑动窗口内的关键帧进行优化获得精确的位姿估计，这样可以保证系统的计算量不会太大，从而保证系统运动估计的实时性。

后端优化需要构建视觉重投影残差与 IMU 预积分残差，并将二者联合优化，减小整体误差。这里需要优化的变量包括照相机位姿 $\boldsymbol{p}$ 和 $\boldsymbol{q}$ 、速度 $\boldsymbol{v}$、加速度计偏置 $\boldsymbol{b}_{\mathrm{a}}$ 、陀螺仪偏置 $\boldsymbol{b}_{\mathrm{g}}$ 。由于本章融入了深度信息，因此不需要优化特征点的深度值。假设滑动窗口内共有 $n+1$ 帧关键帧，共观测到 $m+1$ 个特征点，将待优化量全部放入一个优化变量 χ 中，即

$$\begin{cases}\chi=\left[\boldsymbol{x}_0,\boldsymbol{x}_1,\cdots,\boldsymbol{x}_n,\ \boldsymbol{x}_{\mathrm{c}}^{\mathrm{b}}\right]\\ \boldsymbol{x}_k=\left[\boldsymbol{p}_{\mathrm{b}_k}^{\mathrm{w}},\boldsymbol{v}_{\mathrm{b}_k}^{\mathrm{w}},\boldsymbol{q}_{\mathrm{b}_k}^{\mathrm{w}},\boldsymbol{b}_{\mathrm{a}},\boldsymbol{b}_{\mathrm{g}}\right]\\ \boldsymbol{x}_{\mathrm{c}}^{\mathrm{b}}=\left[\boldsymbol{p}_{\mathrm{c}}^{\mathrm{b}},\boldsymbol{q}_{\mathrm{c}}^{\mathrm{b}}\right]\end{cases} \tag{9-61}$$

构造非线性优化问题，即

$$\min_{\chi}\left\{\left\|\boldsymbol{r}_p-\boldsymbol{J}_p\chi\right\|^2+\sum_{k\in\mathrm{KeyFrame}}\left\|\boldsymbol{r}_{\mathrm{b}}\left(\tilde{z}_{\mathrm{b}_{k+1}}^{\mathrm{b}_k},\chi\right)\right\|_{\boldsymbol{p}_{\mathrm{b}_{k+1}}^{\mathrm{b}_k}}^2+\sum_{l,j\in\mathrm{c}}\left\|\boldsymbol{r}_{\mathrm{c}}\left(\tilde{z}_l^{\mathrm{c}_j},\chi\right)\right\|_{\boldsymbol{p}_l^{\mathrm{c}_j}}^2\right\} \tag{9-62}$$

式中，3 个残差分别为边缘化的先验信息、IMU 预积分残差、视觉重投影残差。这 3 个残差都是用马氏距离表示的。

边缘化的先验信息是指滑动窗口在插入关键帧并丢弃最老的关键帧时，将最老的关键帧对窗口内其他关键帧的约束关系保留下来作为先验信息。如果直接丢弃该关键帧，那么将导致约束关系减少，从而丢失重要的约束信息。通常通过边缘化（Marginalization）完成这一操作。通过 9.3 节的分析可知，位姿估计问题的本质是一个关于误差项的最小二乘问题，无论通过高斯牛顿法求解还是 LM 算法求解，最终都可以归结为对增量方程 $\boldsymbol{H}\Delta\boldsymbol{x}=\boldsymbol{g}$ 的求解。可以将 $\boldsymbol{H}\Delta\boldsymbol{x}=\boldsymbol{g}$ 按照参数类型进行分块，即

$$\begin{bmatrix}\boldsymbol{H}_{11} & \boldsymbol{H}_{12}\\ \boldsymbol{H}_{12}^{\mathrm{T}} & \boldsymbol{H}_{22}\end{bmatrix}\begin{bmatrix}\Delta\boldsymbol{x}_1\\ \Delta\boldsymbol{x}_2\end{bmatrix}=\begin{bmatrix}\boldsymbol{g}_1\\ \boldsymbol{g}_2\end{bmatrix} \tag{9-63}$$

式中，$\boldsymbol{H}_{11}$、$\boldsymbol{H}_{22}$ 是对角矩阵；$\boldsymbol{H}_{12}$ 中存储了所有特征点与位姿之间的约束关系；$\Delta\boldsymbol{x}_1$ 是被边缘化的部分；$\Delta\boldsymbol{x}_2$ 是保留下来的部分。利用 Schur 消元求解 $\Delta\boldsymbol{x}_2$ ，有

$$\begin{bmatrix}\boldsymbol{I} & \boldsymbol{0}\\ -\boldsymbol{H}_{12}^{\mathrm{T}}\boldsymbol{H}_{11}^{-1} & \boldsymbol{I}\end{bmatrix}\begin{bmatrix}\boldsymbol{H}_{11} & \boldsymbol{H}_{12}\\ \boldsymbol{H}_{12}^{\mathrm{T}} & \boldsymbol{H}_{22}\end{bmatrix}\begin{bmatrix}\Delta\boldsymbol{x}_1\\ \Delta\boldsymbol{x}_2\end{bmatrix}=\begin{bmatrix}\boldsymbol{I} & \boldsymbol{0}\\ -\boldsymbol{H}_{12}^{\mathrm{T}}\boldsymbol{H}_{11}^{-1} & \boldsymbol{I}\end{bmatrix}\begin{bmatrix}\boldsymbol{g}_1\\ \boldsymbol{g}_2\end{bmatrix} \tag{9-64}$$

将式（9-64）展开得

$$\begin{bmatrix}\boldsymbol{H}_{11} & \boldsymbol{H}_{12}\\ \boldsymbol{0} & -\boldsymbol{H}_{12}^{\mathrm{T}}\boldsymbol{H}_{11}^{-1}\boldsymbol{H}_{12}+\boldsymbol{H}_{22}\end{bmatrix}\begin{bmatrix}\Delta\boldsymbol{x}_1\\ \Delta\boldsymbol{x}_2\end{bmatrix}=\begin{bmatrix}\boldsymbol{g}_1\\ -\boldsymbol{H}_{12}^{\mathrm{T}}\boldsymbol{H}_{11}^{-1}\boldsymbol{g}_1+\boldsymbol{g}_2\end{bmatrix} \tag{9-65}$$

利用式（9-65）可以计算保留下来的部分 $\Delta\boldsymbol{x}_2$ ，即

$$\left(-\boldsymbol{H}_{12}^{\mathrm{T}}\boldsymbol{H}_{11}^{-1}\boldsymbol{H}_{12}+\boldsymbol{H}_{22}\right)\Delta\boldsymbol{x}_2=-\boldsymbol{H}_{12}^{\mathrm{T}}\boldsymbol{H}_{11}^{-1}\boldsymbol{g}_1+\boldsymbol{g}_2 \tag{9-66}$$

从式（9-66）中可以看出，最老的关键帧 $\Delta\boldsymbol{x}_1$ 已经被丢弃了，但它与窗口内其他关键帧的约束关系通过参数块 $\boldsymbol{H}_{11}$、$\boldsymbol{H}_{22}$、$\boldsymbol{H}_{12}$ 仍然保留在方程中，因此没有丢失任何约束关系。

边缘化过程如图 9-10 所示。在图 9-10 中，圆圈 $\boldsymbol{X}_{c_i}$ 表示所估计的照相机位姿，五角星 $\boldsymbol{p}_i$ 表示所观测到的特征点。首先将位姿 $\boldsymbol{X}_{c_1}$ 边缘化，然后将特征点 $\boldsymbol{p}_1$ 边缘化，最后将被边缘化的位姿、特征点的约束关系转换到未被边缘化的位姿、特征点上。

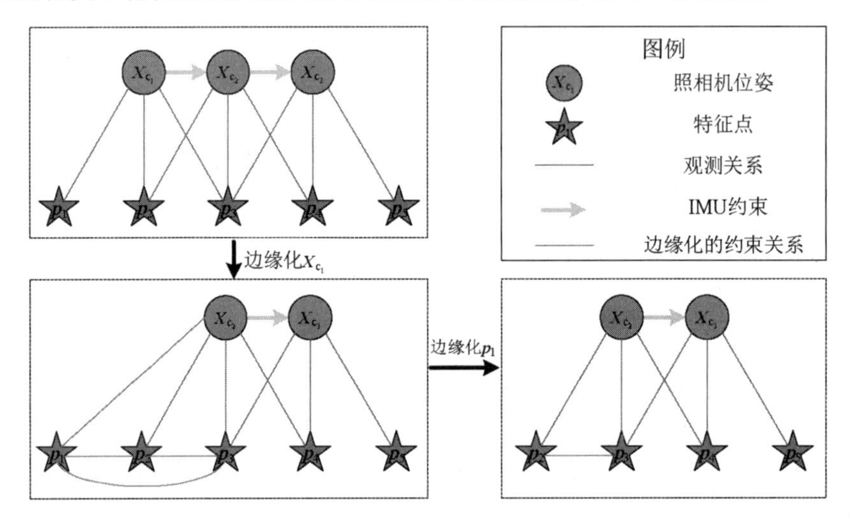

图 9-10　边缘化过程

IMU 预积分残差是指前后两帧之间的位移、速度、方向、加速度偏置和角速度偏置的变化量之差，对于第 i 帧和第 j 帧的 IMU 预积分残差，有

$$\boldsymbol{r}_{\mathrm{b}}\left(\tilde{\boldsymbol{z}}_{\mathrm{b}_{k+1}}^{\mathrm{b}_k},\boldsymbol{\chi}\right)=\begin{bmatrix}\Delta\boldsymbol{\alpha}_{\mathrm{b}_{k+1}}^{\mathrm{b}_k}\\ \Delta\boldsymbol{\theta}_{\mathrm{b}_{k+1}}^{\mathrm{b}_k}\\ \Delta\boldsymbol{\beta}_{\mathrm{b}_{k+1}}^{\mathrm{b}_k}\\ \Delta\boldsymbol{b}_{a\mathrm{b}}\\ \Delta\boldsymbol{b}_{\omega\mathrm{b}}\end{bmatrix}=\begin{bmatrix}\boldsymbol{q}_{\mathrm{w}}^{\mathrm{b}_k}\left(\boldsymbol{p}_{\mathrm{b}_{k+1}}^{\mathrm{w}}-\boldsymbol{p}_{\mathrm{b}_k}^{\mathrm{w}}-\boldsymbol{v}_{\mathrm{b}_k}^{\mathrm{w}}\Delta t+\dfrac{1}{2}\boldsymbol{g}_{\mathrm{w}}\Delta t^2\right)-\boldsymbol{\alpha}_{\mathrm{b}_{k+1}}^{\mathrm{b}_k}\\ 2\left[\boldsymbol{\gamma}_{\mathrm{b}_{k+1}}^{\mathrm{b}_k}\otimes\left(\boldsymbol{q}_{\mathrm{b}_k}^{\mathrm{w}}\right)^{-1}\otimes\boldsymbol{q}_{\mathrm{b}_{k+1}}^{\mathrm{w}}\right]_{\mathrm{Im}}\\ \boldsymbol{q}_{\mathrm{w}}^{\mathrm{b}_k}\left(\boldsymbol{v}_{\mathrm{b}_{k+1}}^{\mathrm{w}}-\boldsymbol{v}_{\mathrm{b}_k}^{\mathrm{w}}+\boldsymbol{g}_{\mathrm{w}}\Delta t\right)-\boldsymbol{\beta}_{b_{k+1}}^{b_k}\\ \boldsymbol{b}_{a\mathrm{b}_{k+1}}-\boldsymbol{b}_{a\mathrm{b}_k}\\ \boldsymbol{b}_{\omega\mathrm{b}_{k+1}}-\boldsymbol{b}_{\omega\mathrm{b}_k}\end{bmatrix} \tag{9-67}$$

式中，$[\cdot]_{\mathrm{Im}}$ 表示变量的虚部。

视觉重投影残差是指特征点投影到当前帧与光流追踪得到的特征点在归一化照相机坐标系下的差值。假设第 s 个特征点 $\boldsymbol{p}$ 在第 i 个照相机坐标系下被第一次观测到，记为 $\boldsymbol{p}_s^{c_i}$，在归一化照相机坐标系下的坐标为 $\overline{\boldsymbol{p}}_s^{c_i}$，将其投影到第 j 个照相机坐标系下，记为 $\tilde{\boldsymbol{p}}_s^{c_j}$，在第 j 帧通过光流追踪得到的特征点结果记为 $\boldsymbol{p}_s^{c_j}=[x_s^{c_j},y_s^{c_j},z_s^{c_j}]^{\mathrm{T}}$，对应的归一化坐标为 $\overline{\boldsymbol{p}}_s^{c_j}$，则 $\tilde{\boldsymbol{p}}_s^{c_j}$ 可以通过 $\overline{\boldsymbol{p}}_s^{c_i}$ 和照相机位姿估计来获得，即

$$\tilde{\boldsymbol{p}}_s^{c_j}=\begin{bmatrix}\tilde{x}_s^{c_j}\\ \tilde{y}_s^{c_j}\\ \tilde{z}_s^{c_j}\end{bmatrix}=\boldsymbol{R}_b^c\left(\boldsymbol{R}_w^{b_j}\left(\boldsymbol{R}_{b_i}^w\left(\boldsymbol{R}_c^b\frac{1}{\lambda_s}\bar{\boldsymbol{p}}_s^{c_i}+\boldsymbol{t}_c^b\right)+\boldsymbol{t}_{b_i}^w-\boldsymbol{t}_{b_j}^w\right)-\boldsymbol{t}_c^b\right) \tag{9-68}$$

式中，λ_s 是逆深度，即深度的倒数，这里用逆深度是因为其具有高斯分布的性质。因此，视觉重投影残差就可以表示为 $\tilde{\boldsymbol{p}}_s^{c_j}$ 的归一化坐标与 $\bar{\boldsymbol{p}}_s^{c_j}$ 的差值，即

$$\boldsymbol{r}_c\left(\tilde{z}_l^{c_j},\boldsymbol{\chi}\right)=\begin{bmatrix}\dfrac{\tilde{x}_s^{c_j}}{\tilde{z}_s^{c_j}}-\dfrac{x_s^{c_j}}{z_s^{c_j}}\\[2ex] \dfrac{\tilde{y}_s^{c_j}}{\tilde{z}_s^{c_j}}-\dfrac{y_s^{c_j}}{z_s^{c_j}}\end{bmatrix} \tag{9-69}$$

利用内参矩阵和针孔成像模型，可以完成从像素坐标系到照相机坐标系的转换，即完成从深度图像到点云图像的转换，得到照相机坐标系下点云的三维坐标，即点云坐标为

$$\begin{cases}X_c=\dfrac{d\left(u-c_x\right)}{f_x}\\[2ex] Y_c=\dfrac{d\left(v-c_y\right)}{f_y}\end{cases} \tag{9-70}$$

式中，d 为深度图像的灰度值，存储的是深度信息。

利用所估计的位姿可以将点云转换到世界坐标系下，并且对每帧关键帧的点云数据按照所估计的位姿进行拼接，这样就可以得到场景的点云地图。但是，如果只是单纯地对关键帧的点云数据进行拼接，就会造成点云地图中点云数量巨大的问题，因此需要对关键帧的点云数据进行下采样、统计分析滤波等操作，从而在单架无人机上得到场景的点云地图。

9.6 系统性能分析

9.6.1 位姿估计误差分析

本节在第 3 章研究内容的基础上进行实验验证，并从实时性、精度两方面来综合评估本章所提算法。对实时性的评估主要通过计算各模块的运行时间来完成，对精度的评估主要通过计算绝对位姿误差（Absolute Pose Error，APE）来完成。首先，利用开源数据集 OpenLORIS-Scene 来评估本章所提算法的性能。然后，在 Jetson Xavier NX 开发板上部署好本章代码，并接入 RealSense D455 照相机，实时运行本章所提算法的代码，以获得最终的点云地图。

本章采用的数据集是 OpenLORIS-Scene 数据集。OpenLORIS-Scene 数据集是清华大学于 2019 年提出来的，由于其所录制环境的多变性，因此可以用来评估定位与建图系统的鲁棒性。本章采用了此数据集办公室环境下的 7 个数据集，将其编号为 1～7，实验所

用的 7 个数据集的特点如表 9-3 所示。

表 9-3　实验所用的 7 个数据集的特点

数据集编号	特　　点
1	常规
2	常规
3	开始阶段存在快速旋转
4	开始阶段旋转缓慢，而后较为常规
5	环境光照条件很差，所拍摄的图像太暗
6	开始阶段存在长时间的静止不动现象，而后较为常规
7	拍摄过程中有人员走动，即场景中存在动态物体

本章所用的对比算法是 VINS-Mono 算法。对比算法联合了单目照相机和 IMU，因此存在尺度不确定性问题，在初始化阶段通过 IMU 数据来估计尺度，并在后端优化中将深度信息作为待优化的变量。

首先对本章所提的在光流法中加入的特征点预测策略进行评估，由于对比算法在第 6 个数据集和第 7 个数据集中跟踪失败了，所以这里只对前 5 个数据集进行特征点跟踪分析，得到的结果如表 9-4 所示。

表 9-4　本章所提算法和对比算法在 LK 光流追踪中特征点的平均跟踪帧数

数据集编号	本章所提算法跟踪帧数平均值/帧	对比算法跟踪帧数平均值/帧
1	37.94	32.77
2	49.47	17.65
3	51.31	14.90
4	37.49	23.81
5	18.87	8.99

从表 9-4 中可以看出，本章所提算法有效地提高了对特征点跟踪的帧数，使得特征点跟踪模块更加稳定。

图 9-11～图 9-15 是对第 1、3、5、6、7 个数据集进行实验所得的轨迹图。其中，第 1、2、4 个数据集都较为常规，没有比较特别的地方，因此只选用第 1 个数据集的轨迹图作为代表进行描述。

在图 9-12 中，第 3 个数据集在开始时进行了快速旋转运动，本章所提算法和对比算法对其的位姿估计都不是很准确，通过对第 3 个数据集位姿估计的反复实验来分析误差大的原因，认为较快的旋转造成了图像模糊问题，导致特征点的提取与跟踪失败，因而对快速旋转运动的位姿估计不准确。但是，从第 3 个数据集的整体轨迹图来看，在快速旋转运动后，本章所提算法的位姿估计较为准确，逐渐收敛至真实轨迹，这是融合了 IMU 信息的功劳，如果是单纯地利用图像来估计位姿，那么在快速旋转阶段图像跟踪失败后，整个过程就结束了，纯图像的位姿估计对快速旋转运动不鲁棒，而本章所提算法融合了 IMU 信息，因此在图像跟踪失败后，短时间内可以利用 IMU 信息来估计整体位姿，直至图像跟踪恢复。

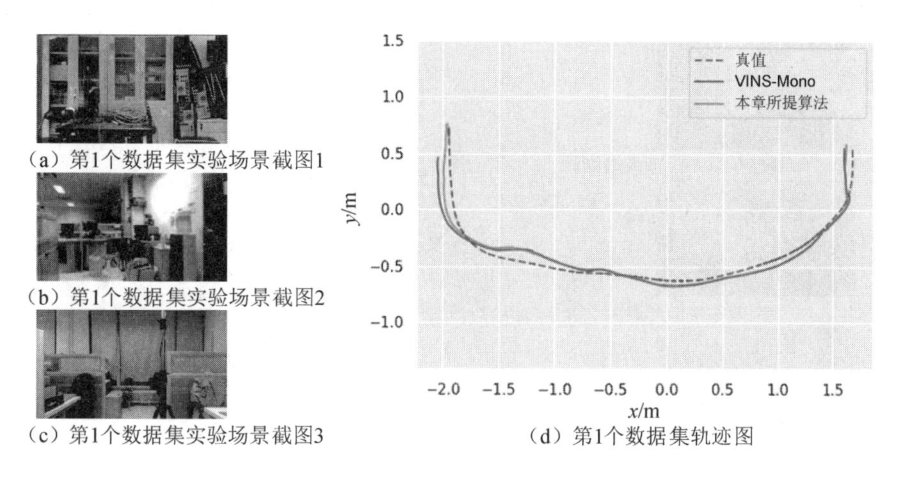

（a）第1个数据集实验场景截图1
（b）第1个数据集实验场景截图2
（c）第1个数据集实验场景截图3
（d）第1个数据集轨迹图

图 9-11　第 1 个数据集实验场景截图和轨迹图

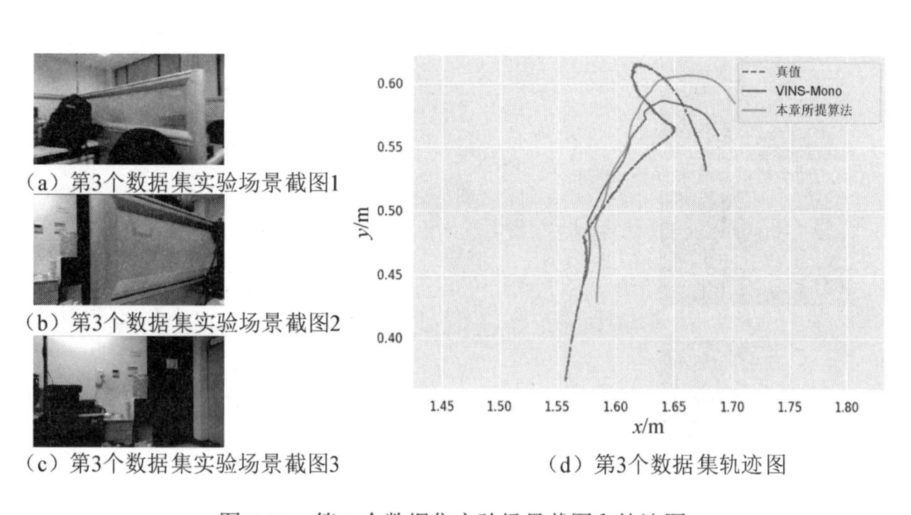

（a）第3个数据集实验场景截图1
（b）第3个数据集实验场景截图2
（c）第3个数据集实验场景截图3
（d）第3个数据集轨迹图

图 9-12　第 3 个数据集实验场景截图和轨迹图

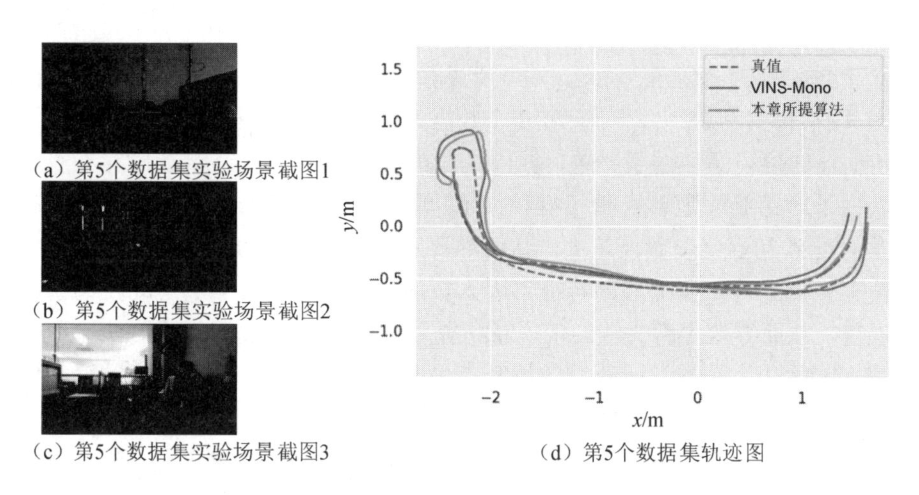

（a）第5个数据集实验场景截图1
（b）第5个数据集实验场景截图2
（c）第5个数据集实验场景截图3
（d）第5个数据集轨迹图

图 9-13　第 5 个数据集实验场景截图和轨迹图

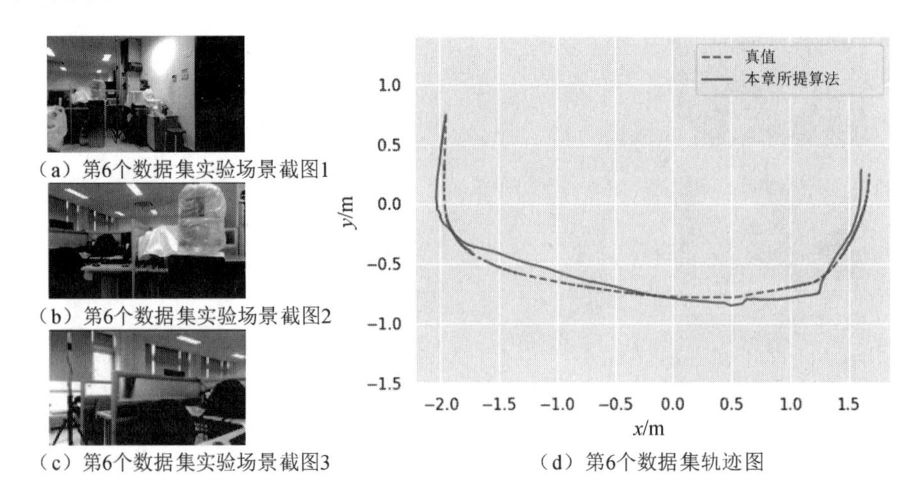

（a）第6个数据集实验场景截图1

（b）第6个数据集实验场景截图2

（c）第6个数据集实验场景截图3

（d）第6个数据集轨迹图

图 9-14　第 6 个数据集实验场景截图和轨迹图

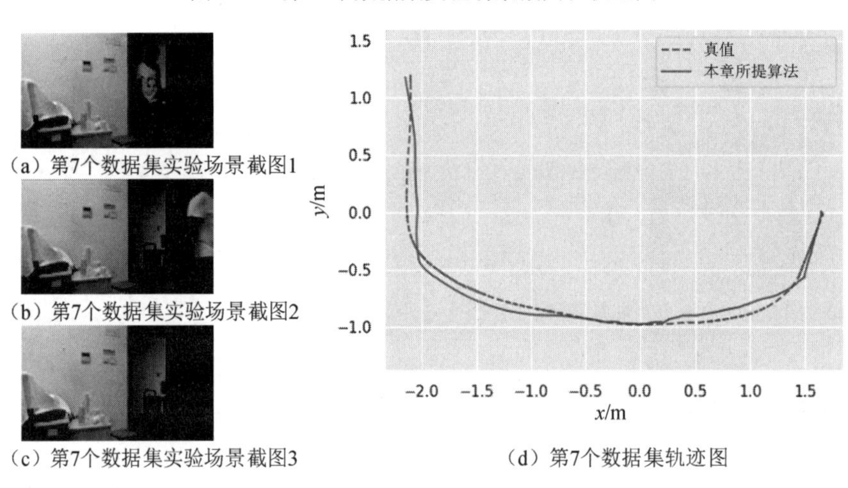

（a）第7个数据集实验场景截图1

（b）第7个数据集实验场景截图2

（c）第7个数据集实验场景截图3

（d）第7个数据集轨迹图

图 9-15　第 7 个数据集实验场景截图和轨迹图

在图 9-13 中，第 5 个数据集由于实验场景在整个运动过程中都处于黑暗环境，所以不利于特征点的提取与匹配。因此，本章所提算法和对比算法都产生了一定的估计误差。

在图 9-14 和图 9-15 中，对于第 6 个数据集和第 7 个数据集而言，对比算法跟踪失败了，所估计的位姿漂移过于严重，原因是在第 6 个数据集中，开始时存在长时间的静止不动，由于对比算法是单目照相机和 IMU 联合的系统，所以在初始化时没有充分的 IMU 激励，导致初始化参数误差大，从而导致跟踪失败。在第 7 个数据集实验场景中，开始时就有人员走动，所提取的特征点因人员的走动而跟随其一起运动，为系统带来了较大的误差，从而导致跟踪失败。但本章所提算法对第 6 个数据集和第 7 个数据集仍能正确跟踪，因此认为是本章所改进的特征点提取与追踪策略和融入稳定的深度信息发挥了作用，这也说明了本章所提算法的鲁棒性得到了提高。

由于第 3 个数据集的位姿估计误差较大，所以对其进行精度衡量已经没有意义，因此，对剩下的 6 个数据集实验场景进行误差分析，求取所估计的位姿与真实位姿之间的均方根误差（Root Mean Square Error，RMSE），结果如表 9-5 所示。

表 9-5　本章所提算法和对比算法的精度

数据集编号	本章所提算法的精度/m	对比算法的精度/m
1	0.059	0.075
2	0.071	0.067
4	0.158	0.166
5	0.198	0.207
6	0.060	跟踪失败
7	0.058	跟踪失败

将误差画成箱线图可以增强误差的可视化效果。本章所提算法和对比算法的误差箱线图如图 9-16 所示。

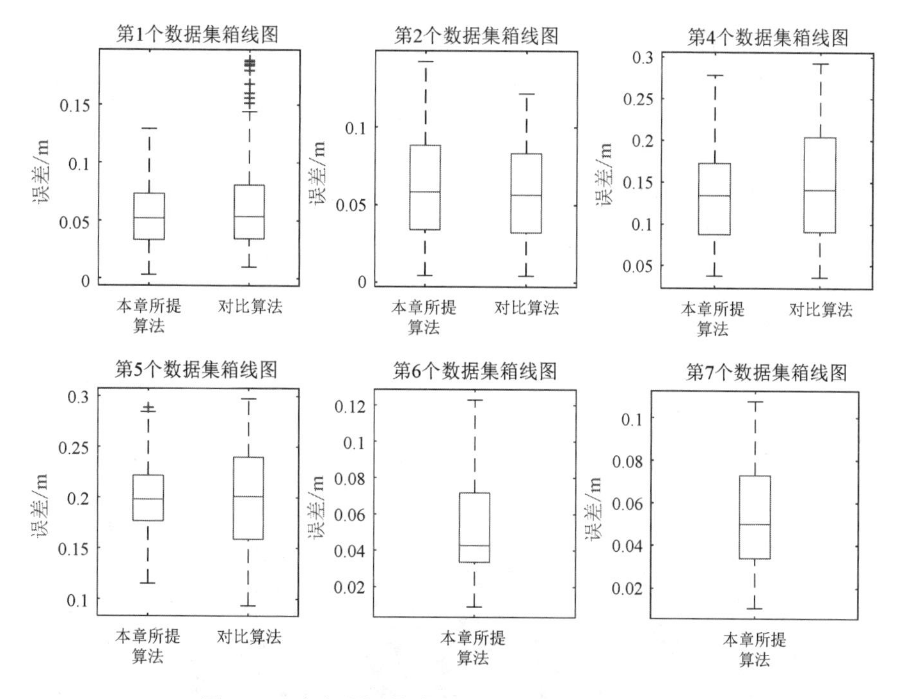

图 9-16　本章所提算法和对比算法的误差箱线图

在图 9-16 中，从上到下的 5 根线分别是误差的最大值、上四分位数、中位数、下四分位数、最小值，箱体位置代表误差情况，箱体位置越偏下，代表误差越小。除了第 2 个数据集，在其他数据集上，本章所提算法的箱体位置比对比算法的箱体位置略偏下，说明本章所提算法在精度方面不亚于对比算法。而本章所提算法的箱体大小较对比算法而言较为扁平，说明误差分布集中在均值处，不会产生较大的位姿估计偏差，从侧面也反映了系统的稳定性。

除了衡量精度，还需要衡量算法的实时性。将本章所提算法和对比算法在初始化、特征提取与跟踪、后端优化上所需的时间进行对比，结果如表 9-6 所示。

表 9-6　本章所提算法和对比算法的时间对比

阶　段	本章所提算法时间/ms	对比算法时间/ms
初始化	**23.51**	202.72
特征提取与跟踪	17.80	**16.41**
后端优化	**29.09**	42.65

从表 9-6 可以看出，本章所提算法由于在初始化阶段融入了深度信息，省略了尺度估计的步骤，因此大大提高了初始化的速度；而对比算法由于在初始化阶段需要足够的特征点数量和充分的 IMU 激励来进行尺度估计，因此，在初始化阶段需要耗费大量时间，对于弱纹理场景，由于无法提供充足的特征点数量，甚至会出现初始化失败的情况。在特征提取与跟踪阶段，本章所提算法与对比算法用时相当。在后端优化阶段，由于本章所提算法不需要优化深度信息，所以降低了后端优化的时间开销。整体来说，本章所提算法能进行快速初始化，并能实时进行位姿估计，有效地提高了系统的实时性。

综上所述，本章所提算法在不降低精度的前提下，能够有效地提高系统的稳定性和鲁棒性，极大地提高了系统的初始化速度和实时性。

9.6.2　点云建图实验结果分析

为了验证本章所提算法的实际可行性，将本章所提算法的相关代码移植到硬件上。本实验所用到的开发板是 Jetson Xavier NX 开发板，内置 Ubuntu 18.04 系统，Jetson Xavier NX 开发板的 CPU 核数是 6 核，具有 GPU 加速功能，并且其核心板尺寸较小，因此非常适合作为无人机的机载开发板。将 RealSense D455 照相机、Jetson Xavier NX 开发板和无人机连接，如图 9-17 所示。这里为了突出照相机、开发板和无人机，并没有将三者组装在一起，而在实际应用当中，会把开发板和照相机嵌入无人机中形成一个整体。

图 9-17　照相机、开发板和无人机的连接示意图

考虑到实时性问题，将照相机的分辨率设为 640 像素×480 像素，图像帧率设为 15Hz，IMU 帧率为默认值 200Hz，在哈尔滨工业大学的科创大厦 19 楼走廊进行实验。科创大厦 19 楼走廊的平面图如图 9-18 所示。

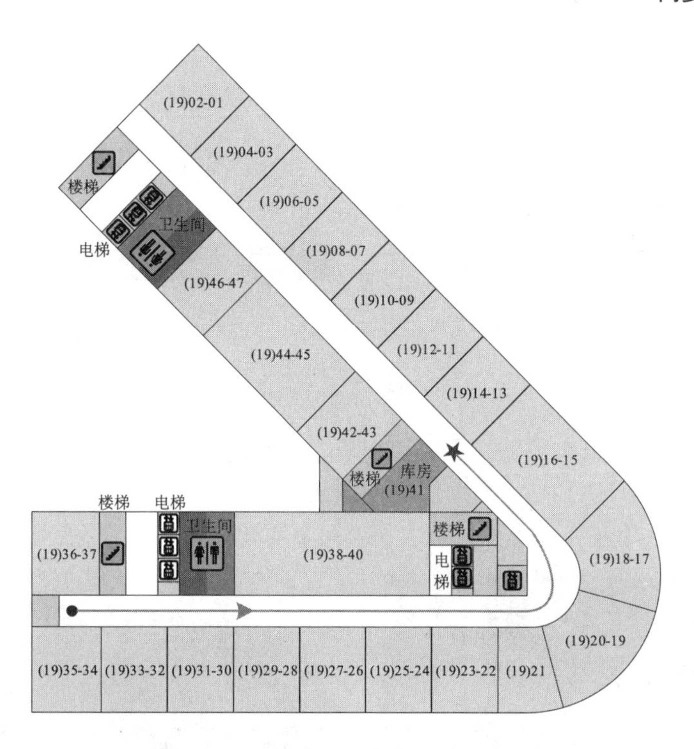

图 9-18　科创大厦 19 楼走廊的平面图

按照图 9-18 所示的路径进行实验，以圆点所在地为起点，五角星所在地为终点，运行本章所提算法的代码，得到的运行轨迹实验结果如图 9-19 所示。

图 9-19　运行轨迹实验结果

从图 9-19 中可以看出，本章所提算法估计的运行轨迹基本与真实的运行轨迹一致。此数据集是在夜晚拍摄的，且走廊本身光线条件较为黯淡，但是本章所提算法仍能较为准确、稳定地估计出照相机的运动状态。

在所估计的位姿的基础上，进行从深度图像到点云图像的转换，从而建立全局点云地图。本章只建立关键帧的点云地图，并对其进行下采样滤波和统计分析滤波，下采样滤波是因为点云数据量过大，统计分析滤波是为了去除离群点。同样在科创大厦 19 楼走廊进行实验，得到图 9-20 所示的走廊点云地图。

（a）点云地图俯视图

（b）点云地图侧视图

图 9-20　走廊点云地图

图 9-20（a）是点云地图俯视图，可以看出，其轮廓与图 9-18 所示的走廊的平面图中基本一致，图 9-20（b）是点云地图侧视图。

图 9-21 是点云地图在起点处的放大图，可以看出，与真实情况一致。

（a）起点处真实场景

（b）起点处点云地图

图 9-21　点云地图在起点处的放大图

对于三维重建，一般有两种方式来衡量其精度：一是由于点云地图是每帧的点云按照所估计的照相机位姿进行拼接而成的，所以较精确的位姿估计代表较高的建图精度，因此可以利用轨迹精度来代表建图精度。轨迹精度用所估计的轨迹与真实轨迹之间的误差的均方根误差来表示。二是利用环境的真实点云模型来评估建图精度，通过计算所建立的点云地图中每个点到真实点云模型最近点的距离的均方根误差来衡量所建立的点云地图的精度。但是，无论用哪种方法，前提都是要将真实轨迹或真实点云模型作为基准，将真实模型和重建后模型称为地面真值（Ground Truth，GT）。GT 一般是采用高精度光学运动捕捉系统生成的，精度能够达到毫米级别，但成本很高。因此，三维重建的精度评估是很依赖数据集的，通常用具有 GT 的数据集来衡量建图算法的精度，并认为这个精度能代表其在真实环境中的建图精度。

对于本节的实验，由于不具备生成 GT 的设备，所以无法准确地对该实验的三维重建进行精度评估。但考虑到可以将实际测量的真实场景中的物体尺寸信息作为真值，因此，先通过手动选取点云地图中具有边界的物体的边界点来计算这些物体的尺寸，然后与其真实尺寸进行对比，从而间接衡量所建立的点云地图的建图误差。由于走廊中物体信息较少，这里只选择展示板、门、走廊、墙壁瓷砖作为参照，如图 9-22 所示。

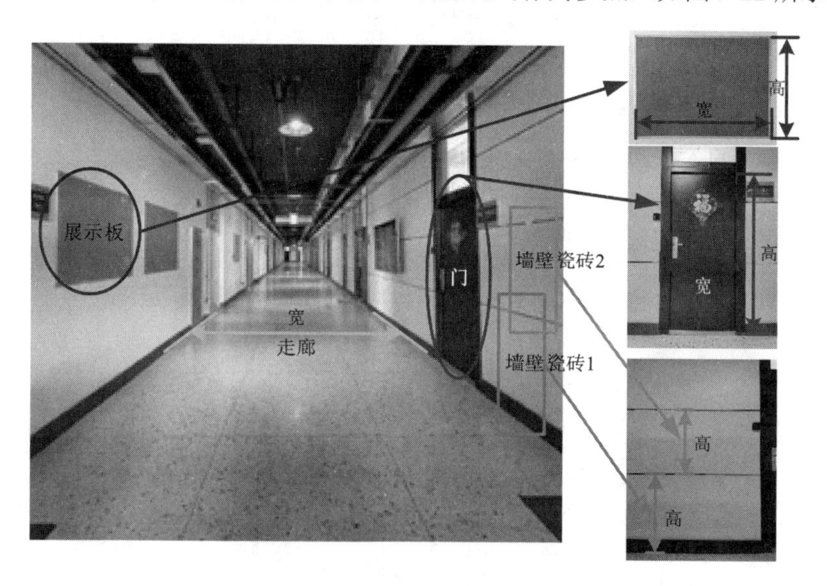

图 9-22　真实场景测量情况示意图

为了减小手动选点带来的随机误差，对每个物体进行 5 次选点测量并取平均值，结果如表 9-7 所示，可以看出，本章所建立的点云地图可以很好地逼近真实场景。

表 9-7　本章所建立的点云地图与真实场景的误差

物　体	真实尺寸/m	在点云地图中的尺寸/m	误差百分比
展示板	宽：1.200	1.173	2.25%
	高：0.900	0.880	2.22%
门	宽：1.055	0.976	7.49%
	高：2.000	1.967	1.65%
走廊	宽：3.650	3.644	0.16%
墙壁瓷砖 1	高：0.880	0.877	0.34%
墙壁瓷砖 2	高：0.750	0.739	1.47%

9.7　实践：BA 问题求解

9.7.1　Ceres 求解 BA 问题

我们用 BAL 数据集进行 BA 的演示实验。BAL 数据集提供了若干个场景，每个场景中的照相机和路标点信息由一个文本文件给定。用 Ceres 求解 BA 问题的关键是先定义投影误差模型，然后实现 BA 搭建和求解。Ceres 求解 BA 问题的主要代码如下：

```
1    void SolveBA(BALProblem &bal_problem) {
2        const int point_block_size = bal_problem.point_block_size();
3        const int camera_block_size = bal_problem.camera_block_size();
4        double *points = bal_problem.mutable_points();
5        double *cameras = bal_problem.mutable_cameras();
6
7        //观测值为 2 * num_observations 的矩阵
8        const double *observations = bal_problem.observations();
9        ceres::Problem problem;
10
11       for (int i = 0; i < bal_problem.num_observations(); ++i) {
12           ceres::CostFunction *cost_function;
13
14           //每个剩余块将一个点和一个照相机位姿作为输入
15           cost_function = SnavelyReprojectionError::Create
16           (observations[2 * i + 0], observations[2 * i + 1]);
17
18           //如果启用，则使用 Huber 损失函数
19           ceres::LossFunction *loss_function = new ceres::HuberLoss(1.0);
20
21           //每次观测都对应一个照相机位姿和一个点
22           double *camera = cameras + camera_block_size *
23           bal_problem.camera_index()[i];
24           double *point=points + point_block_size*bal_problem.point_index()[i];
25
26           problem.AddResidualBlock(cost_function, loss_function,camera,point);
27       }
28
29       //打印信息
30       std::cout << "bal problem file loaded..." << std::endl;
31       std::cout << "bal problem have " << bal_problem.num_cameras()
32       << " cameras and "<< bal_problem.num_points() << " points. " << std::endl;
33       std::cout<<"Forming "<<bal_problem.num_observations()<<" observations. "
34       << std::endl;
35
36       std::cout << "Solving ceres BA ... " << endl;
37       ceres::Solver::Options options;
38       options.linear_solver_type = ceres::LinearSolverType::SPARSE_SCHUR;
39       options.minimizer_progress_to_stdout = true;
40       ceres::Solver::Summary summary;
41       ceres::Solve(options, &problem, &summary);
42       std::cout << summary.FullReport() << "\n";
43   }
```

Ceres 求解 BA 问题的输出结果如图 9-23 所示。

```
shaoming@shaoming-cr1xxx:~/SLAM/test/cap4$ build/bundle_adjustment_ceres problem
-16-22106-pre.txt
Header: 16 22106 83718bal problem file loaded...
bal problem have 16 cameras and 22106 points.
Forming 83718 observations.
Solving ceres BA ...
iter      cost      cost_change  |gradient|   |step|    tr_ratio  tr_radius  ls_
iter  iter_time  total_time
   0  1.842900e+07    0.00e+00    2.04e+06   0.00e+00   0.00e+00  1.00e+04
  0    8.34e-02    2.48e-01
   1  1.449093e+06    1.70e+07    1.75e+06   2.16e+03   1.84e+00  3.00e+04
  1    1.51e-01    4.00e-01
   2  5.848543e+04    1.39e+06    1.30e+06   1.55e+03   1.87e+00  9.00e+04
  1    1.37e-01    5.37e-01
   3  1.581483e+04    4.27e+04    4.98e+05   4.98e+02   1.29e+00  2.70e+05
  1    1.33e-01    6.70e-01
   4  1.251823e+04    3.30e+03    4.64e+04   9.96e+01   1.11e+00  8.10e+05
  1    1.31e-01    8.01e-01
   5  1.240936e+04    1.09e+02    9.78e+03   1.33e+01   1.42e+00  2.43e+06
  1    1.31e-01    9.32e-01
   6  1.237699e+04    3.24e+01    3.91e+03   5.04e+00   1.70e+00  7.29e+06
  1    1.33e-01    1.07e+00
   7  1.236187e+04    1.51e+01    1.96e+03   3.40e+00   1.75e+00  2.19e+07
  1    1.32e-01    1.20e+00
   8  1.235405e+04    7.82e+00    1.03e+03   2.40e+00   1.76e+00  6.56e+07
  1    1.36e-01    1.33e+00
```

图 9-23　Ceres 求解 BA 问题的输出结果

可以看出，整体误差随迭代次数的增加而不断减小。优化后的点云图像可以保存为.ply 文件，用 MeshLab 软件可以直接打开点云文件。优化前后的点云图像如图 9-24 所示。

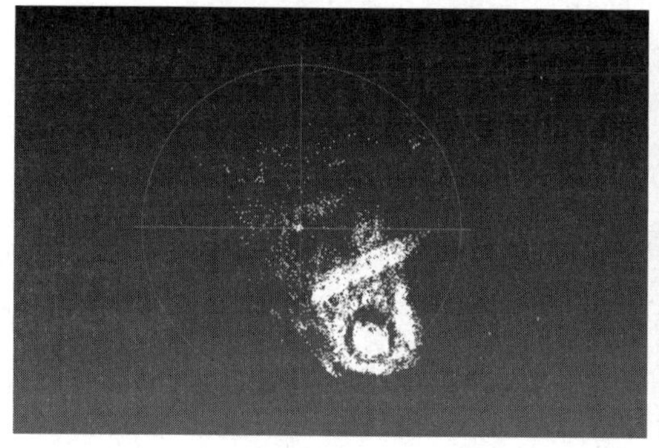

（a）优化前的点云图像

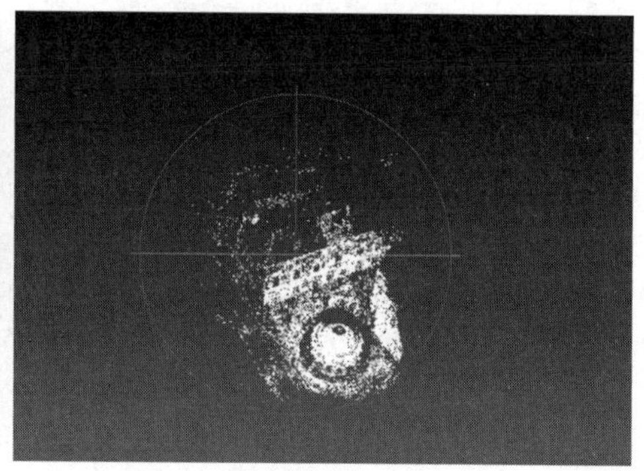

（b）优化后的点云图像

图 9-24　优化前后的点云图像

9.7.2　g2o 求解 BA 问题

下面考虑如何使用 g2o 求解 BA 问题。g2o 使用图模型来描述 BA 问题的结构，首先用节点表示照相机和路标，用边表示它们之间的观测，然后把旋转、平移、焦距和畸变参数定义在同一个照相机顶点中，再定义照相机与路标点之间的观测边，最后按照 BAL 数据集中的数据将 g2o 求解 BA 问题的结构搭建起来即可。g2o 求解 BA 问题的主要代码如下：

```
1    //g2o 求解 BA 问题
2    void SolveBA(BALProblem &bal_problem) {
```

```
3       const int point_block_size = bal_problem.point_block_size();
4       const int camera_block_size = bal_problem.camera_block_size();
5       double *points = bal_problem.mutable_points();
6       double *cameras = bal_problem.mutable_cameras();
7       //位姿维度为 9，路标个数为 3
8       typedef g2o::BlockSolver<g2o::BlockSolverTraits<9, 3>> BlockSolverType;
9       typedef g2o::LinearSolverCSparse<BlockSolverType::PoseMatrixType> LinearSolverType;
10      //使用阻尼牛顿法
11      auto solver = new g2o::OptimizationAlgorithmLevenberg(g2o::make_unique<BlockSolverType>
12  (g2o::make_unique<LinearSolverType>()));
13      g2o::SparseOptimizer optimizer;
14      optimizer.setAlgorithm(solver);
15      optimizer.setVerbose(true);
16      //建立 g2o
17      const double *observations = bal_problem.observations();
18      //照相机顶点
19      vector<VertexPoseAndIntrinsics *> vertex_pose_intrinsics;
20      vector<VertexPoint *> vertex_points;
21      for (int i = 0; i < bal_problem.num_cameras(); ++i) {
22          VertexPoseAndIntrinsics *v = new VertexPoseAndIntrinsics();
23          double *camera = cameras + camera_block_size * i;
24          v->setId(i);
25          v->setEstimate(PoseAndIntrinsics(camera));
26          optimizer.addVertex(v);
27          vertex_pose_intrinsics.push_back(v);
28      }
29      for (int i = 0; i < bal_problem.num_points(); ++i) {
30          VertexPoint *v = new VertexPoint();
31          double *point = points + point_block_size * i;
32          v->setId(i + bal_problem.num_cameras());
33          v->setEstimate(Vector3d(point[0], point[1], point[2]));
34          //g2o 在 BA 问题中需要手动设置待连接的顶点
35          v->setMarginalized(true);
36          optimizer.addVertex(v);
37          vertex_points.push_back(v);
38      }
39      //边
40      for (int i = 0; i < bal_problem.num_observations(); ++i) {
41          EdgeProjection *edge = new EdgeProjection;
42          edge->setVertex(0, vertex_pose_intrinsics[bal_problem.camera_index()[i]]);
43          edge->setVertex(1, vertex_points[bal_problem.point_index()[i]]);
44          edge->setMeasurement(Vector2d(observations[2 * i + 0], observations[2 * i + 1]));
45          edge->setInformation(Matrix2d::Identity());
46          edge->setRobustKernel(new g2o::RobustKernelHuber());
```

```
47                    optimizer.addEdge(edge);
48            }
49            optimizer.initializeOptimization();
50            optimizer.optimize(40);
51            //建立 BAL 问题
52            for (int i = 0; i < bal_problem.num_cameras(); ++i) {
53                    double *camera = cameras + camera_block_size * i;
54                    auto vertex = vertex_pose_intrinsics[i];
55                    auto estimate = vertex->estimate();
56                    estimate.set_to(camera);
57            }
58            for (int i = 0; i < bal_problem.num_points(); ++i) {
59                    double *point = points + point_block_size * i;
60                    auto vertex = vertex_points[i];
61                    for (int k = 0; k < 3; ++k) point[k] = vertex->estimate()[k];
62            }
63    }
```

g2o 求解 BA 问题的输出结果如图 9-25 所示。

```
shaoming@shaoming-cr1xxx:~/SLAM/test/cap4$ build/bundle_adjustment_g2o problem-1
6-22106-pre.txt
Header: 16 22106 83718iteration= 0      chi2= 8894422.962194    time= 0.274347
cumTime= 0.274347       edges= 83718    schur= 1        lambda= 227.832660
levenbergIter= 1
iteration= 1    chi2= 1772145.543625    time= 0.24025   cumTime= 0.514597
edges= 83718    schur= 1        lambda= 75.944220       levenbergIter= 1
iteration= 2    chi2= 752585.321418     time= 0.242727  cumTime= 0.757324
edges= 83718    schur= 1        lambda= 25.314740       levenbergIter= 1
iteration= 3    chi2= 402814.285609     time= 0.241011  cumTime= 0.998335
edges= 83718    schur= 1        lambda= 8.438247        levenbergIter= 1
iteration= 4    chi2= 284879.389455     time= 0.238457  cumTime= 1.23679
edges= 83718    schur= 1        lambda= 2.812749        levenbergIter= 1
iteration= 5    chi2= 238356.210033     time= 0.235662  cumTime= 1.47245
edges= 83718    schur= 1        lambda= 0.937583        levenbergIter= 1
iteration= 6    chi2= 193550.729802     time= 0.234     cumTime= 1.70645
edges= 83718    schur= 1        lambda= 0.312528        levenbergIter= 1
iteration= 7    chi2= 146861.192839     time= 0.238989  cumTime= 1.94544
edges= 83718    schur= 1        lambda= 0.104176        levenbergIter= 1
iteration= 8    chi2= 122873.392728     time= 0.240871  cumTime= 2.18631
edges= 83718    schur= 1        lambda= 0.069451        levenbergIter= 1
iteration= 9    chi2= 97812.478436      time= 0.237582  cumTime= 2.42389
edges= 83718    schur= 1        lambda= 0.046300        levenbergIter= 1
iteration= 10   chi2= 80336.316621      time= 0.234352  cumTime= 2.65825
```

图 9-25　g2o 求解 BA 问题的输出结果

g2o 和 Ceres 求解 BA 问题的不同点是：在使用稀疏优化时，g2o 只有手动设置优化边缘点，才能利用 BA 中的稀疏性进行求解。

第10章 图像拼接

10.1 概述

图像拼接是一种将数幅有重叠部分的图像拼接成一幅无缝的、更大视域范围的图像或全景图像的技术。在进行图像拼接前，通常需要对图像进行一定的预处理，以使拼接效果更完美。通常的预处理操作有图像去噪、图像几何校正和图像投影变换等。图像去噪就是去除图像上的噪声点，以减小特征匹配的误匹配率，具体的相关操作可以查阅数字图像处理相关图书，在此不再介绍。图像几何校正的目的是防止图像在采集阶段产生畸变而导致拼接的图像视觉效应不一致问题。图像投影变换是指将图像变换到一个合适的坐标系，以使拼接的图像更符合视觉一致性。

10.2 图像预处理

10.2.1 图像几何校正

常见的图像畸变如图10-1所示。图像几何校正是一种通过改变图像中物体的形状和空间位置关系使图像畸变得到校正的技术。

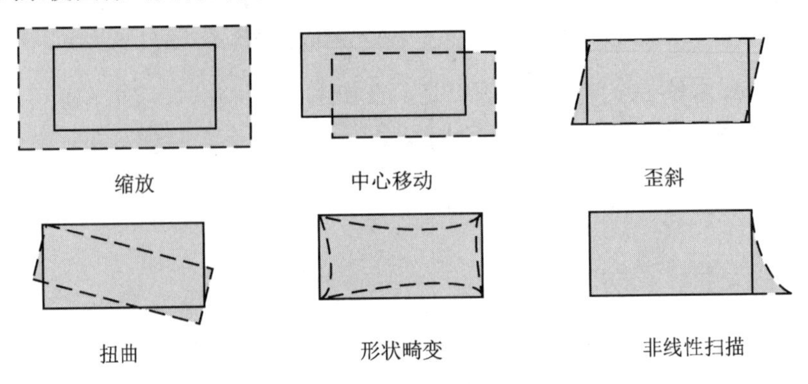

图10-1 常见的图像畸变

图像几何校正的具体做法为建立图像像素点的坐标与标准图像对应像素点的坐标之间的几何变换关系，利用数学变换模型对图像像素点的坐标进行校正。设失真图像像素点的坐标为(x,y)，标准图像对应像素点的坐标为(x',y')，则由失真图像校正到标准图像的变换公式为

$$\begin{cases} x' = h_1(x,y) \\ y' = h_2(x,y) \end{cases} \tag{10-1}$$

式中，$h_1(x,y)$为像素点(x,y)进行几何校正的x方向的变换函数；$h_2(x,y)$为像素点(x,y)进行几何校正的y方向的变换函数。

图像几何校正的关键点是如何求取几何校正的变换函数。例如，为实现线性失真图像的几何校正，可以采用仿射变换进行图像像素点的校正，具体如下。

由失真图像像素点的坐标到标准图像对应像素点的坐标的变换可以表示为

$$\begin{aligned} x' = h_1(x,y) = a_{00} + a_{01}x + a_{02}y \\ y' = h_2(x,y) = a_{10} + a_{11}x + a_{12}y \end{aligned} \tag{10-2}$$

由式（10-2）可知，要找出变换函数$h_1(x,y)$和$h_2(x,y)$，需要找到失真图像与标准图像之间对应的 3 对像素点，通过求出a_{00}、a_{01}、a_{02}、a_{10}、a_{11}和a_{12}这 6 个未知数来确定变换函数，最终根据失真图像求出标准图像的各像素点的像素值，从而实现图像几何校正。

10.2.2 图像投影变换

由于在采集图像时照相机旋转角度不同，所以相邻图像之间存在一定夹角，并不能保证它们在同一平面上。因此，在图像配准前需对拼接图像进行投影变换，以提升拼接图像视觉效果。常用的全景图像投影方法有立体投影、球面投影、柱面投影。在这 3 种方法中，球面投影更适合人体视觉角度，比较容易实现全视角图像拼接，但该方法的变换过程复杂，易发生图像扭曲变形、失真等问题，影响图像拼接的精准度。立体投影最适合计算机运算和存取，因此该方法运行速度较快。但是，立体投影不适合普通输入序列图像，其所需的双目立体图像或球面立体图像的获取和照相机标定困难。柱面投影的图像获取方式简单，可采用普通照相机获取，且保证图像之间有一定的重叠区域，速度和精度都较高，并且在实际全景图像拼接中使用较多。因此，下面重点讲述柱面投影的理论知识。

柱面投影变换关系如图 10-2 所示。假设照相机所在水平面为 XOZ 平面，O点是照相机固定旋转点，如图 10-2（a）所示，A 平面是成像平面，B 平面是投影平面，C 是半径为 r 的圆柱体，r 的值为O点到 A 平面的距离。当原始图像的高度为H、宽度为W、投影角为θ时，假设原始图像坐标系中的点$P(x,y)$经过投影后得到的点在变换后的坐标系下的坐标为$P'(x',y')$，如图 10-2（b）和图 10-2（c）所示。

首先给出投影关系的俯视图和侧视图，如图 10-3 所示。

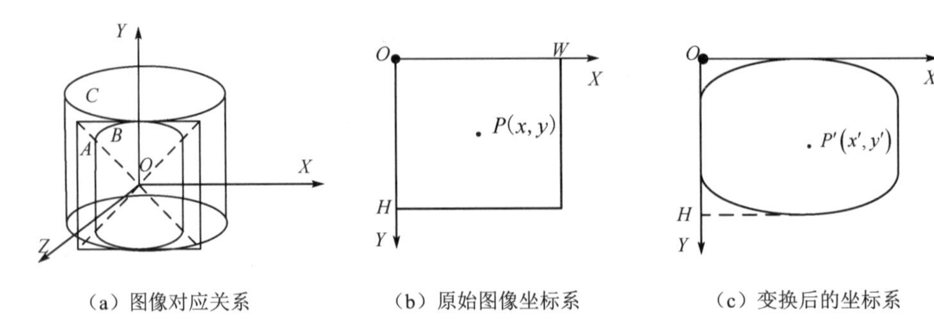

（a）图像对应关系　（b）原始图像坐标系　（c）变换后的坐标系

图 10-2　柱面投影变换关系

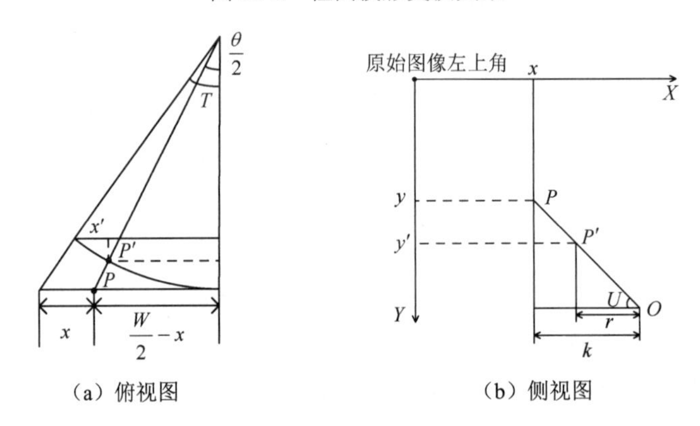

（a）俯视图　（b）侧视图

图 10-3　投影关系的俯视图和侧视图

由图 10-3（a）可知，柱面投影图像的宽可以表示为$2r\sin(\theta/2)$，x'可以表示为

$$x'=\begin{cases} r\sin\dfrac{\theta}{2}-r\sin T,\ x\leqslant\dfrac{W}{2} \\ r\sin\dfrac{\theta}{2}+r\sin T,\ x>\dfrac{W}{2} \end{cases} \tag{10-3}$$

式中，T是P点到y轴的垂线与光轴的夹角，可以表示为

$$T=\begin{cases} \arctan\left(\dfrac{\dfrac{W}{2}-x}{r}\right),\ x\leqslant\dfrac{W}{2} \\ \arctan\left(\dfrac{x-\dfrac{W}{2}}{r}\right),\ x>\dfrac{W}{2} \end{cases} \tag{10-4}$$

综上所述，可以得出x'的表达式为

$$x'=r\sin\frac{\theta}{2}+r\sin\left(\arctan\left(\frac{x-\dfrac{W}{2}}{r}\right)\right) \tag{10-5}$$

式中，r可以表示为

$$r = \frac{W}{2\tan\frac{\theta}{2}} \tag{10-6}$$

同理，设 P 点和 O 点的连线与 XOZ 平面的夹角为 U，则 y' 表示为

$$y' = \begin{cases} \frac{H}{2} - r\tan U, & y \leqslant \frac{H}{2} \\ \frac{H}{2} + r\tan U, & y > \frac{H}{2} \end{cases} \tag{10-7}$$

又因为 U 可以表示为

$$U = \begin{cases} \arctan\left(\frac{\frac{H}{2} - y}{k}\right), & y \leqslant \frac{H}{2} \\ \arctan\left(\frac{y - \frac{H}{2}}{k}\right), & y > \frac{H}{2} \end{cases} \tag{10-8}$$

因此，可以得出 y' 的表达式为

$$y' = \frac{H}{2} + \frac{r\left(y - \frac{H}{2}\right)}{k} \tag{10-9}$$

式中，k 可以表示为

$$k = \left(r^2 + \left(\frac{W}{2} - x\right)^2\right)^{\frac{1}{2}} \tag{10-10}$$

式（10-5）和式（10-9）即原始图像上的像素点 $P(x,y)$ 进行柱面投影变换到 $P'(x',y')$ 的变换公式，利用该公式变换的结果如图 10-4 所示。

（a）原始图像

（b）变换结果

图 10-4　柱面投影变换结果

10.2.3　图像配准

图像配准是指两幅或多幅图像的空间位置对准，即将待拼接的图像变换到同一个坐

标系下，是图像拼接的核心技术之一。精确地找到相邻两幅图像之间的重叠区域的位置，找出适合的图像投影变换模型，并确定图像之间的变换关系是图像配准的关键。常用的图像配准方法有基于区域的配准方法、基于特征的配准方法、基于相位的配准方法等。这里主要介绍基于特征的配准方法，即根据特征点提取方法，提取待匹配图像的特征点并进行特征匹配，根据图像之间的匹配关系建立相应的映射关系。

实现图像配准的过程其实是一个寻找图像之间映射关系的过程。映射的基本过程是：先将图像中所有二维点(x,y)映射到空间三维点(X,Y,Z)，再由三维点投影到另一个二维点(x',y')。此过程生成一个新的被投影到其他平面上的图像，即配准后的坐标系下的图像。

配准图像之间的映射关系可以通过单应矩阵来描述。在图像配准中，假设将图像 B 的像素点(x,y)经投影变换到图像 A 中，单应矩阵的格式为

$$s\begin{bmatrix} x' \\ y' \\ 1 \end{bmatrix} = \boldsymbol{H}\begin{bmatrix} x \\ y \\ 1 \end{bmatrix} \tag{10-11}$$

式中，(x',y')是图像 B 经配准后在图像 A 上的像素点；$\boldsymbol{H}$ 是一个 3×3 的矩阵，s 是尺度因子，将式（10-11）去掉尺度因子并展开得

$$\begin{bmatrix} x' \\ y' \\ 1 \end{bmatrix} = \begin{bmatrix} h_1 & h_2 & h_3 \\ h_4 & h_5 & h_6 \\ h_7 & h_8 & h_9 \end{bmatrix}\begin{bmatrix} x \\ y \\ 1 \end{bmatrix} \tag{10-12}$$

式（10-12）是在尺度因子非零的条件下成立的。在实际处理中，通常会取一个合适的非零尺度因子 s 使得 $h_9=1$。当 $h_9=1$ 时，等式两边同时除以非零尺度因子 s，因此有

$$\begin{aligned} x' &= \frac{h_1x+h_2y+h_3}{h_7x+h_8y+1} \\ y' &= \frac{h_4x+h_5y+h_6}{h_7x+h_8y+1} \end{aligned} \tag{10-13}$$

整理得

$$\begin{aligned} x' &= h_1x+h_2y+h_3-h_7xx'-h_8yx' \\ y' &= h_4x+h_5y+h_6-h_7xy'-h_8yy' \end{aligned} \tag{10-14}$$

由式（10-14）可知，一组匹配的特征点对可以构造出两项约束。因此，自由度为 8 的单应矩阵可以通过 4 组匹配的特征点对算出。通过特征匹配，选取 4 组正确匹配的特征点对并计算出单应矩阵后，一幅图像中的所有像素点就可以根据式（10-12）变换到另一幅图像，即实现将两幅图像变换到同一个图像坐标系下，完成图像配准。

先将待配准图像［见图 10-5（a）］投影到基准平面上，再将基准平面所在的参考图像［见图 10-5（b）］复制到待配准图像投影后的图像（见图 10-6）即可完成图像的初步拼接，拼接效果如图 10-7 所示。

（a）待配准图像

（b）参考图像

图 10-5　原始图像

图 10-6　待配准图像投影到参考图像所在平面的配准图像

图 10-7　拼接效果

由图 10-7 可知，直接经过图像配准拼接得到的图像在两幅图像拼接处存在明显的过渡不自然的现象。这是由于两幅图像的光照色泽的不同等原因引起的，使得两幅图像在拼接处存在断层的现象，可以通过后面介绍的图像拼接融合来改善这一现象，使图像拼接处过渡平缓。

10.3　图像拼接融合

图像拼接融合是生成全景图的一种重要核心技术，是将多幅待拼接图像融合成一幅全景图像并输出的过程。融合的目的是消除不同图像因为光线、视角等因素而造成的明显接痕，使输出的全景图像在拼接处过渡自然，具有视觉一致性。前面介绍的运用柱面投影模型或运用其他投影模型对图像进行投影变换预处理，也是为了使图像具有更好的视觉一致性而采取的处理手段。目前，比较常用的图像拼接融合算法主要有平均值融合算法、加权平均融合算法、渐入渐出融合算法和多频段融合算法，下面分别对这 4 种算法进行简要的介绍。

10.3.1 平均值融合算法

平均值融合算法直接把两幅图像的重叠区域按照固定的比例线性累加，而其余不重叠区域不变，是一种简单的线性图像融合算法。设需要融合的参考图像、配准图像和融合后的图像分别为$I_1(x, y)$、$I_2(x, y)$和$I_3(x, y)$，实现平均值融合算法的方法为

$$I_3(x,y)=\begin{cases} I_1(x,y), & (x,y)\in R_1 \\ \dfrac{1}{2}\left(I_1(x,y)+I_2(x,y)\right), & (x,y)\in R_2 \\ I_2(x,y), & (x,y)\in R_3 \end{cases} \tag{10-15}$$

式中，R_2为参考图像和配准图像的重叠区域；R_1与R_3为不重叠区域。

平均值融合算法适用的前提是待融合的图像亮度变化不大，在图像重叠区域应用 1/2 权重来合并图像的像素值，使参考图像能平滑过渡到配准图像。该算法原理简单且易于实现，运行效率高，但容易受到图像亮度的影响，融合效果不稳定。当两幅图像光照变化较大时，融合后图像的拼接缝隙比较明显，融合效果如图 10-8 所示。

图 10-8 平均值融合算法的融合效果

10.3.2 加权平均融合算法

加权平均融合算法把两幅图像的重叠区域按照一定的比例线性累加，而其余不重叠区域不变，是平均值融合算法的一般性表示。同样设需要融合的参考图像、配准图像和融合后的图像分别为$I_1(x, y)$、$I_2(x, y)$和$I_3(x, y)$，实现加权平均融合算法的方法为

$$I_3(x,y)=\begin{cases} I_1(x,y), & (x,y)\in R_1 \\ \alpha I_1(x,y)+\beta I_2(x,y), & (x,y)\in R_2 \\ I_2(x,y), & (x,y)\in R_3 \end{cases} \tag{10-16}$$

式中，α和β是两幅图像的权值，满足$\alpha+\beta=1$。当$\alpha=0.5$时，为平均值融合算法。因此，这两种算法在融合效果上并没有太大的区别。图 10-9 所示为$\alpha=0.4$时加权平均融合算法的融合效果。

图 10-9 $\alpha = 0.4$ 时加权平均融合算法的融合效果

10.3.3 渐入渐出融合算法

渐入渐出融合算法的基本原理：以变化的权值对待融合图像进行求和操作，以确定待融合图像重叠区域的像素值，图像重叠区域的权值 d 是根据像素点到重叠边界的距离计算出来的，它与像素点到重叠边界的距离呈线性关系，具体计算公式为

$$d = 1 - \frac{j - L}{R - L} \tag{10-17}$$

式中，j 是像素点的列数；L 和 R 分别是重叠区域的左右边界，权值变化如图 10-10 所示。

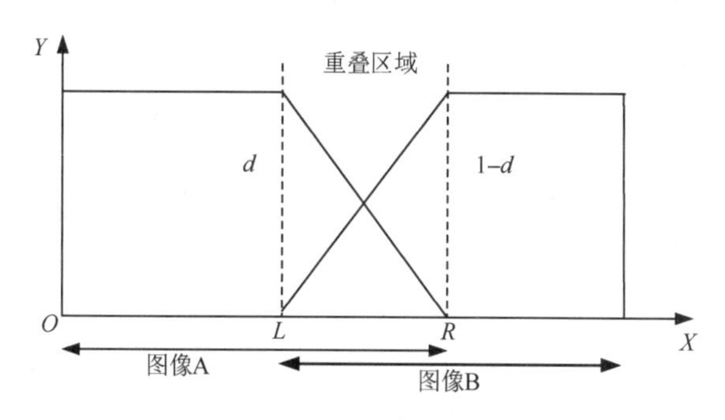

图 10-10 权值变化

同样设需要融合的参考图像、配准图像和融合后的图像分别为 $I_1(x, y)$、$I_2(x, y)$ 和 $I_3(x, y)$，实现渐入渐出融合算法的方法为

$$I_3(x,y) = \begin{cases} I_1(x,y), & (x,y) \in R_1 \\ dI_1(x,y) + (1-d)I_2(x,y), & (x,y) \in R_2 \\ I_2(x,y), & (x,y) \in R_3 \end{cases} \tag{10-18}$$

式中，R_2 为参考图像和配准图像的重叠区域；R_1 与 R_3 为不重叠区域。

在上述 3 种算法中，渐入渐出融合算法使重叠区域的像素值可以在左右两幅图像之间实现平缓过渡，是 3 种算法中融合效果最好的。渐入渐出融合算法的融合效果如图 10-11 所示。

图 10-11　渐入渐出融合算法的融合效果

10.3.4　多频段融合算法

多频段融合算法的基本思想：先将待融合图像分解到不同的频段空间上，然后将相同频段的两幅图像分别进行加权融合得到多个频段上的融合图像，再将得到的不同频段上的融合图像进行合并得到融合后的拼接图像。该算法的特点是尽可能地保留了图像在各频段上的细节特征并融合到最终的图像中，避免了部分图像细节在融合过程中丢失，从而获得更高质量的拼接图像。

图像的分解是通过构建拉普拉斯金字塔（Laplacian Pyramid，LP）实现的，具体构建方法如下。

（1）首先构建高斯金字塔（Gaussian Pyramid，GP），将待融合图像 $I(x,y)$ 进行下采样后与高斯函数进行卷积运算，计算公式为

$$L(x,y,\sigma)=G(x,y,\sigma)*I(x,y) \tag{10-19}$$

式中，$L(x,y,\sigma)$ 为高斯金字塔的函数表示形式；σ 为尺度因子，大尺度对应图像的全局特征，小尺度对应图像的局部特征；$G(x,y,\sigma)$ 为尺度可变高斯函数，具体为

$$G(x,y,\sigma)=\frac{1}{2\pi\sigma^2}\mathrm{e}^{-\frac{\left(x^2+y^2\right)}{2\sigma^2}} \tag{10-20}$$

（2）将高斯金字塔相邻的两个图层相减得到拉普拉斯金字塔。拉普拉斯金字塔的构建过程如图 10-12 所示。

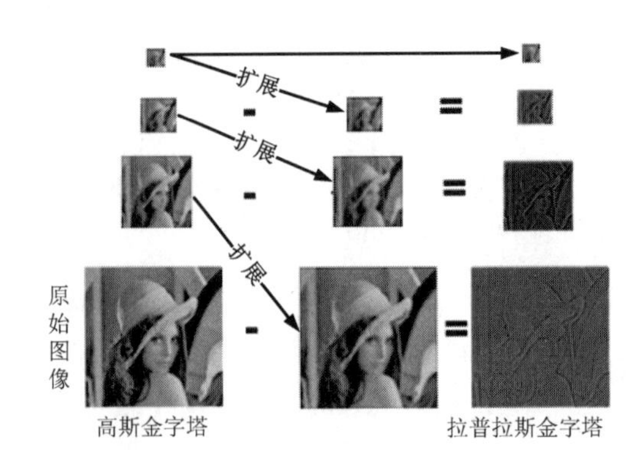

图 10-12　拉普拉斯金字塔的构建过程

计算公式为

$$D(x,y,\sigma)=L(x,y,k\sigma)-L(x,y,\sigma) \tag{10-21}$$

式中，$D(x,y,\sigma)$为拉普拉斯金字塔的函数表示形式；k为相邻两个图层的高斯尺度空间比例因子。

（3）在得到拉普拉斯金字塔后，将拉普拉斯金字塔上相同图层的图像进行线性加权融合，线性加权融合通常选用渐入渐出融合算法来实现。

当各图层图像分别融合后得到合成金字塔，该金字塔通过逆向重构算法输出的图像即融合后的拼接图像。逆向重构算法如下。

（1）假设合成金字塔共有n层，取金字塔的顶层作为源图像。

（2）对源图像进行上采样处理，即先将第n层源图像扩展到第$n-1$层图像的尺度大小，并进行平滑处理。

（3）平滑后的扩展图像与合成金字塔的第$n-1$层图像相加得到新的源图像，并且取$n=n-1$。

（4）重复步骤（2）和（3），直至$n=0$，此时得到的图像即融合后的拼接图像。合成金字塔层数为 4 时的逆向重构算法流程如图 10-13 所示。

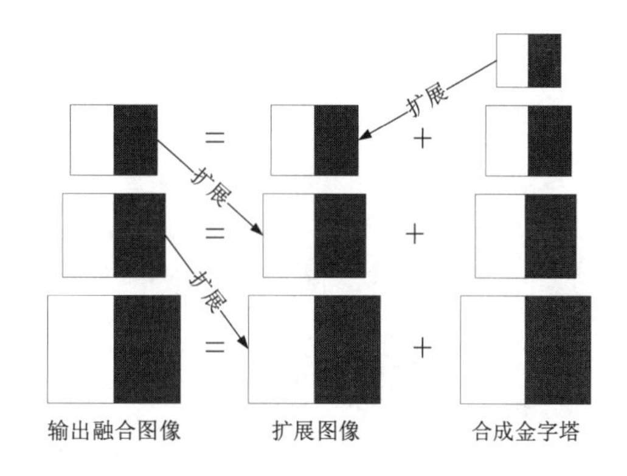

图 10-13　合成金字塔层数为 4 时的逆向重构算法流程

由图 10-13 可知，合成金字塔先将第 4 层图像向下扩展到第 3 层图像的尺度大小，然后将扩展图像与第 3 层图像相加得到输出融合图像的第 3 层图像，该图像再扩展到合成金字塔第 2 层图像的尺度大小，并与其相加得到输出融合图像的第 2 层图像，第 2 层图像再经过扩展相加操作得到最后一层输出融合图像，并将其作为最终的融合后的拼接图像。多频段融合算法的融合效果如图 10-14 所示。

图 10-14　多频段融合算法的融合效果

10.4 实践：图像拼接

图像拼接的过程是将多幅具有重叠区域的图像经过一系列的处理步骤，包括预处理、配准、融合等，最终合成为一幅更大视角的图像。本节将通过程序演示如何通过代码实现图像配准和图像融合。

由于图像特征提取、特征匹配的代码实现已经分别在第 5 章和第 6 章介绍过，因此本节仅给出图像配准实现的框架和图像配准的部分代码，具体细节可以到本书代码链接下载源码查看。

图像配准代码如下：

```
66    int main(int argc, char *argv[])
      {
          //读入图像
          …
          //图像特征提取
          …
          //特征匹配
          …
118       //获取图像 2 到图像 1 的单应矩阵
119       Mat homo = findHomography(imagePoints2, imagePoints1, CV_RANSAC);
120       cout << "变换矩阵为：\n" << homo << endl ; //输出单应矩阵
121
122       //计算待配准图像的 4 个顶点坐标
123       CalcCorners(homo, image02);
124
125       //图像配准
126       Mat image_trans;
127       warpPerspective(image02, image_trans, homo,
128           Size(MAX(corners.right_top.x,corners.right_bottom.x),image01.rows));
129       imshow("投影变换后",image_trans);
130       imwrite("trans_image.jpg", image_trans);
131
132       //创建拼接后的图像，应提前计算图像的大小
133       int dst_width = image_trans.cols;//取最右点减去最左点的长度为拼接图像的长度
134       int dst_height = image01.rows;
135
136       Mat dst(dst_height, dst_width, CV_8UC3);
137       dst.setTo(0);
138       //将两幅图像合并到同一个坐标系下
139       image_trans.copyTo(dst(Rect(0, 0, image_trans.cols, image_trans.rows)));
140       image01.copyTo(dst(Rect(0, 0, image01.cols, image01.rows)));
141       imshow("dst", dst);
```

```
142        imwrite("dst.jpg", dst);
143
144        waitKey();
145        return 0;
146    }
```

运行此代码输出的变换矩阵如下：

```
1    变换矩阵为：
2    [0.324140232609709, -0.05182040000630002, 758.3502343504116;
3      -0.1728743721679113, 0.692170160268292, 143.431705478343;
4      -0.0003222465211921379, -6.462284790690538e-05, 1]
```

根据变换矩阵进行图像配准后得到的配准图像如图 10-6 和图 10-7 所示，下一步只需将配准图像进行融合即可得到拼接图像。

在本质上，平均值融合算法、加权平均融合算法和渐入渐出融合算法的原理一致，只是在重叠区域所选择的权值不一致。因此，在代码实现融合过程时，只需根据融合需求调整融合权值参数即可。实现图像融合的代码如下，只需在图像配准代码后调用图像融合函数即可得到融合后的拼接图像。

```
1    //图像融合函数
2    void blender(Mat& src, Mat& trans, Mat& dst)
3    {
4        Int start=MIN(corners.left_top.x,corners.left_bottom.x);    //重叠区域左边界
5        double processWidth = src.cols - start;                      //重叠区域宽度
6        int rows = dst.rows;
7        int cols = src.cols;                                         //注意，是列数×通道数
8        double alpha = 1;                                            //img1 中像素值的权重
9        for (int i = 0; i < rows; i++)
10       {
11           uchar* p = src.ptr<uchar>(i);                            //获取第 i 行的首地址
12           uchar* t = trans.ptr<uchar>(i);
13           uchar* d = dst.ptr<uchar>(i);
14           for (int j = start; j < cols; j++)
15           {
16               //如果遇到图像 trans 中无像素值的像素点，则完全复制 img1 中的数据
17               if (t[j * 3] == 0 && t[j * 3 + 1] == 0 && t[j * 3 + 2] == 0)
18               {
19                   alpha = 1;
20               }
21               else
22               {
23                   //alpha=0.5;//平均值融合算法
24                   //alpha=0.4;//加权平均融合算法
25                   alpha=(processWidth-(j-start))/processWidth;     //渐入渐出融合算法
```

```
26                  }
27                  d[j * 3] = p[j * 3] * alpha + t[j * 3] * (1 - alpha);
28                  d[j * 3 + 1] = p[j * 3 + 1] * alpha + t[j * 3 + 1] * (1 - alpha);
29                  d[j * 3 + 2] = p[j * 3 + 2] * alpha + t[j * 3 + 2] * (1 - alpha);
30              }
31          }
32      }
```

多频段融合算法在 OpenCV 库中有封装好的接口函数，在代码实现中，只需调用该库中相应的接口函数来实现融合即可得到拼接图像。调用多频段融合函数实现融合的关键代码如下：

```
103  //图像融合
104  Ptr<Blender> blender;                                                    //定义图像融合器
105  blender=Blender::createDefault(Blender::MULTI_BAND, false);             //多频段融合算法
106  MultiBandBlender* mb = dynamic_cast<MultiBandBlender*>(static_cast<Blender*>(blender));
107  //设置频段数，即拉普拉斯金字塔层数
108  mb->setNumBands(8);
109  blender->prepare(corners,sizes);                                         //生成全景图像区域
110
111  vector<Mat> dilate_img(num_imgs);
112  Mat element = getStructuringElement(MORPH_RECT, Size(20, 20));         //定义结构元素
113  vector<Mat> images_warped_s(num_imgs);
114  for(int k=0;k<num_imgs;k++)                                              //遍历所有图像
115  {
116      images_warped_f[k].convertTo(images_warped_s[k], CV_16S);           //改变数据类型
117      dilate(masks_seam[k], masks_seam[k], element);                       //膨胀运算
118      //映射变换图像的掩码和膨胀后的掩码相“与”（逻辑运算）
119      //使扩展的区域仅限于拼接处两侧，其他边界处不受影响
120      masks_seam[k] = masks_seam[k] & masks_warped[k];
121      blender->feed(images_warped_s[k],masks_seam[k],corners[k]);         //初始化数据
122  }
123  Mat result,result_mask;
124  //完成图像融合操作，得到全景图像 result
125  blender->blend(result, result_mask);
```

运行此代码得到的结果如图 10-14 所示。

第11章 点云

11.1 概述

11.1.1 点云和点云库概念

点云（Point Cloud）是分布在多维空间中的离散点集，主要以三维为主，是对物体表面信息的离散采样。三维扫描技术的迅速发展使点云数据的获取更加简单方便，同时点云驱动的计算机图形学在逆向工程、数字城市、文物保护、智能机器人、无人驾驶和人机交互等领域展现出广阔的应用前景。点云处理技术包括点云获取、滤波、分割、配准、检索、特征提取、识别、追踪、曲面重建、可视化等方法技术，也包括图论、模式识别、机器学习、数据挖掘和深度学习等人工智能算法，以及之后的实践应用中的SLAM、三维模型检索、三维场景语义分析、广义点云等综合技术内容。

三维图像是一种特殊的信息表达形式，特征是表达空间中 3 个维度的数据，表现形式有深度图像（以灰度表达物体与照相机的距离）、几何模型（由 CAD 软件建立）、点云模型（所有逆向工程设备都将物体采样成点云）。与二维图像相比，三维图像借助第 3 个维度的信息可以立体地展示物体。点云数据是最常见也是最基础的三维数据。点云往往由测量直接得到，每个点对应一个测量点，未经过其他处理手段，因此包含了最大的信息量。这些信息隐藏在点云中，需要用其他提取手段将其提取出来，提取点云中信息的过程称为三维图像处理。

RGB-D 照相机和三维激光雷达是常用的点云采集设备。根据摄影测量原理得到的点云包括三维坐标和颜色信息；根据激光测量原理得到的点云包括三维坐标和激光反射强度，激光反射强度与目标物体的表面材质、粗糙度、入射角方向、仪器的发射能量、激光波长有关。将摄影测量原理得到的数据和激光测量原理得到的数据进行结合，可以得到包括三维坐标、颜色信息和激光反射强度的点云。

点云的存储格式主要有 PTS 格式、TXT 格式、XYZ 格式、LAS 格式、PCD 格式。PTS 格式和 TXT 格式直接存储点云的三维坐标。XYZ 格式存储的数据是六维的，在三维坐标的基础上添加三维法向量坐标。LAS 格式是三维激光雷达数据的工业标准格式，按每条扫描线排列的方式存储数据，包括激光点的三维坐标、多次回波信息、强度信息、扫描角度、分类信息、飞行航带信息、飞行姿态信息、项目信息、GPS 信息、数据点颜色信息等。PCD 格式是点云处理最常用的格式。

点云库（Point Cloud Library，PCL）是点云处理领域中开源的一个重要工具。PCL 是在点云相关研究的基础上建立起来的大型跨平台开源 C++编程库。PCL 基于 Boost、Eigen、FLANN、VTK、CUDA、OpenNI、Qhull 第三方库实现了大量与点云相关的通用算法和高效数据结构，涉及点云获取、滤波、分割、配准、检索、特征提取、识别、追踪、曲面重建、可视化等操作，支持多种操作系统平台，可在 Windows、Linux、Android、macOS、部分嵌入式实时系统上运行。如果说 OpenCV 是二维图像信息获取与处理的结晶，那么 PCL 在三维图像信息获取与处理上具有同等地位。PCL 是 BSD（Berkeley Software Distribution，伯克利软件套件）授权方式，可以免费进行商业应用和学术应用。

PCL 起初是 ROS（Robot Operating System，机器人操作系统）下由来自慕尼黑大学年轻的 Radu 博士等人维护和开发的开源项目，主要应用于机器人研究应用领域。随着各算法模块的积累，PCL 于 2011 年独立出来，并正式与全球三维信息获取与处理的同行一起组建了强大的开发维护团队，以多所知名大学、研究所和相关软硬件公司为主。PCL 的发展非常迅速，不断有新的研究机构加入，在 Willow Garage、NVIDIA、Toyota、Trimble、Urban Robotics、Honda Research Institute 等多个全球知名公司的资金支持下，不断提出新的开发计划，代码更新非常活跃，截至 2023 年 5 月，已从 1.0 版本发布到 1.13.1 版本，并且有社区长期维护。随着加入组织的增多，PCL 官方目前的计划是继续加入更多新的功能模块和算法的实现，包括当前最新的与三维相关的处理算法和相关设备的支持，如基于 PrimeSensor 三维设备、微软 Kinect 或华硕的 Xtion PRO 智能交互应用等，同时计划进一步支持使用 CUDA 和 OpenCL 等基于 GPU 的高性能计算技术。

11.1.2 点云处理在各领域的应用

1. 测绘领域

在测绘领域，点云处理能够直接获取高精度三维地面点数据，是对传统测量技术在高层数据获取和自动化快速处理方面的重要技术补充。激光遥感测量系统在地形测绘、环境检测、三维城市建模、地球科学、行星科学等诸多领域具有广泛的发展前景，是目前最先进的能实时获取地形表面三维空间信息和影像的遥感系统。目前，在各种提取三维地面点的算法中，算法结果与实际结果之间差别较大，违背了实际情况，PCL 中强大的模块可以满足该领域各种需求。

2. 无人驾驶领域

无人驾驶车辆（Unmanned Vehicle）是一种具有自主驾驶行为的车辆。它在传统车辆基础上，加入环境感知、智能决策、路径规划、行为控制等人工智能模块，进而可以与周围环境交互并做出相应决策和动作，用于解放驾驶员、辅助安全驾驶，得到了人们广泛的关注，并且拥有良好的前景。无人驾驶车辆能够实现主要依赖车载雷达点云系统，该系统可以快速提取地球表面物体的三维坐标信息，实时定位并构建地图，具有其他系统无法比拟的优势。

（1）数据采集速度快，只需沿街一次便可收集所有信息。

（2）抗干扰能力强，全天候 24h 都可进行数据采集。

（3）点云密度大，数据量丰富，精度可靠。

（4）可以得到实时车辆的位姿信息。

3. 机器人领域

移动机器人对其工作环境的有效感知、辨识与认知是其进行自主行为优化并可靠完成所承担任务的前提和基础。如何实现场景中物体的有效分类与识别是移动机器人场景认知的核心问题，目前，基于视觉图像处理技术进行场景认知是该领域的重要方法。但是，移动机器人在线获取的视觉图像质量受光线变化影响较大，尤其在光线较暗的场景更难以应用。随着 RGB-D 照相机的大量推广，在机器人领域势必掀起一股深度信息结合二维信息的应用研究热潮。深度信息的引入能够使机器人更好地对环境进行认知、辨识，与图像信息在机器人领域的应用一样，需要强大的智能软件算法支撑，PCL 应运而生，最重要的是，PCL 本身是为机器人而发起的开源项目，不仅提供对现有的 RGB-D 信息获取设备的支持，还提供分割、特征提取、识别、追踪等最新的算法，并且它可以移植到 ROS、Android、Ubuntu 等主流 Linux 平台。

4. 人机交互领域

虚拟现实技术（Virtual Reality，VR）又称为灵境技术，是以沉浸性、交互性和构想性为基本特征的计算机高级人机界面。它综合利用了计算机图形学、仿真技术、多媒体技术、人工智能技术、计算机网络技术、并行处理技术和多传感器技术，模拟人的视觉、听觉、触觉等感觉器官功能，使人能够沉浸在计算机生成的虚拟境界中，并能通过语言、手势等自然的方式与之进行实时交互，创建了一种适人化的多维信息空间，具有广阔的应用前景。目前，各种交互式体感应用的推出使虚拟现实技术与人机交互领域的发展非常迅速，以微软、华硕、三星等为例，许多公司推出的 RGB-D 解决方案让虚拟现实技术走出了实验室。现有的 RGB-D 照相机已经开始大量推向市场，只是缺少相关应用的跟进，这正是为虚拟现实/人机交互领域的应用铸造生态链的底部，PCL 将是基于 RGB-D 照相机的虚拟现实/人机交互领域的应用生态链中最重要的一个环节。

5. 逆向工程技术与其他工业自动化领域

大部分工业产品是根据二维或三维 CAD 模型制造而成的，但有时因为数据丢失、设计多次更改、实物引进等原因，产品的几何模型无法获得，因而常常需要根据现有产品实物生成几何模型。逆向工程技术能够对产品实物进行测绘，重构产品表面三维几何模型，生成产品制造所需的数字化文档。在一些工业自动化领域，如汽车制造业，许多零件的几何模型都通过逆向工程技术由油泥模型或实物零件获得。目前在 CAD/CAM 领域利用激光点云进行高精度测量与重建成为趋势，但同时带来了新问题。例如，如何通过获取的海量点云数据提取重建模型的几何参数，如何在数据库中检索目标模型，如何获取目标物体的曲面模型等。诸如此类问题的解决方案在 PCL 中都有涉及，如 KD-Tree（*K* 维树）模块和 Octree（八叉树）模块可以对海量点云数据进行高效压缩存储与管理，滤波、配准、特征描述等模块可以在数据库中检索目标模型，曲面重建和可视化等也可以通过调用 PCL 中的模块来实现。总之，三维点云数据的处理是逆向工程技术中比较重要的一环。

6．建筑信息模型化领域

建筑信息模型化（Building Information Modeling，BIM）是用三维模型作为信息载体描述建筑物生命周期内的建设活动的一种理念。BIM 工作的核心是建立一个可供建筑设计者、结构设计者、施工方、物业方、业主等参与者都能使用、修改的三维模型。这样的模型一般称为 BIM 模型，是现实地物的虚拟映射，三维激光扫描技术为建立 BIM 模型提供准确的几何信息，可以大面积、高效率、全面采集地物的几何信息和功能特性，快捷地建立精确的 BIM 模型。通过三维激光扫描得到的点云 BIM 模型能够非常真实地呈现地物的实际状态。PCL 结合 BIM 模型主要有以下几方面的应用：文物建筑保护、工程质量检测与管理、建筑拆迁管理、建筑物改造或装修。

11.2 PCL

11.2.1 数据类型

PCL 规定的几种点云数据类型如下。

（1）pcl::PointCloudpcl::PointXY。

PointXY 成员：float x,y，是简单的二维结构。

（2）pcl::PointCloudpcl::PointXYZ。

PointXYZ 成员：float x,y,z，表示三维坐标信息，可以通过 points[i].data[0]或 points[i].x 访问点 i 的 *x* 轴坐标值。

（3）pcl::PointCloudpcl::PointXYZI。

PointXYZI 成员：float x,y,z,intensity，表示三维坐标信息和强度信息。

（4）pcl::PointCloudpcl::PointXYZRGB。

PointXYZRGB 成员：float x,y,z,rgb，表示三维坐标信息和颜色信息，RGB 存储为一个 float 类型数据。

（5）pcl::PointCloudpcl::PointXYZRGBA。

PointXYZRGBA 成员：float x,y,z；uint32_t rgba，表示三维坐标信息、颜色信息、透明度信息，RGBA 用 32bit 的 int 型存储。

（6）Normal 结构体。

Normal 结构体内的参数表示给定点所在样本曲面法线方向上对应曲率的测量值，兼容 SSE 和高效计算。

11.2.2 PCL 常用代码模块

为了进一步简化和开发，PCL 被分成一系列较小的代码库，使其模块化，以便能够单独编译使用，提高可配置性，非常适用于嵌入式处理。PCL 常用代码模块如下。

（1）libpcl filters：实现采样、去除离群点、特征提取、拟合估计等功能。

（2）libpcl features：实现多种三维特征的提取与操作，如曲面法线、曲率、主曲率、PFH 特征、FPFH 特征、积分图像 NARF 描述子、RIFT 等特征，以及边界点估计、旋转图像、数据强度筛选等操作。

（3）libpcl I/O：实现数据的输入和输出，如点云数据文件的读写。

（4）libpcl segmentation：实现聚类提取，如通过采样一致性方法对一系列参数模型（平面模型、柱面模型、球面模型、直线模型等）进行模型拟合，实现点云分割提取。

（5）libpcl surface：实现物体表面重建技术，如网格重建、凸包重建、移动最小二乘法平滑等。

（6）libpcl register：实现点云配准，如 ICP 等。

（7）libpcl keypoints：实现不同的关键点提取方法，可以作为预处理步骤，决定在哪儿提取特征描述符。

（8）libpcl range：实现支持不同点云数据集生成的范围图像。

为了保证 PCL 中操作的正确性，上述提到的代码模块中的方法和类包含了一套单元测试。这套单元测试通常都是由对应的构建部门按需求编译和验证的。当某一部分单元测试失败时，这部分的作者就会立即被告知。这彻底地保证了在代码测试过程出现的任何变故，以及新功能或修改都不会破坏 PCL 中已经存在的代码。

11.2.3 PCL 点云处理

Marr 将图像处理分为 3 个层次：低层次包括图像强化、滤波、关键点/边缘检测等基本操作；中层次包括连通域标记、图像分割等操作；高层次包括物体识别、场景分析等操作。工程中的任务往往需要用到多个层次的图像处理。

PCL 官网对点云处理方法给出了较为清晰的层次划分，如图 11-1 所示。

这里的通用模块指的是点云数据类型，包括 XYZ、XYZC、XYZN、XYZG 等很多类型的点云数据，但最重要的信息还是在三维坐标 XYZ 中。

（1）低层次处理方法。

① 滤波方法：双边滤波、高斯滤波、条件滤波、直通滤波。

② 关键点/边缘检测：ISS 三维、Harris 三维、NARF、SIFT 三维。

（2）中层次处理方法。

① 特征描述：法线和曲率的计算、特征值分析、SHOT、PFH、FPFH、三维形状上下文、旋转图像。

② 分割与分类：分割包括区域生长、RANSAC 线面提取、全局优化平面提取、K-Means、归一化切割、三维霍夫变换（线、面提取）、连通分析；分类包括基于点的分

类、基于分割的分类、基于深度学习的分类（PointNet、OctNet 等网络）。

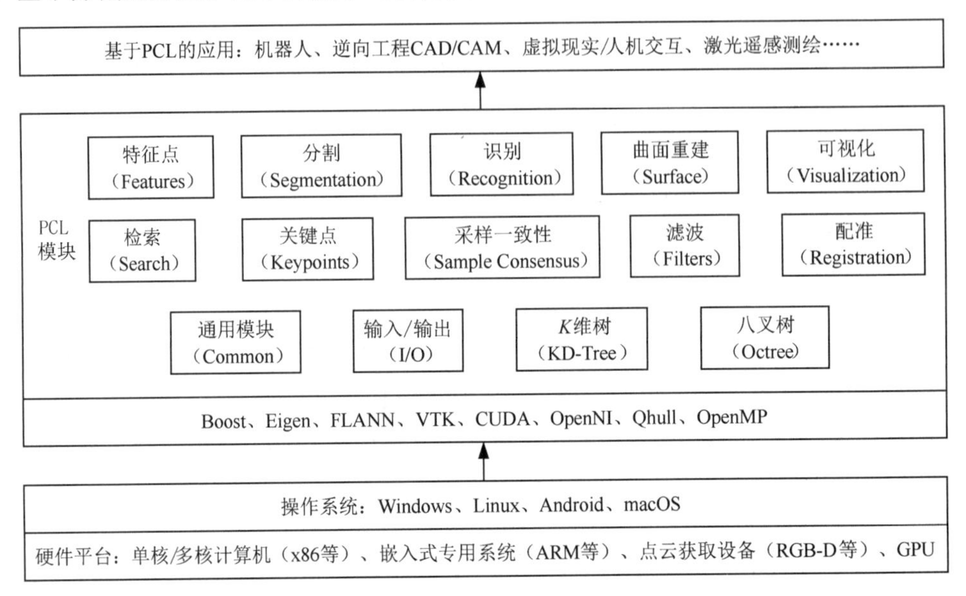

图 11-1　PCL 架构图

（3）高层次处理方法。

① 配准：分为粗配准（Coarse Registration）和精配准（Fine Registration）两个阶段。粗配准是指在点云相对位姿完全未知的情况下对点云进行配准，可以为精配准提供良好的初始值。精配准的目的是在粗配准的基础上，使点云之间的空间位置差别最小化。应用最为广泛的精配准算法是 ICP 和 ICP 的各种变种（稳健 ICP、点-面 ICP、点-线 ICP、MBICP、GICP、NICP）。当前较为普遍的点云自动粗配准算法包括基于穷举搜索的配准算法和基于特征匹配的配准算法。基于穷举搜索的配准算法通过遍历整个变换空间以选取使误差函数最小化的变换关系或列举出使最多点对满足的变换关系，如 RANSAC 配准算法、四点一致集配准算法（4-Point Congruent Set，4PCS）、Super4PCS 算法等。基于特征匹配的配准算法先通过被测物体本身所具备的形态特性构建点云之间的匹配对应，然后采用相关算法对变换关系进行估计，如基于点 FPFH 特征的 SAC-IA 算法和 FGR 算法、基于点 SHOT 特征的 AO 算法和基于线特征的 ICL 算法等。

② 用于 SLAM 的方法：ICP、MBICP、IDC、似然场模型、NDT。

③ 三维重建：泊松重建、贪婪三角化重建、表面重建、人体重建、建筑物重建、树木重建、结构化重建、实时重建、人体姿势识别、表情识别。

④ 点云数据管理：点云压缩、点云索引（*K* 维树、八叉树）、点云金字塔、海量点云渲染。

11.3　*K* 维树和八叉树

通过三维测量设备（雷达、激光扫描仪、立体照相机等）获取的点云数据具有数据量大、分布不均匀等特点，点与点之间缺少拓扑关系，即无序点云。点云数据处理中最为核心的问题是建立离散点之间的拓扑关系，实现基于邻域关系的快速查找。常见的建立点云拓扑结构的方法一般是自顶向下逐级划分空间的各种空间索引结构，包括 BSP 树、P 树、P+树、CELL 树、*K* 维树、KDB 树、四叉树和八叉树等，其中，*K* 维树和八叉树的应用较为广泛。

11.3.1 *K* 维树

K 维树本质上是二叉树结构，存储 *K* 维数据，对于区间和邻近搜索都非常有用，通常只在 3 个维度中进行处理。在一个 *K* 维数据集合上构建的一棵 *K* 维树表示对该 *K* 维数据集合构成的 *K* 维空间的一个划分。*K* 维树的构建思想是每一级在指定维度上分开所有的子节点。在树的根部，所有子节点在第一个指定的维度上被分开，即第一维坐标小于根节点的点将被分在左边的子树中，大于根节点的点将被分在右边的子树中。树的每一级都在下一个维度上分开，所有其他的维度用完后就回到第一个维度，这样以递归的方式对每个子空间进行划分，直至收敛，收敛的条件是每个子空间内的点云数量不超过一个。

构建过程涉及以下两个关键点。

（1）选择维度：每次在根节点进行划分时都要选择合适的维度。选择标准是统计样本在每个维度上的数据方差，挑选出对应方差最大值的那个维度作为此次划分的维度。因为数据方差大说明沿该坐标轴方向上的数据点较分散，在这个坐标轴方向上进行数据分割可以获得最好的平衡。

（2）平衡 *K* 维树：在某一维度上进行划分时，划分点选择该维度上所有数据的中值，这样得到的两个子集合的数据个数基本相同，能够平衡 *K* 维树的生长。

图 11-2 所示为二维 *K* 维树示意图。*A*～*G* 是二维空间中的 7 个点，以点 *A* 为界限进行划分，*B*、*D*、*E* 这 3 点的第一维坐标小于点 *A* 的第一维坐标，被划分到点 *A* 的左边，而 *C*、*F*、*G* 这 3 点的第一维坐标大于点 *A* 的第一维坐标，被划分到点 *A* 的右边，点 *A* 表示 *K* 维树的根节点，它把所有点完全划分为两个子树。划分第一维度后，在左右子树内纵向划分第二维度，*B*、*C* 两点分别为左右子树的子根节点，将两棵子树内的点按照第二维坐标进行划分。若划分后的子树内点的数量仍大于 1，则继续进行划分，直至子树内不存在或只存在一个点，这些点称为 *K* 维树的叶节点。

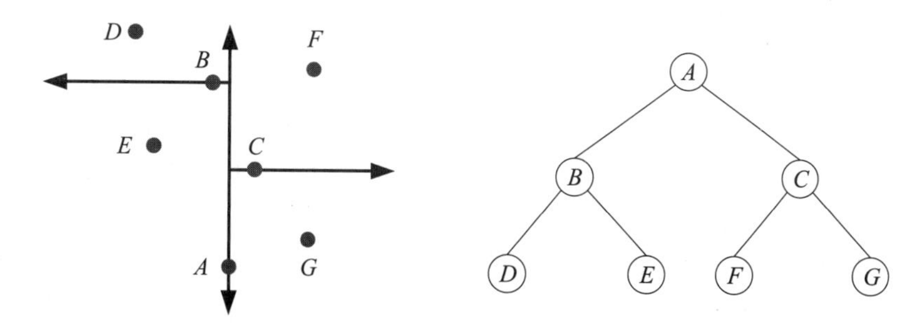

图 11-2　二维 *K* 维树示意图

11.3.2 八叉树

八叉树是一种用于描述三维空间的树状数据结构，最早由 Hunter 博士于 1978 年提出。八叉树的每个节点表示一个正方体的体积元素（简称体素），每个节点有 8 个子节点，这 8 个子节点所表示的体素加在一起等于父节点的体积，一般将中心点作为节点的分叉中心。图 11-3 所示为八叉树结构示意图。

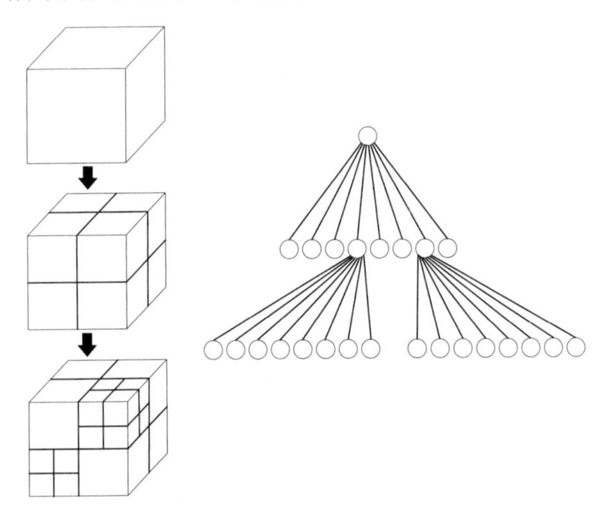

图 11-3 八叉树结构示意图

八叉树的划分过程：首先，依据三维坐标系 *X*、*Y*、*Z* 3 个方向的最大值为点云空间创建立方体边界框，即点云数据的根节点。然后，将其等分为 8 个子立方体，每个圆代表 1 个立方体，每次均划分为相等大小的立方体，8 个子立方体的顶点均保存在上一级根节点中。按照这样的形式循环递归划分，直至达到收敛条件，即每个子立方体内点云数量达到预设值。八叉树的顶点即立方体体素的顶点，将属性信息存储为八叉树结构的根节点，且每个根节点均包含子节点的属性信息，这样就完成了八叉树结构的建立。

11.4 点云滤波

11.4.1 滤波概述

在获取点云数据时，由于设备精度、操作者经验、环境等因素的影响，以及电磁波衍射特性、被测物体表面性质变化和数据拼接配准操作过程的影响，点云数据将不可避免地出现一些噪声点。在实际应用中，除了这些测量随机误差产生的噪声点，由于受到外界干扰，如视线遮挡、障碍物等因素的影响，点云数据中往往存在着一些离主体点云（被测物体点云）较远的离散点，即离群点。此外，不同的采集设备所产生的点云噪声结构也有所不同。通过滤波重采样可以有效降低点云噪声带来的影响。在点云处理流程中，滤波作为预处理的第一步，往往对后续处理影响很大，只有在滤波中将噪声点、离群点、孔洞、数据压缩等按照后续处理定制，才能更好地进行配准、特征提取、曲面重建、可视化等后续应用处理。PCL 点云滤波模块提供了很多灵活实用的滤波处理算法，如双边滤波算法、高斯滤波算法、条件滤波算法、直通滤波算法、基于随机采样一致性滤波算法等，滤波模块是 PCL 的一个处理成员模块，在应用中可以非常方便地与其他点云处理流程集成。

PCL 总结了如下几种需要进行点云滤波处理的情况。

（1）点云数据密度不规则需要平滑。

（2）因为遮挡等问题造成离群点需要去除。

（3）大量数据需要下采样。

（4）噪声数据需要去除。

对应的处理方法如下。

（1）按具体给定的规则对点云进行过滤。

（2）通过常用的滤波算法修改点的部分属性。

（3）对点云数据进行下采样。

PCL 对点云的滤波通过调用各个滤波器对象来完成。滤波器在滤波过程中，总是先创建一个对象，再设置对象参数，最后调用滤波函数对点云进行处理。主要的滤波器有直通滤波器、体素滤波器、统计分析滤波器、半径滤波器 4 种。不同特性的滤波器构成了较为完整的点云前处理族，并组合使用完成任务。几种滤波器的使用场景如下。

（1）如果使用线结构光扫描的方式采集点云，那么物体在 Z 方向分布较广，但在 X 方向和 Y 方向的分布处于有限范围，此时可使用直通滤波器，确定点云在 X 方向或 Y 方向上的范围，可较快剔除离群点，达到第一步粗处理的目的。

（2）如果使用高分辨率照相机等设备对点云进行采集，那么点云会较为密集，过多的点云数量会给后续分割工作带来困难。体素滤波器可以实现向下采样的同时不破坏点云本身几何结构的功能。点云几何结构不仅包括宏观的几何外形，还包括其微观的排列方式，如横向相似的尺寸、纵向相同的距离。随机下采样虽然效率比体素滤波器高，但会破坏点云微观结构。

（3）统计分析滤波器用于剔除明显离群点（离群点往往由测量噪声引入），其特征是在空间中分布稀疏，可以理解为每个点都表达一定信息量，某个区域点越密集则可能信息量越大。噪声信息属于无用信息，信息量较小，因此，离群点表达的信息量可以忽略不计。考虑到离群点的特征，可以定义某处点云小于某个密度，即点云无效，计算每个点到其最近的 k 个点的平均距离，点云中所有点的距离应构成高斯分布。给定均值与方差，可剔除指定标准差倍数之外的点。

（4）半径滤波器与统计分析滤波器相比更加简单。以某点为中心画一个圆，计算落在该圆中点的数量：当数量大于给定值时，保留该点；当数量小于给定值时，剔除该点。半径滤波器运行速度快，依序迭代留下的点一定是最密集的，但是圆的半径和圆内点的数量都需要人工指定。

11.4.2 双边滤波算法

在点云滤波算法中，双边滤波算法是最重要的算法之一。双边滤波算法是一种非线性的滤波算法，通过取邻近采样点的加权平均来修正当前采样点的位置，从而达到滤波效果。同时，有选择性地剔除部分与当前采样点差异太大的相邻采样点，从而达到保持原特征的目的。双边滤波算法主要用于对点云数据的小尺度起伏噪声进行平滑，应用于三维点云数据降噪时，既有效地对空间三维模型表面进行降噪，又可以保持点云数据中的几何特征信息，避免了三维点云数据被过度光滑。需要注意的是，能使用双边滤波算法的点云必须包含强度信息，现有的点云数据类型中，只有 PointXYZI 和 PointXYZINormal 有强度信息。双边滤波算法只适用于有序点云。

在点云模型中，设点 $\boldsymbol{p}_i$ 的 k 邻域点集和单位法向量分别为 $N_k\left(\boldsymbol{p}_i\right)$ 和 $\boldsymbol{n}_i$，双边滤波定义为

$$\hat{\boldsymbol{p}}_i=\boldsymbol{p}_i+\lambda\boldsymbol{n}_i \tag{11-1}$$

式中，$\hat{\boldsymbol{p}}_i$ 为双边滤波后更新的点；λ 为双边滤波因子，计算公式为

$$\lambda=\frac{\sum\limits_{\boldsymbol{p}_j\in N_k(\boldsymbol{p}_i)} W_{\mathrm{c}}\left(\left\|\boldsymbol{p}_j-\boldsymbol{p}_i\right\|\right)W_{\mathrm{s}}\left(\left\|\left\langle\boldsymbol{n}_j,\boldsymbol{n}_i\right\rangle\right\|-1\right)\left\langle\boldsymbol{n}_i,\boldsymbol{p}_j-\boldsymbol{p}_i\right\rangle}{\sum\limits_{\boldsymbol{p}_j\in N_k(\boldsymbol{p}_i)} W_{\mathrm{c}}\left(\left\|\boldsymbol{p}_j-\boldsymbol{p}_i\right\|\right)W_{\mathrm{s}}\left(\left\|\left\langle\boldsymbol{n}_j,\boldsymbol{n}_i\right\rangle\right\|-1\right)} \tag{11-2}$$

式中，$\langle\cdot,\cdot\rangle$ 为向量内积；$\boldsymbol{n}_i$、$\boldsymbol{n}_j$ 为点的法向量，可由 PCA 方法求出；W_{c}、W_{s} 分别为双边滤波函数的空间域权重函数和频率域权重函数，分别控制着双边滤波的平滑程度和特征保持程度，形式是以 σ_{c}、σ_{s} 为标准差的高斯核函数，具体形式为

$$\begin{cases}W_{\mathrm{c}}\left(x\right)=\mathrm{e}^{-\frac{x^2}{2\sigma_{\mathrm{c}}^2}}\\W_{\mathrm{s}}\left(y\right)=\mathrm{e}^{-\frac{y^2}{2\sigma_{\mathrm{s}}^2}}\end{cases} \tag{11-3}$$

式中，σ_{c} 为点 $\boldsymbol{p}_i$ 到邻近点的距离对点 $\boldsymbol{p}_i$ 的影响因子，σ_{c} 越大，点云的平滑效果越好，但其特征保持程度越差；σ_{s} 为点 $\boldsymbol{p}_i$ 与其邻近点的法向偏差对点 $\boldsymbol{p}_i$ 的影响因子，σ_{s} 越大，特征保持程度越好。通常情况下，σ_{c} 取点的邻域半径，σ_{s} 取邻域点的标准偏差。

双边滤波算法的具体步骤如下。

（1）计算每个点 $\boldsymbol{p}_i$ 的 k 邻域点集 $N_k\left(\boldsymbol{p}_i\right)$。

（2）对点 $\boldsymbol{p}_i$ 的每个邻近点求取 W_{c} 的参数 $\left\|\boldsymbol{p}_j-\boldsymbol{p}_i\right\|$、$W_{\mathrm{s}}$ 的参数 $\left\|\left\langle\boldsymbol{n}_j,\boldsymbol{n}_i\right\rangle-1\right\|$ 和参数 $\left\langle\boldsymbol{n}_i,\boldsymbol{p}_j-\boldsymbol{p}_i\right\rangle$。

（3）由式（11-3）计算高斯核函数 $W_{\mathrm{c}}\left(x\right)$ 和 $W_{\mathrm{s}}\left(y\right)$。

（4）根据式（11-2）计算双边滤波因子 λ。

（5）根据式（11-1）计算滤波后的数据点。

（6）依次计算所有数据点完成点云滤波平滑。

11.4.3 剔除点云离群点

离群点（Outliers）也称为外点，是指由于受到外界干扰，如视线遮挡、障碍物等因素的影响，点云数据中往往存在一些离主体点云（被测物体点云）较远的离散点。例如，用激光扫描一面平坦的墙壁，在正常情况下，得到的应该是位于同一平面的点云，但由于存在窗户，少量点在窗外，离本来的墙壁较远，因此称这部分点为离群点。离群点会使局部点云特征（表面法线或曲率变化）的估计复杂化，从而导致产生错误的值，进一步导致点云配准失败。常用半径滤波器和统计分析滤波器来剔除离群点。

1．半径滤波器

半径滤波器相较于统计分析滤波器更简单常用，其根据空间点半径范围邻近点数量进行滤波。它的滤波思想：在点云数据中，设定每个点一定半径范围内至少有足够多的邻近点，如果不满足，就会被剔除。图 11-4 所示为半径滤波器示意图，如果指定半径为 r，并且指定该半径内至少有一个邻近点，那么只有红色的点会被剔除。如果指定半径 r 内至少有两个邻近点，那么红色和绿色的点都将从点云中被剔除。

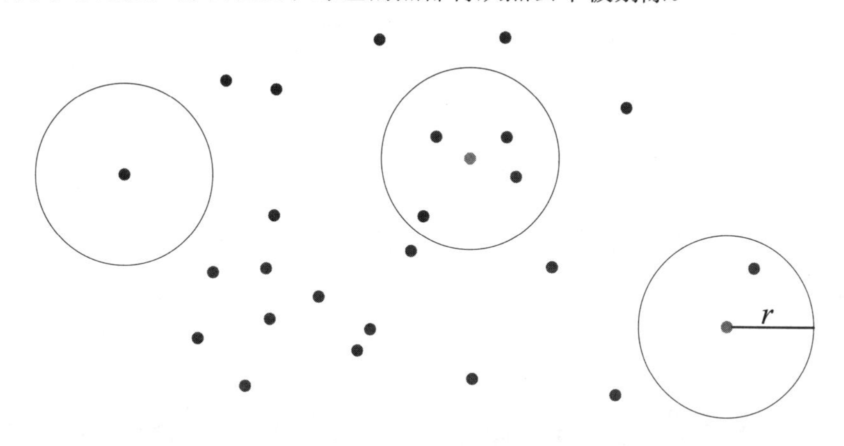

图 11-4　半径滤波器示意图

2．统计分析滤波器

统计分析滤波器使用统计分析技术，从一个点云数据中剔除噪声点。统计分析滤波器对每个点的邻域进行统计分析，剔除不符合一定标准的邻近点，具体内容如下。

（1）对于每个点，计算它到所有邻近点的平均距离。平均距离可以近似为高斯分布，并计算出其均值 μ 和标准差 σ。

（2）这个邻近点集中与所选点的邻域距离大于某一阈值的点都可以被视为离群点，并可从点云数据中剔除。n 是标准差倍数的一个阈值，可以自己指定。

图 11-5 是滤波前后的点云图。

对比图 11-5（a）和图 11-5（b）可以看出，剔除了大部分离群点。查看点云文件，未滤波前的点云数量是 43136，滤波后的点云数量是 40088，可知剔除了 3048 个点，占比 7.07%。

（a）带有离群点的点云图

（b）剔除离群点后的点云图

图 11-5　滤波前后的点云图

11.4.4　点云下采样

海量点云如果直接进行存储、操作，那么对计算机的存储容量和处理能力都将是一大考验，并且成本也高。因此，需要对海量点云进行下采样处理，通过一定的规则，从海量点云中抽取有代表性的样本代替原来的样本。下采样在图像配准、曲面重建等工作前作为预处理，可以很好地提高程序的运行速度。

下采样通常采用体素滤波器，对输入的点云数据构造一个三维体素栅格，每个体素内用体素中所有点的重心来近似显示体素中的其他点，这样，体素内的所有点用一个重心点最终表示，大大减少了数据量。体素滤波器的优点是在下采样时保存点云的形状特征。

例如，我们先设置一个体素滤波器，体素立方体的边长设置为 1cm，然后进行下采样，下采样前后的点云图如图 11-6 所示。

（a）下采样前的点云图

（b）下采样后的点云图

图 11-6　下采样前后的点云图

图 11-6（b）是下采样后的点云图，相比于图 11-6（a），点云数量肉眼可见地减少了。查看点云文件，可知下采样前点云数量是 35947，下采样后点云数量是 761。

11.5 三维-三维：ICP 点云匹配

11.5.1 点云配准定义

点云配准是指将从多个站点获得的点云数据进行拼接，得到一个统一坐标系下的三维数据点集。它类似于数学上的映射问题，先找到两个点云数据集之间的对应关系，然后将一个坐标系下的点云数据转换到另一个坐标系下。点云配准的实质是不同坐标系下的点云数据之间的坐标变换。点云配准过程主要有以下两个步骤。

（1）寻找对应关系，确定同名点对（同一个点在不同坐标系下的表达）。

（2）计算旋转矩阵 $\boldsymbol{R}$ 和平移矩阵 $\boldsymbol{t}$ 。

图 11-7 所示为两站扫描示意图，在位置 A 和位置 B 分别安放点云采集设备，并对同一个物体进行扫描。在位置 A 获得坐标系 $o_1\text{-}x_1y_1z_1$ 下的点云 $\boldsymbol{M}$ ，在位置 B 获得坐标系 $o_2\text{-}x_2y_2z_2$ 下的点云 $\boldsymbol{N}$ ，点云配准的目的是将两个坐标系下的点云 $\boldsymbol{M}$ 和 $\boldsymbol{N}$ 转换到同一坐标系下。

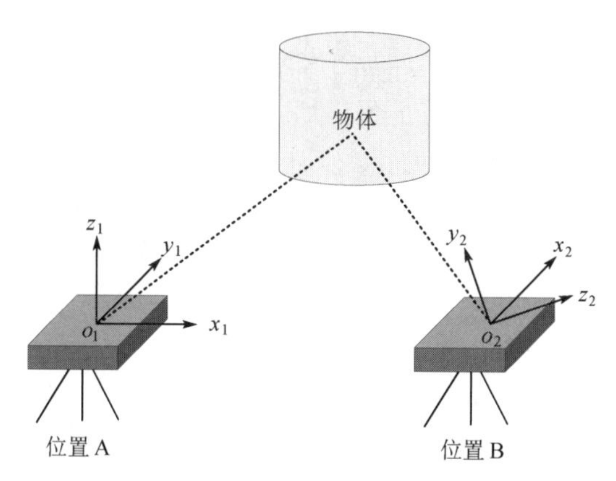

图 11-7 两站扫描示意图

对于从两站采集到的点云 $\boldsymbol{M}$ 和 $\boldsymbol{N}$ ， $\boldsymbol{M}_i(X,Y,Z)$ 、 $\boldsymbol{N}_i(x,y,z)$ 分别表示点云 $\boldsymbol{M}$ 和 $\boldsymbol{N}$ 中的任意一个点，且 $\boldsymbol{M}_i$ 、 $\boldsymbol{N}_i$ 为在不同坐标系下的同一点。点云配准是让全部来自两个不同坐标系下的同名点对 $(\boldsymbol{M}_i,\boldsymbol{N}_i)$ 满足刚体变换 $(\boldsymbol{R},\boldsymbol{t})$ ，即

$$
\begin{aligned}
&[X\ Y\ Z]^{\mathrm{T}} = \boldsymbol{R}[x\ y\ z]^{\mathrm{T}} + \boldsymbol{t}\\
&\boldsymbol{R} = \begin{bmatrix} \cos\alpha & -\sin\alpha & 0 \\ \sin\alpha & \cos\alpha & 0 \\ 0 & 0 & 1 \end{bmatrix} \begin{bmatrix} \cos\beta & 0 & -\sin\beta \\ 0 & 1 & 0 \\ \sin\beta & 0 & \cos\beta \end{bmatrix} \begin{bmatrix} 1 & 0 & 0 \\ 0 & \cos\gamma & -\sin\gamma \\ 0 & \sin\gamma & \cos\gamma \end{bmatrix} \\
&\boldsymbol{t} = \begin{bmatrix} t_x & t_y & t_z \end{bmatrix}^{\mathrm{T}}
\end{aligned}
\tag{11-4}
$$

式中，$\boldsymbol{R}$ 为旋转矩阵；$\boldsymbol{t}$ 为平移矩阵；α、β、γ 为沿 x 轴、y 轴、z 轴的旋转角；t_x、t_y、t_z 为位移量。式（11-4）称为空间相似变换公式，是点云配准的基本公式。先由式（11-4）计算出同名点对转换参数，然后进行点云配准。

目前，根据点云配准算法采用的配准基元，可将其分为基于特征的配准算法和无特征的配准算法两大类。基于特征的配准算法利用角点、边缘、面等几何特征来计算两个点云的变化参数。这类算法主要有以下几种：基于控制点的配准算法、基于线特征的配准算法和基于曲率的配准算法。无特征的配准算法直接利用原始点云数据进行配准。这类算法中最著名的是 ICP 算法，但该算法只适用于存在明确对应关系的点集，并且计算速度慢。

11.5.2 ICP 算法

ICP 算法，即迭代最近点算法。ICP 算法的实质是不断通过点与点之间的匹配进行旋转和平移，利用最小二乘法作为衡量标准，直至点与点之间的距离达到预先设定的阈值。

已知两个待配准点云 $\boldsymbol{M}$ 和 $\boldsymbol{N}$，从点云 $\boldsymbol{N}$ 中查找距离点 $\boldsymbol{M}_i$（点云 $\boldsymbol{M}$ 中的点）欧氏距离最近的点 $\boldsymbol{N}_i$，并以点 $\boldsymbol{M}_i$、$\boldsymbol{N}_i$ 作为对应点来获取变换矩阵，通过不断迭代，使用式（11-5）作为迭代终止条件，最终得到最优变换矩阵，使两个点云重合：

$$f(\boldsymbol{R},\boldsymbol{t})=\min\frac{1}{k}\sum_{i=1}^{k}\left\|\boldsymbol{N}_i-(\boldsymbol{R}\boldsymbol{M}_i+\boldsymbol{t})\right\|^2 \tag{11-5}$$

式中，$\boldsymbol{R}$ 为旋转矩阵；$\boldsymbol{t}$ 为平移矩阵。

ICP 算法的本质是计算源点云和目标点云的变换矩阵，通过旋转和平移的方式使两个点云的配准误差最小，从而达到配准效果。ICP 算法的具体步骤如下。

（1）对源点云 $\boldsymbol{M}$ 进行采样，$\boldsymbol{M}_0\in\boldsymbol{M}$，$\boldsymbol{M}_0$ 表示源点云 $\boldsymbol{M}$ 中的一个子集。

（2）在点云 $\boldsymbol{N}$ 中进行查找，找到子集 $\boldsymbol{M}_0$ 中每个点的最邻近点，得到点云 $\boldsymbol{M}$ 和 $\boldsymbol{N}$ 最初始的对应关系。

（3）利用滤波算法或限定条件剔除错误的对应点对。

（4）根据步骤（2）中的对应关系计算两个点云的变换矩阵，使目标函数，即式（11-5）的值最小，并将计算得出的变换矩阵作用于点云子集 $\boldsymbol{M}_0$，得出变换后新的点云子集 $\boldsymbol{M}_0'$。

（5）根据 $d=\frac{1}{n}\sum_{i=1}^{n}\left\|\boldsymbol{M}_i-\boldsymbol{N}_i\right\|^2$ 判断迭代是否终止。若 d 大于预先设定的阈值，则返回步骤（2）继续迭代；若 d 小于预先设定的阈值或达到预先设定的迭代次数 k，则算法收敛，迭代终止。

ICP 算法流程图如图 11-8 所示。

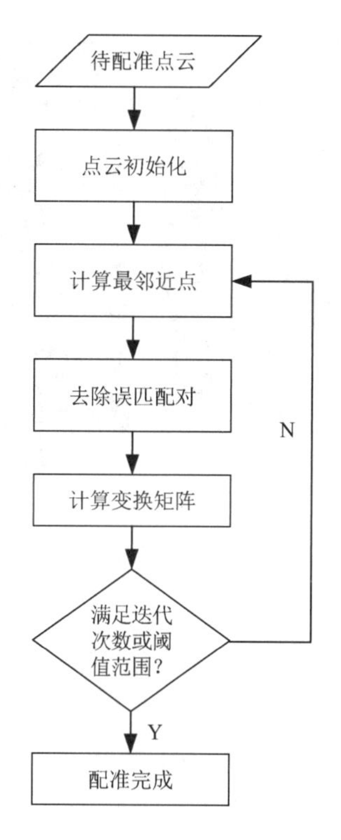

图 11-8 ICP 算法流程图

这里以一个小兔子点云图为例，先将其进行旋转和平移，然后对这两个点云图进行 ICP 配准。首先设置迭代次数为 3，则迭代过程用时为 1534ms，配准结果如图 11-9 所示。

（a）配准前的点云图

（b）配准后的点云图

图 11-9 迭代次数为 3 的 ICP 配准结果

再设置迭代次数为 15，则迭代过程用时为 4055ms，配准结果如图 11-10 所示。

对比两次实验结果，可以看出，迭代次数越大，配准结果越准确。但是，迭代次数增大会导致计算量增大，迭代用时随之增加。因此，在应用 ICP 算法进行配准时，迭代次数应综合计算量和匹配度进行选择。

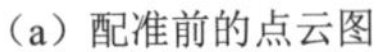

（a）配准前的点云图

（b）配准后的点云图

图 11-10　迭代次数为 15 的 ICP 配准结果

11.6　实践：点云滤波和点云配准

前面内容介绍的几种点云滤波算法和 ICP 算法的代码在 PCL 开源点云库中都已经集成了，直接调用里面的函数可以帮助我们快速进行点云操作。下面通过编程实际练习一下如何使用 PCL 集成函数快速进行点云滤波和点云配准。本次实验所用的点云数据集是斯坦福大学的公开点云数据集，图 11-11（a）和图 11-11（b）所示分别为公开点云数据集中的一只兔子的原始点云图和加入高斯噪声后的点云图。本节程序将演示如何进行点云滤波和点云配准。

（a）原始点云图

（b）加入高斯噪声后的点云图

图 11-11　实验使用的原始点云和加入高斯噪声后的点云图

点云滤波代码如下：

```
1	#include <iostream>
2	#include <pcl/io/pcd_io.h>
```

```
3     #include <pcl/point_types.h>
4     #include <pcl/filters/statistical_outlier_removal.h>
5     #include <pcl/visualization/cloud_viewer.h>
6     #include <pcl/visualization/pcl_visualizer.h>
7     #include <boost/random.hpp>
8     int main(int argc, char** argv)
9     {
10        pcl::PointCloud<pcl::PointXYZ>::Ptr cloud (new pcl::PointCloud<pcl::PointXYZ>);
11        pcl::PointCloud<pcl::PointXYZ>::Ptr cloud_filtered (new pcl::PointCloud<pcl::PointXYZ>);
12        //输入点云
13        pcl::PCDReader reader;
14        //把路径改为自己的存储路径
15        reader.read<pcl::PointXYZ>("存储路径/bunny.pcd", *cloud);
16        std::cerr << "Cloud before filtering: " << std::endl;
17        std::cerr << *cloud << std::endl;
18        //生成高斯随机数
19        pcl::PointCloud<pcl::PointXYZ>::Ptr gauss_cloud(new pcl::PointCloud<pcl::PointXYZ>());
20        gauss_cloud->points.resize((cloud->points.size())/5);
21        gauss_cloud->header = cloud->header;
22        gauss_cloud->width = cloud->width/5;
23        gauss_cloud->height = cloud->height;
24        boost::mt19937 rng;                              //生成随机数
25        rng.seed(static_cast<unsigned int>(time(0)));
26        boost::normal_distribution<> nd(0,0.005);        //参数为均值、方差
27        boost::variate_generator<boost::mt19937&, boost::normal_distribution<>> var_nor(rng, nd);
28
29        //加入高斯噪声
30        for (size_t i=0; i<gauss_cloud->points.size(); i++)
31        {
32            gauss_cloud->points[i].x=cloud->points[5*i].x+static_cast<float>(var_nor());
33            gauss_cloud->points[i].y=cloud->points[5*i].y+static_cast<float>(var_nor());
34            gauss_cloud->points[i].z=cloud->points[5*i].z+static_cast<float>(var_nor());
35        }
36        std::cerr << "gauss cloud: " << std::endl;
37        std::cerr << *gauss_cloud << std::endl;
38        pcl::PointCloud<pcl::PointXYZ>::Ptr total_cloud(new pcl::PointCloud<pcl::PointXYZ>());//点云
      合并
39        *total_cloud=*cloud;
40        *total_cloud=*total_cloud+*gauss_cloud;
41        std::cerr << "total cloud: " << std::endl;
42        std::cerr << *total_cloud << std::endl;
43
44        //创建滤波器对象
45        pcl::StatisticalOutlierRemoval<pcl::PointXYZ> sor;
```

```
46        sor.setInputCloud(cloud);              //输入点云
47        sor.setMeanK(50);   //设置在进行统计时考虑的邻近点个数
48        sor.setStddevMulThresh(2.0);          //设置标准差倍数阈值
49        sor.filter(*cloud_filtered);
50        std::cerr << "Cloud after filtering: " << std::endl;
51        std::cerr << *cloud_filtered << std::endl;
52
53        //显示
54        pcl::visualization::PCLVisualizer viewer("Cloud+Gauss_cloud");
55        //设置颜色
56        pcl::visualization::PointCloudColorHandlerCustom<pcl::PointXYZ> green(cloud, 0, 255, 0);
57        pcl::visualization::PointCloudColorHandlerCustom<pcl::PointXYZ> white(cloud, 255, 255, 255);
58        viewer.addPointCloud(cloud, green, "cloud");
59        viewer.addPointCloud(gauss_cloud, white, "gauss_cloud");
60        //添加点云后，通过点云 ID 来设置显示大小
61        viewer.setPointCloudRenderingProperties(pcl::visualization::PCL_VISUALIZER_POINT_SIZE,
    1, "cloud");
62        viewer.setPointCloudRenderingProperties(pcl::visualization::PCL_VISUALIZER_POINT_SIZE,
    1, "gauss_cloud");
63        //新建显示窗口
64        pcl::visualization::PCLVisualizer viewer2("Cloud after filtering");
65        viewer2.addPointCloud(cloud_filtered, green, "cloud_filtered");
66        viewer2.setPointCloudRenderingProperties(pcl::visualization::PCL_VISUALIZER_POINT_SIZE,
    1, "cloud_filtered");
67        //让点云一直显示
68        while ((!viewer.wasStopped())||(!viewer2.wasStopped()))
69        {
70             viewer.spinOnce();
71        }
72        return (0);
73    }
```

运行此代码，最终得到的点云滤波结果如图 11-5 所示。可以看出，统计分析滤波器剔除了大部分离群点。其他滤波器的点云滤波过程与统计分析滤波器的点云滤波过程类似，限于篇幅原因，本书只给出滤波器部分的关键代码，具体完整代码请读者到本书代码链接下载源码。

半径滤波器的关键代码如下：

```
1    pcl::RadiusOutlierRemoval<pcl::PointXYZ> sor;
2    sor.setInputCloud(total_cloud);              //输入点云
3    sor.setRadiusSearch(0.5);                    //设置搜索半径
4    sor.setMinNeighborsInRadius(8);              //设置半径内最少邻近点个数
5    sor.filter(*cloud_filtered);
```

体素滤波器的关键代码如下：

```
1    pcl::VoxelGrid<pcl::PointXYZ> sor;
2    sor.setInputCloud(cloud);                    //输入点云
3    sor.setLeafSize(0.01f,0.01f,0.01f);          //设置体素大小，单位：m
4    sor.filter(*cloud_filtered);
```

代码运行结果如图 11-6 所示。

ICP 配准的关键代码如下：

```
1    pcl::IterativeClosestPoint<PointT, PointT> icp;
2    icp.setMaximumIterations(iterations);    //最大迭代次数
3    icp.setInputSource(cloud_icp);           //需要配准的点云
4    icp.setInputTarget(cloud_in);            //基准点云
5    icp.align(*cloud_icp);                   //输出配准后的点云
```

代码运行结果如图 11-9 和图 11-10 所示。

第 12 章 可视化建图与渲染

12.1 概述

可视化是利用计算机图形学和图像处理技术，将数据转换成图形或图像在屏幕上显示出来，并进行交互处理的理论、方法和技术。它涉及计算机图形学、图像处理、计算机视觉、计算机辅助设计等多个领域，成为研究数据表示、数据处理、决策分析等一系列问题的综合技术。可视化技术最早运用于计算机科学，并形成了可视化技术的一个重要分支——科学计算可视化（Visualization in Scientific Computing）。科学计算可视化能够将科学数据，包括测量获得的数值、图像，或者计算中涉及、产生的数字信息变为直观的、以图形图像信息表示的、随时间和空间变化的物理现象或物理量，并将其呈现在研究者面前，使他们能够进行观察、模拟和计算。目前，正在发展的虚拟现实技术等都依赖于计算机图形学、科学计算可视化的发展，已涉及建筑、产品设计、医学、地球科学、流体力学、虚拟农业等领域。

人们对科学计算可视化的研究经历了一个很长的历程，并且形成了许多可视化工具。其中，SGI 公司推出的三维图形库 GL 表现突出，易于使用且功能强大。利用 GL 开发出来的三维应用软件颇受许多专业技术人员的喜爱，这些三维应用软件涉及建筑、产品设计、医学、地球科学、流体力学等领域。

随着计算机技术的发展，GL 已经进一步发展为 OpenGL。OpenGL 已被认为是高性能图形和交互式视景处理的标准，包括 ATT 公司、IBM 公司、DEC 公司、SUN 公司、HP 公司、微软公司和 SGI 公司等在计算机市场处于领先地位的公司都采用了 OpenGL 图形标准。值得一提的是，由于微软公司在 Windows NT 中提供了 OpenGL 图形标准，因此 OpenGL 在微型计算机中被广泛应用，特别是 OpenGL 三维图形加速卡和微型计算机图形工作站的推出，人们可以在微型计算机上实现三维图形应用，如 CAD 设计、仿真模拟、三维游戏等，从而更有机会、更方便地使用 OpenGL 及其应用软件来建立自己的三维图形世界。

PCL 中的 pcl_visualization 库提供了与可视化相关的数据结构和组件，包含 27 个类和十几个函数，主要是为了将经其他模块的算法处理后的结果直观地反馈给用户，同时提供与 VTK（Visualization Tool Kit，可视化工具包）进行数据变换的接口，方便开发者直接进行扩展。

12.2 单目稠密重建

12.2.1 稀疏重建与稠密重建的区别

通常使用三维坐标测量机得到的点云数量比较少，点与点的间距也比较大，称为稀疏点云，而使用三维激光扫描仪或照相式扫描仪得到的点云数量比较多并且比较密集，称为密集点云。

稀疏重建是指通过照相机运动重建场景结构（Structure From Motion，SFM），从输入的图像中提取特征点并匹配，由于特征点具有代表性，所以在提取特征点的过程中势必会损失大量信息，造成用于匹配的特征点不密集，而用于进行重建的点是由特征匹配提供的，因此重建过程称为稀疏重建。

稠密重建是指通过多视角立体重建（Multi View Stereo，MVS）来对图像的每个像素点进行匹配，重建每个像素点的三维坐标，这样得到的点云的密集程度可以比较接近图像为我们展示出的清晰度。

稀疏重建与稠密重建的区别在于，稀疏重建只建模“感兴趣”的部分，即特征点（路标点），而稠密重建会建模所有看到的部分。以桌子为例，稀疏重建可能只建模了桌子的 4 个角，而稠密重建会建模整张桌子。虽然从定位的角度看，只有 4 个角的地图也可以用于对照相机进行定位，但是，由于我们无法从 4 个角推断这几个点之间的空间结构，所以无法仅用 4 个角来完成导航、避障等需要稠密重建才能完成的工作。

12.2.2 单目稠密重建方法

在稠密重建中，我们需要知道每个像素点（或大部分像素点）处真实物体与照相机镜头的距离，这个距离便是深度信息，对此大致有以下解决方案。

（1）使用单目照相机，通过移动照相机进行三角化测量得到深度信息。

（2）使用双目照相机，利用左右目的视差计算深度信息。

（3）使用 RGB-D 照相机直接获得深度信息。

前两种称为立体视觉（Stereo Vision），相比于 RGB-D 照相机直接获得的深度信息，单目照相机和双目照相机需要大量的计算才能获得深度信息的估计值，但是，RGB-D 照相机受量程、应用范围和光照的限制。相比于单目照相机和双目照相机，使用 RGB-D 照相机进行稠密重建往往是更常见的选择。目前，RGB-D 照相机还无法很好地应用于室外场景、大场景中，仍需要通过立体视觉估计深度信息。下面介绍单目稠密重建方法。

从最简单的情况介绍，在给定照相机轨迹的基础上，估计某幅图像的深度信息。在稀疏重建中，我们对图像提取特征，根据描述子进行特征之间的匹配，即通过特征对某一空间点进行跟踪，知道它在各图像之间的位置。由于无法仅使用一幅图像确定特征点的空间位置，所以需要根据不同视角下的观测来估计它的深度，即三角测量。

在稠密重建中，无法把每个像素点都当作特征点计算描述子，因此，匹配就显得尤为重要，需要用到极线搜索和块匹配技术。当我们知道了某个像素点在各图像中的位置时，与特征匹配类似，可以用三角测量确定它们的深度。不同的是，需要很多次三角测量才能使深度估计收敛到一个稳定值，这就是深度滤波器技术。

1. 极线搜索和块匹配

图 12-1 所示为极线搜索示意图。

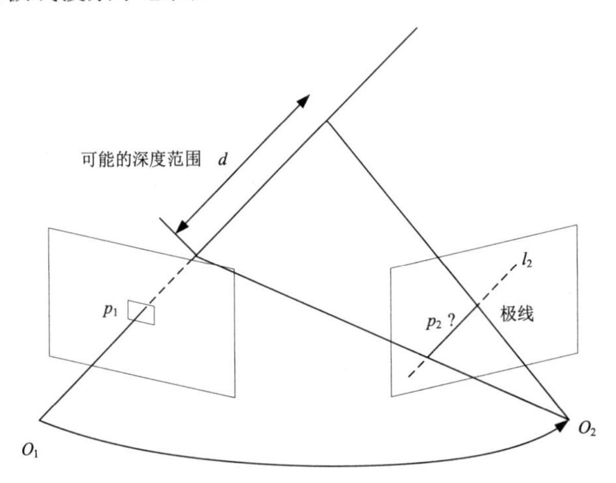

图 12-1　极线搜索示意图

左侧照相机观测到了某个像素点 p_1，由于是单目照相机，所以无法知道其深度。因此，假设深度可能在某个区域内，不妨设该区域为$(d_{\min},+\infty)$，即该像素点对应的空间点对应图 12-1 中的射线d。从右侧照相机看来，这条射线的投影也形成图像平面上的一条线，即极线。当知道两台照相机之间的运动时，这条极线随之确定。问题是，极线上的哪一点才是刚才观察到的点 p_1 所对应的空间点？

在基于特征点的稀疏重建中，可以通过特征匹配找到像素点 p_2 的位置，然而，由于没有描述子，所以只能在极线上搜索与像素点 p_1 相似的像素点，如沿着图 12-1 中的极线逐个比较每个像素点与像素点 p_1 的相似程度。从直接比较像素点的角度看，这种做法和以像素点的亮度作为图像特征的直接法异曲同工。但在直接法中可以发现，比较单个像素点的亮度并不是稳定可靠的，因为极线上可能存在很多与像素点 p_1 相似的像素点。因此，既然单个像素点的亮度没有区分性，就来比较像素块，先在像素点 p_1 周围取一个大小为$w\times w$的小块，然后在极线上也取很多同样大小的小块进行比较，在一定程度上提高区分性，这就是块匹配。

把像素点 p_1 周围的小块记为$A\in\mathbb{R}^{w\times w}$，极线上的$n$个小块记为$B_i$，$i=1,2,\cdots,n$。用归一化互相关（Normalization Cross Correlation，NCC）来计算A与每个像素块B_i的相关性，即

$$S(A,B)_{\mathrm{NCC}}=\frac{\sum_{i,j}A(i,j)B(i,j)}{\sqrt{\sum_{i,j}A(i,j)^2B(i,j)^2}} \tag{12-1}$$

如果相关性为0，则表示图像不相似；如果相关性为1，则表示图像相似。我们将得到一个沿极线的 NCC 分布，这个分布的形状取决于图像本身的样子。

在搜索距离较长的情况下，通常会得到一个非凸函数：NCC 分布存在着很多峰值，然而，真实的对应点必定只有一个。在这种情况下，通常使用概率分布描述深度，而不用某个单一的数值描述深度。在不断对不同的图像进行极线搜索时，估计深度分布所发生的变化，这一过程称为深度滤波器。

2．深度滤波器的原理和实现

对像素点的深度估计可建模为一个状态估计问题，因此存在滤波器与非线性优化两种求解思路。由于前端计算量大，所以为了减小计算量，通常采用滤波器求解。

假设深度服从高斯分布，即对于像素点的深度 d，满足 $P(d)=N(\mu,\sigma^2)$。当新的观测数据到来时，其深度也应该服从高斯分布 $P(d_{\mathrm{obs}})=N(\mu_{\mathrm{obs}},\sigma_{\mathrm{obs}}^2)$，需要利用新的观测数据更新原有的深度 d 的分布。

将新计算出来的深度数据分布乘原来的分布，进行信息融合。由于高斯分布的乘积仍是一个高斯分布，所以得到融合后的高斯分布 $P(d_{\mathrm{fuse}})=N(\mu_{\mathrm{fuse}},\sigma_{\mathrm{fuse}}^2)$，其中：

$$\begin{cases}\mu_{\mathrm{fuse}}=\dfrac{\sigma_{\mathrm{obs}}^2\mu+\sigma^2\mu_{\mathrm{obs}}}{\sigma^2+\sigma_{\mathrm{obs}}^2}\\ \sigma_{\mathrm{fuse}}=\dfrac{\sigma^2\sigma_{\mathrm{obs}}^2}{\sigma^2+\sigma_{\mathrm{obs}}^2}\end{cases} \tag{12-2}$$

关于 μ_{obs}、σ_{obs}^2 的计算存在不同的处理方式。这里考虑由几何关系带来的不确定性，如图 12-2 所示。

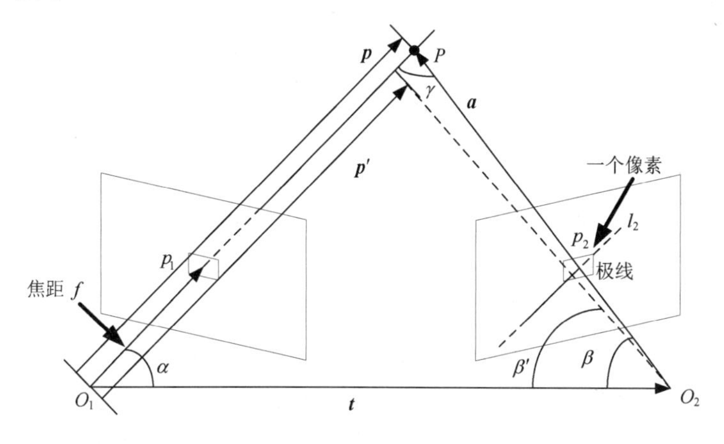

图 12-2　不确定性分析

考虑某次极线搜索，找到点 p_1 对应的像素点 p_2，从而观测到了 p_1 的深度，认为对应的三维点为 P。从而，O_1P 可记为 $\boldsymbol{p}$，O_1O_2 为照相机的平移矩阵 $\boldsymbol{t}$，O_2P 记为 $\boldsymbol{a}$。并且，把这个三角形下面两个角记为 α、β。考虑极线 l_2 上存在着一个像素大小的误差，使得 β 变成了 β'，而 $\boldsymbol{p}$ 也变成了 $\boldsymbol{p}'$，并将上面那个角记为 γ。一个像素的误差所导致的 $\boldsymbol{p}'$ 与 $\boldsymbol{p}$ 产生的差距大小可以通过几何问题进行求解。下面列出这些量之间的几何关系：

$$\begin{cases} \boldsymbol{a} = \boldsymbol{p} - \boldsymbol{t} \\ \alpha = \arccos\langle \boldsymbol{p}, \boldsymbol{t} \rangle \\ \beta = \arccos\langle \boldsymbol{a}, -\boldsymbol{t} \rangle \end{cases} \tag{12-3}$$

对 p_2 扰动一个像素，将使得 β 产生一个变化量 $\delta\beta$，由于照相机焦距为 f，因此有

$$\delta\beta = \arctan\frac{1}{f} \tag{12-4}$$

$$\begin{cases} \beta' = \beta + \delta\beta \\ \gamma = \pi - \alpha - \beta' \end{cases} \tag{12-5}$$

根据正弦定理，$\boldsymbol{p}'$ 的大小为

$$\|\boldsymbol{p}'\| = \|\boldsymbol{t}\|\frac{\sin\beta'}{\sin\gamma} \tag{12-6}$$

由此确定了由单个像素的不确定性引起深度不确定性的函数关系。如果认为极线搜索的块匹配仅有一个像素的误差，则可以设

$$\sigma_{\text{obs}} = \|\boldsymbol{p}\| - \|\boldsymbol{p}'\| \tag{12-7}$$

如果不确定性大于一个像素的误差，则可按照此推导来放大不确定性。

完整的单目稠密重建的过程如下。

（1）假设所有像素的深度满足某个初始的高斯分布。

（2）当产生新观测数据时，通过极线搜索和块匹配确定投影点位置。

（3）根据几何关系计算三角化后的深度和不确定性。

（4）将当前观测数据与上一次的估计进行融合。若收敛，则停止计算；否则，返回第（2）步。

12.3 稠密建图

12.3.1 稠密重建方法

稠密重建中的关键技术是 MVS。MVS 算法可大致分为以下 4 类。

（1）可变形的多边形网格算法：要求一个模型体来进行初始化。

（2）基于体素的算法：要求一个包含场景的边缘盒，精度由体素网格大小决定。

（3）基于面片模型的算法：要求对一组小的面片进行重建。

（4）基于多幅深度图像的算法：要求对多幅深度图像进行融合，得到全局唯一的模型。

MVS 算法也可以根据处理数据的类型分为单一模型、大场景、复杂环境等。MVS 算法的选择在很大程度上依赖数据类型和应用环境。目前，应用最为广泛的是基于面片模型的稠密重建（Patch-based MVS，PMVS）算法。

12.3.2 PMVS 算法

PMVS 算法对每个图像元胞建立至少一个面片，该过程主要有以下 3 个步骤。

（1）特征匹配：通过 Harris 算法和 DoG 提取特征点，并且利用这些特征点在所有图像中进行匹配，建立一系列稀疏的匹配点（可能存在一些错误的点）。

（2）扩散：将初始匹配点向邻近位置进行扩散，得到相对比较稠密的面片。

（3）滤波：使用全局的可视化约束消除物体或场景、里面和外面的点。

PMVS 算法在第（1）步完成特征匹配后得到稀疏的匹配点，并且消除错误的匹配点，然后需要将第（2）步和第（3）步迭代计算 n 次（一般 $n=3$）。PMVS 算法流程图如图 12-3 所示。

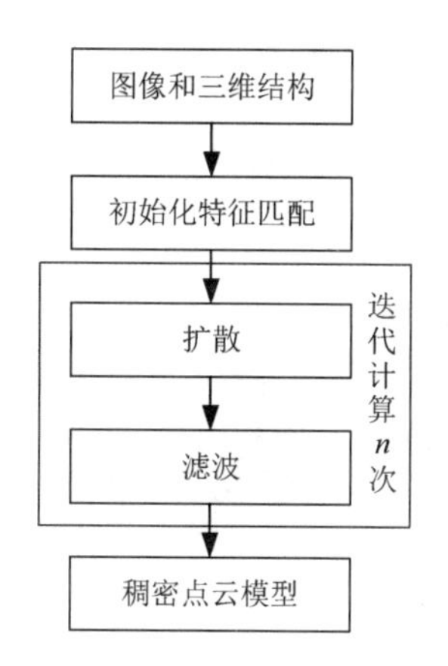

图 12-3　PMVS 算法流程图

12.4 图形渲染

12.4.1 预渲染与实时渲染的区别

实时渲染是指每帧都不假设任何条件，都针对当时实际的光源、照相机和材质参数进行光照计算，如常见的 D3D、OpenGL 的光照计算。预渲染一般先固定光源和物体的材质参数，通过其他的辅助工具，把光源对物体的光照参数输出为纹理贴图，在显示时不对物体进行光照处理，只进行贴图计算。

预渲染可以先借助复杂高效的工具对场景进行精细且长期的渲染，然后在浏览时直接利用这些以前渲染的数据来绘制，从而可以在保证渲染的速度的同时获得很好的渲染质量。但缺点是不能很好地处理动态的光源和变化的材质，在交互性比较强的环境中无法使用。

12.4.2 WebGL与渲染管线

WebGL是随着HTML5规范提出的用于Web端进行图形渲染的OpenGL API。SGI公司在1992年发布了OpenGL图形渲染库。作为跨平台跨语言的图形渲染库，OpenGL为图形硬件的设计和三维图形渲染过程提供了统一的标准。随后，OpenGL组织提出了一套运用于Web端的图形标准库WebGL，其继承了OpenGL大部分的功能。因此，首先介绍OpenGL框架。

目前，大部分OpenGL规范都是基于GPU硬件实现的，性能远高于使用软件来实现的性能。自OpenGL4.0发布以来，OpenGL删除了固定管线，改用可编程管线为用户进行图形渲染提供了更多、更方便的接口，优化了复杂的图形渲染效果。OpenGL的图形渲染是由一系列渲染管线实现的。OpenGL图形渲染过程如图12-4所示。

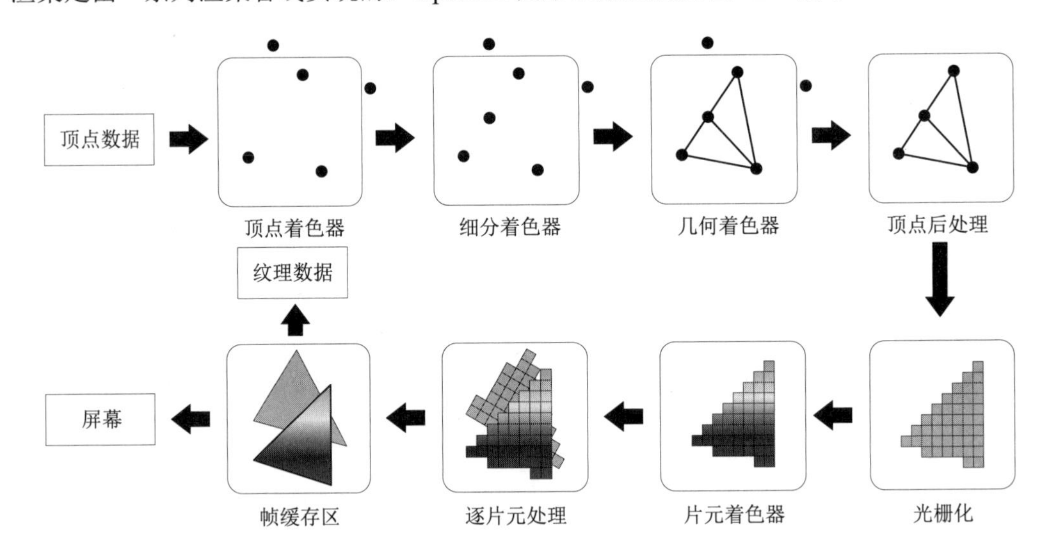

图12-4 OpenGL图形渲染过程

OpenGL图形渲染过程的具体实现如下。

（1）顶点着色器（Vertex Shader）。在非固定管线中，GPU对输入顶点数据中的每个顶点调用GLSL语言编写的顶点着色器程序进行处理。在固定管线中，一般处理顶点位置、颜色、法线、纹理坐标等。

（2）细分着色器（Tessellation Shader）。细分几何图元使几何模型外观更为平顺，包括生成额外的顶点、偏移顶点等操作。通过编写细分曲面控制着色器（Tessellation Control Shader，TCS）和细分曲面计算着色器（Tessellation Evaluation Shader，TES）来实现细分几何图元。

（3）几何着色器（Geometry Shader）。几何着色器处理输入的几何图元，生成新的零个、一个或多个几何图元。

（4）顶点后处理（Vertex Post-processing）。顶点后处理阶段由GPU硬件进行处理，包括图元装配、裁剪（Clipping）、透视除法等操作。图元装配将顶点与几何图元组织起来，经过裁剪将视口以外的几何图元进行切割，并从归一化的设备坐标（Normalized Device Coordinates，NDC）空间转换到屏幕空间下，用于之后的光栅化处理。

（5）光栅化（Rasterization）。在光栅化阶段，对每个几何图元进行栅格化，生成片元（Fragment）。每个片元的属性值由几何图元的顶点插值产生。

（6）片元着色器（Fragment Shader）。在片元着色器阶段，调用用户编写的程序在片元着色器中处理每个片元（包括来自顶点着色器相应的坐标、颜色、法线等属性），输出片元的颜色和深度信息。在片元着色器中，还可以终止这个片元的处理，这一步称为片元的丢弃（Discard）。

（7）逐片元处理（Fragment Operation）。在逐片元处理阶段，对片元进行一系列处理，包括深度测试、裁剪测试、模板测试、颜色混合（Blending）、逻辑测试等操作。深度测试是指测试同一个像素位置对应片元的深度，仅保留深度最大的片元。裁剪测试给用户提供一个接口，用于限定图形渲染的区域，裁剪区域以外的片元，默认区域大小为整个屏幕。模板测试是指用户利用模板缓存区域测试片元，只保留符合模板要求的片元。颜色混合是指对于同一个像素位置对应的所有片元，可以使用多种不同方式进行混合计算。当开启颜色混合功能时，OpenGL 将自动关闭深度测试。逻辑测试是指用户可以用指定方式将片元写入帧缓存区，默认为覆盖写入。

（8）帧缓存区。帧缓存区的数据可以当作纹理来使用，也可以直接渲染到屏幕上。

WebGL 继承了 OpenGL 规范的大部分功能，渲染管线与 OpenGL 基本相同。但WebGL 不支持细分着色器和几何着色器。随着 WebGL2.0 的提出，原来不被支持的部分高级功能得到了使用，如多渲染目标（Multiple Render Target，MRT）等。

12.5 点云渲染与可视化

为了补充点云中点与点之间的拓扑关系，提高点云图的可视化效果，需要进行点云渲染，即点云到面的生成。点云渲染有两种方法：一种是使用面片进行拟合；另一种是利用点云生成网格模型。

12.5.1 基于面片的渲染算法

基于面片的渲染算法将每个点渲染为点面元（Surfel）并进行叠加，形成几何表面进行渲染。使用面片模拟光滑几何表面的过程需要解决面片大小、表面光滑、锯齿等问题。常用基于椭圆加权滤波（Elliptical Weighted Average，EWA）渲染框架解决上述问题。

EWA 渲染算法在世界坐标系下利用邻近点集重建出连续的几何表面，但是，该几何表面经过模型视图变换、投影变换等操作，投影到屏幕空间的二维图像会出现严重的走样现象。因此，需要在屏幕空间中对二维图像进行重建，生成光滑图像。

EWA 渲染算法流程如下，对该算法具体内容感兴趣的读者可参考论文“Surfels: Surface elements as rendering primitives”。

（1）利用邻域的点拟合点云模型表面，如图 12-5 所示。

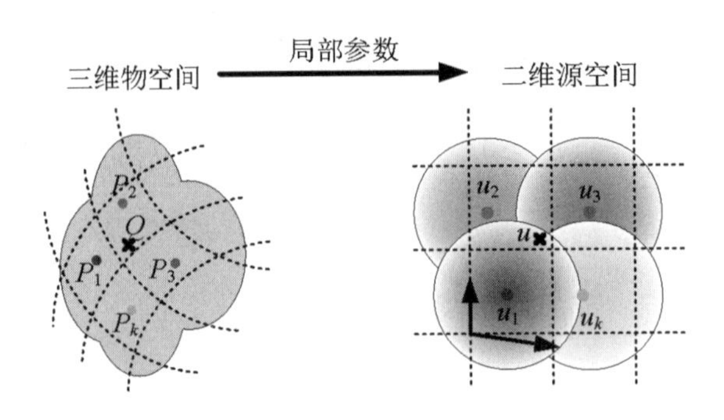

图 12-5　拟合点云模型表面

（2）定义局部参数坐标系到屏幕坐标系的映射，如图 12-6 所示。

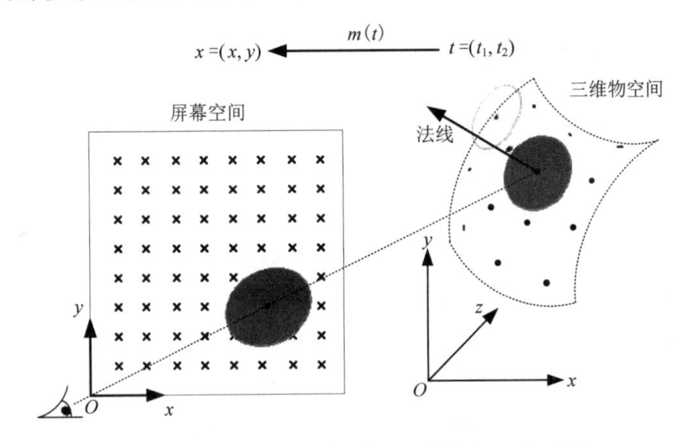

图 12-6　局部参数坐标系到屏幕坐标系的映射

（3）由于模型视图变换、投影变换等操作，生成屏幕上的像素会出现走样现象，所以需要进行低通滤波处理。

（4）对生成的像素进行归一化处理。

EWA 渲染框架使用三维重建核和低通滤波函数生成屏幕空间上的三维重采样函数。当照相机靠近物体时，三维重建核被放大，能够很好地模拟几何物体的表面。当照相机远离物体时，低通滤波函数作用被放大，对生成的图像起到很好的反走样处理作用。无论三维重建核还是低通滤波函数，每个采样点对目标向量的影响随着采样点与照相机之间距离的增大呈指数级下降。因此，一般将三维重建核和低通滤波函数的作用域限定在一定范围，以减少计算量。

12.5.2　网格重建

1．泊松重建算法原理

泊松重建算法是点云重建网格算法中常见的全局隐式重建算法，其主要的思想是为物体 M 定义指示函数 $\chi_M(x)=\begin{cases}1, & x\in M\\0, & x\notin M\end{cases}$，边界为 ∂_M。利用点云的位置和法线信息建立

与指示函数 χ_M 的关联，将求解物体表面 $S=\partial_M$ 转换为求解指示函数 χ_M，如图 12-7 所示。

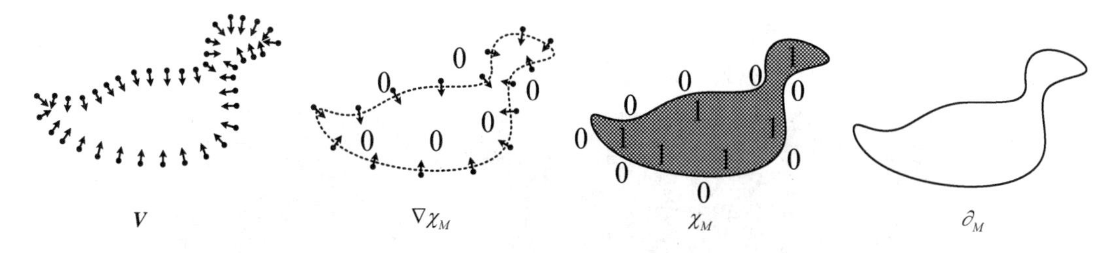

图 12-7　物体模型的指示函数

求解指示函数 χ_M 的关键在于建立指示函数 χ_M 的导数与点云拟合的物体表面上的向量场 $\boldsymbol{V}$ 的联系。由于指示函数 χ_M 为分段函数难以直接求导，所以利用平滑滤波器 $\tilde{F}(q)$，用平滑指示函数 $\chi_M \circ \tilde{F}$ 来近似求导。其中，$\tilde{F}(q)=\tilde{F}(p-q)$ 表示 $\tilde{F}$ 沿 p 方向的平移。对于任意点 $p\in\partial_M$，$\boldsymbol{N}_{\partial_M}(p)$ 为物体在表面上 p 点的法向量，经推导可得平滑指示函数 $\chi_M \circ \tilde{F}$ 的导数为

$$\nabla\left(\chi_M \circ \tilde{F}\right)(q_0)=\int_{\partial_M}\tilde{F}_p(q_0)\boldsymbol{N}_{\partial_M}(p)\mathrm{d}p \tag{12-8}$$

由于 ∂_M 表面未知，所以无法使用 $\boldsymbol{N}_{\partial_M}$ 进行积分，但是，点云是从物体 M 上采样得到的，因此，可以使用离散点集 $\Omega=\{(\boldsymbol{p}_i,\boldsymbol{n}_i)\}$ 进行拟合。其中，$\boldsymbol{p}_i$ 为采样点的位置，$\boldsymbol{n}_i$ 为采样点的法线。考虑到点云数据是离散的，将 ∂_M 分割为互不相交的区域 φ_s，$s\in\Omega$。因此，式（12-8）可以使用积分和表示，每个小积分元使用采样点 $\boldsymbol{p}_i$ 对应的函数公式、采样点的法向量 $\boldsymbol{n}_i$ 和区域的面积代替，即

$$\nabla\left(\chi_M \circ \tilde{F}\right)(q_0)=\sum_{s\in\Omega}|\varphi_s|\tilde{F}_{\boldsymbol{p}_i}(q_0)\boldsymbol{n}_i \tag{12-9}$$

式中，平滑滤波器 $\tilde{F}(q)$ 的范围应该使用采样分辨率进行限定。范围过宽会过度光滑指示函数，而范围过窄会导致无法有效拟合物体表面上的积分。

泊松重建算法希望通过计算向量场 $\boldsymbol{V}$，使用 $\nabla\tilde{\chi}=\boldsymbol{V}$ 来推导指示函数。然而，向量场在通常意义上难以进行积分。为了求解式（12-9）的最小二乘解，对式（12-9）两边进行求导，得到泊松公式 $\nabla\tilde{\chi}=\nabla\boldsymbol{\cdot}\boldsymbol{V}$。因此，泊松重建算法的指示函数求解转换为求解泊松公式。

2. 泊松重建算法的实现框架

泊松重建算法是基于 L2 投影来求解泊松公式的，主要思路是构建一个函数空间，使用其线性方程公式表示物体表面上的向量场 $\boldsymbol{V}$，建立并求解泊松公式，从解出的指示函数中构建物体的网格模型。泊松重建算法的具体公式在此不再赘述，本书只给出泊松重建算法的基本思想和实践操作，感兴趣的读者可以参考论文“Poisson Surface Reconstruction”。

3. 曲面重建实例

PCL 中有相应的曲面重建模块，最为常用的模块是贪婪三角化曲面重建和泊松曲面重建。图 12-8～图 12-10 所示为三组点云数据曲面重建示意图。

（a）原始点云图

（b）曲面重建图

图 12-8　曲面重建示意图（1）

（a）原始点云图

（b）曲面重建图

图 12-9　曲面重建示意图（2）

（a）原始点云图

（b）曲面重建图

图 12-10　曲面重建示意图（3）

12.6 实践：点云曲面重建

前面介绍的几种点云曲面重建的代码在 PCL 开源点云库中都已经集成了，直接调用里面的函数可以帮助我们快速进行点云曲面重建。下面通过编程实际练习一下如何使用 PCL 集成函数快速进行点云曲面重建的过程。本次实验所用的点云数据集是斯坦福大学的公开点云数据集，图 12-8（a）是此公开点云数据集中的兔子点云图，除此之外，还将使用图 12-9（a）和图 12-10（a）所示的点云图进行实验。本节程序将演示如何进行点云曲面重建。

点云曲面重建代码如下：

```
1    #include <iostream>
2    #include <pcl/io/pcd_io.h>
3    #include <pcl/point_types.h>
4    #include <pcl/kdtree/kdtree_flann.h>
5    #include <pcl/surface/mls.h>
6    #include <pcl/features/normal_3d.h>
7    #include <pcl/surface/gp3.h>
8    #include <pcl/visualization/pcl_visualizer.h>
9    #include <boost/thread/thread.hpp>
10   int main(int argc, char** argv)
11   {
12       pcl::PointCloud<pcl::PointXYZ>::Ptr cloud(new pcl::PointCloud<pcl::PointXYZ>);
13       pcl::PointCloud<pcl::PointXYZ>::Ptr cloud_filtered(new pcl::PointCloud<pcl::PointXYZ>);
14       //输入点云
15       pcl::PCDReader reader;
16       //把路径改为自己的存储路径
17       reader.read<pcl::PointXYZ>("存储路径/bunny.pcd", *cloud);
18       std::cerr << "Cloud before " << std::endl;
19       std::cerr << *cloud << std::endl;
20       pcl::NormalEstimation<pcl::PointXYZ, pcl::Normal> n;   //法线估计对象
21       //存储估计的法线
22       pcl::PointCloud<pcl::Normal>::Ptr normals(new pcl::PointCloud<pcl::Normal>);
23       //定义 K 维树指针
24       pcl::search::KdTree<pcl::PointXYZ>::Ptr tree(new pcl::search::KdTree<pcl::PointXYZ>);
25       tree->setInputCloud(cloud);          //用 cloud 构建 tree 对象
26       n.setInputCloud(cloud);              //为法线估计对象设置输入点云
27       n.setSearchMethod(tree);             //设置搜索方法
28       n.setKSearch(50);                    //设置 k 搜索的 k 值
29       n.compute(*normals);                 //将法线结果存储到 normals
30       pcl::PointCloud<pcl::PointNormal>::Ptr cloud_with_normals(new pcl::PointCloud<pcl::PointNormal>);
31       //连接字段，cloud_with_normals 存储有向点云
32       pcl::concatenateFields(*cloud,*normals,*cloud_with_normals);
33       //定义搜索树对象
```

```
34        pcl::search::KdTree<pcl::PointNormal>::Ptr tree2(new pcl::search::KdTree<pcl::PointNormal>);
35        tree2->setInputCloud(cloud_with_normals);    //利用点云构建搜索树
36        pcl::GreedyProjectionTriangulation<pcl::PointNormal> gp3;  //定义三角化对象
37        pcl::PolygonMesh triangles;                    //存储最终三角化的网格模型
38        gp3.setSearchRadius(0.5);                      //设置连接点之间的最大距离
39        //设置各参数特征值
40        gp3.setMu(2.5);                                //设置搜索的邻近点的最大距离
41        gp3.setMaximumNearestNeighbors(50);            //设置搜索的邻近点个数
42        gp3.setMaximumSurfaceAngle(M_PI/4);//设置某点法线方向偏离样本点法线方向的最大角度为45°
43        gp3.setMinimumAngle(M_PI/18);                  //设置三角化后三角形内角最小角度
44        gp3.setMaximumAngle(2*M_PI/3);                 //设置三角化后三角形内角最大角度
45        gp3.setNormalConsistency(false);               //设置该参数，保证法线方向一致
46        gp3.setInputCloud(cloud_with_normals);         //设置输入点云为有向点云
47        gp3.setSearchMethod(tree2);                    //设置搜索方式为tree2
48        gp3.reconstruct(triangles);                    //重建提取三角化
49        //附加顶点信息
50        std::vector<int> parts=gp3.getPartIDs();
51        std::vector<int> states=gp3.getPointStates();
52        boost::shared_ptr<pcl::visualization::PCLVisualizer> viewer(new pcl::visualization::PCLVisualizer
     ("3D Viewer"));
53        viewer->setBackgroundColor(0, 0, 0);
54        viewer->addPolygonMesh(triangles, "my");
55        while(!viewer->wasStopped())
56        {
57            viewer->spinOnce(100);
58            boost::this_thread::sleep(boost::posix_time::microseconds(100000));
59        }
60        return (0);
61    }
```

运行此代码，最终得到的点云曲面重建结果如图 12-8（b）所示。

第 13 章

图像语义基本概念与标注方法

13.1 图像语义基本概念

13.1.1 定义

作为三维实景视觉室内定位的经典方案之一，视觉同步定位和建图（V-SLAM）从根本上就有限制，这些限制来自以图像几何特征为基础的单纯环境理解。而相比于图像几何特征，语义 SLAM 以高层次的环境感知为特点，开启了一扇三维实景视觉室内定位的新大门，即将图像语义应用于有效位姿估计、回环检测、轨迹重建等环节，构建快速、高效的语义地图。目前，随着深度学习的不断发展，图像语义正逐渐成为计算机视觉领域的研究热点。

语言所蕴含的意义就是语义（Semantic）。语义可以简单地看作数据所对应的现实世界中的事物所代表的概念的含义，以及这些含义之间的关系，是数据在某个领域上的解释和逻辑表示。简单地说，符号是语言的载体。符号本身没有任何意义，只有被赋予含义的符号才能被使用，此时，语言就转化为信息，而语言的含义就是语义。当语义蕴含在图像中时，其显示方式是：在图像中，不同类别的物体用不同的颜色体现。图像语义示意图如图 13-1 所示。

图 13-1　图像语义示意图

语义具有领域性特征，不属于任何领域的语义是不存在的。而语义异构则是指对同一事物在解释上所存在的差异，体现为同一事物在不同领域理解的不同。对于计算机科学来说，语义一般是指用户对于那些用来描述现实世界中的计算机表示（符号）的解释，即用户用来联系计算机表示和现实世界的途径。由于信息概念具有很强的主观特征，所以目前没有一个统一和明确的解释。我们可以将信息简单地定义为被赋予了含义的数据，如果该含义（语义）能够被计算机“理解”（指能够通过形式化系统解释、推理并判断），那么该信息就是能够被计算机处理的信息。关于知识的概念，没有明确的定义，一般来说，知识为人类提供了一种能够理解的模式，用来判断事物到底表示什么或事情将会如何发展。从知识的陈述特性看，知识是指用于描述信息的概念、概念之间的关系，以及概念在陈述具体事实时所必须遵守的条件。从这一点看，对信息语义和信息语义之间的关联关系的描述本身就是一种知识的表达。因此，在许多研究中，往往将语义的描述等同于知识的描述。

在计算机视觉中，主要涉及图像语义，即图像内容的含义。图像语义可以通过语言来表达，包括自然语言和符号语言（数学语言）。但图像语义并不限于自然语言，其外延对应人类视觉系统对于图像的所有理解方式。图像语义主要分为视觉层、对象层和概念层。视觉层是通常所理解的底层，即颜色、纹理和形状等特征，这些特征都被称为底层特征语义。对象层是中间层，通常包含了属性特征等，即某一对象在某一时刻的状态。概念层是高层，即图像表达的最接近人类理解的东西。

举例来说，一幅图像宏观展现了海滩的场景，具体是由沙子、蓝天、海水等组成的，从视觉层角度分析，可以宏观描述蓝天的颜色、海水的纹理、沙子的形状；从对象层角度分析，图像由沙子、蓝天和海水的属性组成；从概念层角度分析，图像展示的就是海滩，这就是这幅图像表现出的语义。

13.1.2 语义研究内容

图像语义的研究致力于图像的目标检测和语义信息识别、分类等方面，在人工智能方面发挥着重要的作用。在计算机视觉中，图像语义是让计算机“看懂”图像内容的主要手段。从计算机信息处理的角度看，一个完整的图像语义理解系统可以分为以下 4 层：数据层、描述层、认知层和应用层，各层的功能如下。

（1）数据层：获取图像数据，这里的图像可以是二值图像、灰度图像、彩色图像和深度图像等，本书主要针对摄像头采集的彩色图像或灰度图像。数据层主要涉及图像的压缩和传输。数字图像的基本操作（平滑、滤波等一些去噪的操作）也可归入数据层。数据层的主要操作对象是像素点。

（2）描述层：提取特征，度量特征之间的相似性（距离），采用的技术有子空间（Subspace）算法，如独立子空间分析（Independent Subspace Analysis，ISA）算法、独立分量分析（Independent Component Analysis，ICA）算法、主成分分析（Principal Component Analysis，PCA）算法。描述层的主要任务是将像素点表示符号化。

（3）认知层：图像理解，即学习和推理（Learning and Inference）。认知层是图像理解系统的"发动机"。认知层非常复杂，涉及面广，正确地认知、理解该层必须有强大的知识库作为支撑。认知层操作的主要对象是符号，具体的任务包括数据库的建立。

（4）应用层：根据任务需求（分类、识别、检测，如果是视频理解，则包括跟踪），设计相应的分类器、学习算法等。

图像语义理解的潜在应用包括智能视觉监控、图像检索、图像补充、图像和文本之间的相互转换等。图像和文本之间的相互转换主要有如下内容。

（1）Image2Text（I2T）：将图像翻译成文本，不仅要描述图像中的物体，还要概括这些物体的组合所表达的中心思想。从这个意义上，可以把这个应用称为图像摘要（Image Abstract，IA）。

（2）Text2Image（T2I）：将文本转换为图像。具体的应用如下。

① 根据用户输入的一段文字，让计算机自动为其配图，并自动用图解释图片（Auto-Illustration）。

② 让计算机根据歌词自动制作 MTV（音乐电视）。

图像和文本之间的相互转换涉及图像场景的识别与理解、目标的检测与识别、图像融合等，是图像理解中最具挑战性和最具趣味性的研究课题。如果该课题研究成功，那么计算机便具有"看图说话""看书作图"的能力。这里的文本可以是现代文、歌词、唐诗宋词等，也可以是音乐、歌谱、声音等。

13.1.3 图像语义分析与应用

图像语义分析是对图像和图像语义之间的关系进行分析的过程，一般依据已知图像和相应的图像语义数据库进行研究，图像和图像语义都可以作为该过程的输入。图像语义分析是指模拟人类的认知过程，分析图像中能被人类认知的含义。图像语义分析的内容主要包括图像语义体系的构建、图像语义标注、场景分析与理解、图像语义推理等。

图像语义分析的研究方法主要分为两种：基于分类的方法（判别模型）和基于概率的方法（生成模型）。

基于分类的方法常使用贝叶斯分类器或支持向量机分类器，以及人工神经网络。误差反向传播（Error Back Propagation）算法（简称 BP 算法）是经典的神经网络训练算法，它的出现掀起了基于统计模型的机器学习的热潮。BP 算法不适用于训练具有多隐层单元的深度网络结构，并且由于需要人工构造样本特征，不仅需要投入大量的人力、物力，还要求使用者对实际问题具有良好的把握，所以该算法的应用面受到限制，也被称为浅层学习模型。与浅层学习明显不同的深度学习是近年来机器学习研究中最受关注的一个热点，其动机在于模拟、建立人脑进行分析学习的深度神经网络，模仿人脑的机制来解释图像、声音和文本等数据。它将底层的特征组合起来形成更高层的表示，从而发现数据的分布式特征表示。与人工构造样本特征的方法相比，它利用大数据来学习特征，刻画数据内在信息的能力更强。同时，深度学习可通过学习一种深层非线性网络结构实现复杂函数逼近，展现了强大的从少数样本集中学习数据集本质特征的能力。

基于概率的方法通过建立图像与标签之间的概率相关模型进行图像语义分析。它是一种具有普遍性的图像语义分类方法，可同时处理目标图像中的多个词汇分类。该方法用直方图表征图像，一半直方图描述适合图像内容的词汇计数，另一半直方图描述相对于适合图像内容的词汇计数的通用词汇计数。基于概率的方法，如概率潜在图像语义分析，是一种基于概率的潜在图像语义分析方法，基本原理是通过奇异值分解，将文本投影到低维的潜在图像语义空间中，能有效地缩小问题的规模。另外，基于相关模型的方法通过构建底层图像特征和图像语义之间的不同相关模型来进行图像语义分析，如跨媒体相关模型（Cross-Media Relevance Model，CMRM）、多伯努利相关模型、双跨媒体相关模型等。

图像语义分析的应用十分广泛，是图像识别、图像标注和图像检索等技术的核心。图像识别技术用于工业机器视觉、光学字符识别、人脸识别和近年兴起的辅助环境感知等。图像标注技术和图像检索技术一般基于大规模的图像数据库，如基于内容的图像检索（Content Based Image Retrieval，CBIR）、基于语义的图像检索（Semantics Based Image Retrieval，SBIR）和视频检索等。图像语义分析的具体应用有以下 3 方面。

（1）目标识别和解释：应用图像语义分析，利用大规模的人脸数据库来提高识别的精度。

（2）基于内容的图像检索和视频检索。

（3）辅助环境感知：是图像语义分析的前沿应用领域，如汽车的自动驾驶、电子导盲等。

图像表示与特征提取是图像语义分析的前提和基础。图像表示与特征提取将图像的信息转换为计算机能够识别、处理的数据形式。图像信息在计算机中的表示和存储的方式称为图像表示。图像表示是分析图像结构的基础，计算图像表示的特征是理解图像内容的重要手段。图像特征是对图像中某些结构视觉特征的描述。常见的两种图像结构有点结构和线结构。

图像中最基本的结构是像素点，一定数量的像素点集合才能表达真正的图像语义。点结构主要指图像中的明显点，如对象的角点、圆点等，在图像匹配和遥感影像定位中非常有用。用于提取点结构的算子称为有利算子或兴趣算子，常见的有 Moravec 算子、Hannah 算子与 Foistner 算子等。

这里简单介绍一下 Moravec 算子的基本思想：首先以像素点的 4 个主要方向上的最小灰度方差表示该像元与邻近像元的灰度变化情况，即像素点的兴趣值，然后在图像的局部选择具有最大兴趣值的像素点（灰度变化明显的像素点）作为点结构。

在复杂的图像中，线结构主要是图像的边缘。边缘检测可以提取边缘轮廓信息，并且可用于区域分割，边缘检测和区域分割具有互补性。边缘并不完全等于物体的边界，边缘主要是指图像中像素值突变的地方。

对于边缘检测，常用以下几种算子。

（1）Robert 算子：边缘定位准，但对噪声敏感，适用于边缘明显且噪声较小的图像分割。Robert 算子是一种利用局部差分算子寻找边缘的算子。利用 Robert 算子对图像进行处理后，边缘不是很平滑。由于 Robert 算子通常会在图像边缘附近的区域内产生较宽的响应，所以采用 Robert 算子检测的边缘图像需要进行细化处理；否则，边缘定位的精度不是很高。

（2）Prewitt 算子：对噪声有抑制作用，抑制噪声的原理是像素点平均。但是，像素点平均相当于对图像的低通滤波。因此，Prewitt 算子对边缘的定位准确度不如 Robert 算子高。

（3）Sobel 算子：与 Prewitt 算子一样，都是计算加权平均的，但 Sobel 算子考虑了邻域的像素点对当前像素点产生的影响不相同的因素，即距离不同的像素点应该具有不同的权值，对算子结果产生的影响也不相同。一般来说，距离越远，产生的影响越小。Sobel 算子有两个：一个是检测水平边缘的算子，另一个是检测垂直边缘的算子。

（4）Isotrotic Sobel 算子：加权平均算子，权值反比于邻点与中心点的距离，当沿不同方向检测边缘时，梯度幅度一致，即通常所说的各向同性。Isotrotic Sobel 算子与普通的 Sobel 算子相比，位置加权系数更为准确，当检测不同方向的边缘时，梯度幅度一致。

（5）Laplacian 算子：二阶微分算子，具有各向同性，即与坐标轴方向无关，经坐标旋转后梯度幅度不变。但是，Laplacian 算子对噪声比较敏感，因此，图像一般先经过平滑处理。由于平滑处理也是用模板进行的，所以通常的分割算法都是把 Laplacian 算子和平滑算子结合起来生成一个新的模板。Laplacian 算子不能检测边缘的方向，在实际应用中，一般使用高斯拉普拉斯（Laplacian of Gaussian，LoG）算子抵消由 Laplacian 算子引起的逐渐增大的噪声影响。

（6）Canny 算子：将边缘检测问题转换为检测单位函数极大值的问题。在高斯噪声中，一个典型的边缘代表强度的阶跃变化。Canny 算子的边缘检测可以分为以下 3 个步骤。

① 选取高斯平滑函数消除噪声。

② 利用一阶差分卷积模板实现边缘增强。

③ 保留梯度方向上的最大值，抑制非极大值。

边缘检测需要利用算子对每个检测点进行独立计算，计算结果与以前检测点的检测结果无关。对于与边缘检测不同的线检测，在处理图像点时，需要利用以前检测点的检测结果，因此也称为序贯检测或跟踪检测。线检测在检测过程中不必对每个点进行相同精度的计算，只需先对图像上的每个点进行简单计算，然后使用更复杂的计算来延伸此边缘或此曲线。用于线检测的算法有很多，如光栅跟踪、全向跟踪和 Hough 变换等。光栅跟踪用于对一般曲线的检测，全向跟踪主要用于对工程图纸中的标准曲线的检测。

分析图像结构的关键在于图像特征提取、描述和分析。对于图像特征，没有通用和准确的定义。图像特征的定义往往是由具体问题或应用决定的。图像特征提取最重要的一个特性是可重复性，即同一场景中的不同图像所提取的特征应该是相同的。通常，图像特征可以分为 4 类：直观性特征、变换系数特征、统计直方图特征、代数特征。

（1）直观性特征：主要指几何特征。几何特征比较稳定，受对象的形态变化与光照等因素影响小，但不易提取，测量精度不高，与所采用的处理技术密切相关。

（2）变换系数特征：先对图像进行傅里叶变换、小波变换等，然后将得到的系数作为特征进行识别。

（3）统计直方图特征：描述了图像中灰度值的分布情况。彩色图像的直方图一般使用颜色分量分开计算或将其转换为灰度图像计算得到。通过对直方图进行均衡化处理（实际上改变了图像中灰度值的映射关系），可以提高图像的对比度。

（4）代数特征：是基于统计学习方法提取的特征，具有较高的识别精度。代数特征的提取方法可以分为线性投影特征提取法和非线性特征提取法。线性投影特征提取法的主要缺点是需要对大量的已有样本进行学习，并且对定位、光照与物体的非线性形变敏感，因此，采集条件对识别性能影响较大。

图像特征提取可理解为与图像语义分析相关的信息。图像特征提取用于寻找图像中最紧凑、最有价值的特征子集。该特征子集可以提高图像语义分析的效率，改善图像语义分析的结果。图像特征提取方法与图像的类型相关。根据图像特征的特点，目前图像特征提取方法可分为点特征提取、线特征提取和面特征提取。下面简单介绍几个图像的视觉特征。

（1）颜色特征。

颜色特征可以降低场景中的目标识别复杂度，在图像语义分析中具有重要的作用。与其他视觉特征相比，颜色特征对图像本身的尺寸、方向和视角的依赖较小，从而具有较强的鲁棒性。高效、鲁棒的颜色特征可以增强图像语义分析的效果。常用的颜色表示模型有 RGB 模型、HSI 模型和 Lab 模型。

RGB 指光谱中的三基色，即红色、绿色、蓝色。任何颜色均可由三基色线性组合生成。RGB 模型空间为一个立方体，通常将 RGB 颜色立方体归一化为单位立方体，R、G、B 这 3 个值限制在区间[0,1]。

RGB 模型不适用于人眼对颜色的解释，而 HSI 模型是从人眼视觉感知的角度建立的颜色表示模型。在 HSI 模型中，H 表示色调，主要与光波长有关；S 表示饱和度，主要指色调的纯度，即一种颜色中混合白光的数量；I 表示强度，对应颜色的亮度，与图像的色彩信息无关。

Lab 模型是一种与设备无关的颜色表示模型，可以表示人眼感知的所有色彩。在 Lab 模型中，颜色和亮度分开表示，L 代表亮度，a 和 b 代表颜色。a 表示的颜色范围为从红色到绿色，b 表示的颜色范围为从黄色到蓝色。

（2）纹理特征。

纹理特征是图像语义分析中应用最广泛的一种视觉特征，可定义为视场范围内的灰度分布模型。纹理特征是物体表面的固有特征，由许多相互接近、相互交织的元素构成，包括物体表面组织结构排列的重要信息，以及它们与周围环境的关系。纹理特征是图像的区域特征，对单个像素点的纹理进行分析是没有意义的，可采用统计方法描述，该方法包括基于共生矩阵的纹理特征描述符和基于能量的纹理特征描述符。

（3）形状特征。

形状特征是物体或图像由外部的面或线条组合而呈现的外表。图像中一个目标的形状特征可以理解为图像中由目标边界上的点组成的模式。图像语义分析任务要求形状特征对目标具有位移、旋转和尺度变换的不变性。形状特征可以分为全局几何特征和变换域几何特征。

全局几何特征主要包括外观比、周长（C）、面积（S）、形状因子（F）、偏心率（e）、曲率（K）等。

- 外观比用于描述塑性变形后目标的形状（细长程度）、目标围盒（最小包围长方形）长和宽的比值。
- 形状因子描述区域的紧凑性，计算公式为

$$F = \frac{\|C\|^2}{4\pi S} \tag{13-1}$$

式中，C 为目标区域的周长；S 为目标区域的面积。当连续的目标区域为圆形时，F 为 1；当连续的目标区域为其他形状时，F 大于 1。形状因子对尺度变换与旋转均不敏感，是一个非向量数值。

- 偏心率（e）又称为伸长度，是区域主轴与次轴的比率。偏心率具有较强的区分不同宽度目标的能力，但它易受物体的形状和噪声的影响，长且窄的物体和短且宽的物体的偏心率差别很大。
- 曲率（K）描述了物体边界上各点沿边界方向的变化情况，是从物体的轮廓中提取出的描述物体形状的重要线索。

变换域几何特征主要包括傅里叶描述子和小波描述子。傅里叶描述子通常用于描述闭合边界，优点在于具有成熟的理论指导，简单且易实现；缺点在于无法描述物体的局部信息，容易受噪声的影响。

下面介绍常用的图像特征提取方法。

图像特征提取的结果是把图像上的点分成不同的子集，这些子集通常是孤立点、连续曲线或连续区域。孤立点的检测也就是角点检测，连续曲线的检测就是对图像中目标区域的外表特征和轮廓特性的提取，连续区域的检测就是对图像上具有灰度相关性（像素点具有某一相似属性，如灰度值、纹理特征等）的像素点集合的提取。

1．角点检测

角点通常被认为是二维图像中亮度变化剧烈的点或图像边缘曲线上曲率极大值的点，这些点保留了图像图形的重要特征，同时有效减少了信息的数据量和图像处理时的计算量。角点检测算法有很多，不同的算法检测出的角点具有空间不变性、旋转不变性等多种重要的特性。

1）基于梯度的角点检测算法

基于梯度的角点检测算法通过计算边缘的曲率来判断角点是否存在。边缘的曲率计算不仅与边缘强度有关，还与边缘方向的变化率有关，具体方法如下。

$I(x,y)$ 为二维灰度曲面，记一阶灰度图像为

$$I_x = \frac{\partial I}{\partial x},\ I_y = \frac{\partial I}{\partial y} \tag{13-2}$$

记二阶灰度图像为

$$I_{xx}=\frac{\partial^2 I}{\partial^2 x},\ I_{yy}=\frac{\partial^2 I}{\partial^2 y},\ I_{xy}=\frac{\partial^2 I}{\partial x\partial y} \tag{13-3}$$

在像素点(x,y)处的梯度方向为$\theta(x,y)$，并且有$\tan\theta=I_y/I_x$，则角点的度量值定义为

$$\varDelta=\frac{I_{xx}I_y^2-2I_{xy}I_xI_y+I_{yy}I_x^2}{I_x^2+I_y^2} \tag{13-4}$$

基于梯度的角点检测算法在梯度幅值与曲率相乘前采用梯度幅值的非最大值抑制过程，使得局部最大值孤立一些角点。由于噪声会使曲率幅度产生较大波动，所以该检测算法对噪声比较敏感。同时，由于计算的舍入，所以该检测算法对角点的定位不够准确，尤其是在边缘模糊的位置。因此，该检测算法检测出的角点并不十分合理。

2）Harris 角点检测算法

Harris 角点检测算法不依赖目标形状等其他局部特征，而是利用角点本身的特点直接提取角点。它对旋转、尺度、光照变化和噪声有不变的特性。Harris 角点检测算法是在 Moravec 算法的基础上改进而来的，Moravec 算法考虑图像中的一个局部窗口，通过计算在多个方向上微小地平移局部窗口导致的图像亮度的平均改变来检测角点，当任意的平移导致最小亮度改变大于某个给定的阈值时，角点就被确认。

Harris 角点检测算法需要指定阈值，只有当响应函数的值大于指定阈值时，才能确定角点的存在。Harris 角点检测算法适用于角点数目较多且光源较复杂的情况，它对图像序列的角点检测效果很好。

3）SUSAN 角点检测算法

SUSAN 角点检测算法的一个明显优点是对局部噪声不敏感，抗噪能力强。在每个像素点的位置放置一个圆形掩膜，掩膜的中心像素点称为掩膜的核，掩膜内部的每个像素点的亮度与核的亮度做比较，可以定义一个区域，在区域内的像素点与核具有相同或相似的亮度，掩膜内部这样的区域称为核心值相似区域（USAN 区域），使用非极大值抑制（局部极大值搜索）检测 USAN 区域局部极小值的角点。此外，SUSAN 角点检测算法一般不适用于序列图像的角点跟踪，更适用于单幅图像的角点检测。

4）Trajkovic&Hedley 角点检测算法

Trajkovic&Hedley 角点检测算法是一种类似于 SUSAN 角点检测算法的快速角点检测算法。它定义一个响应函数，在不同的 USAN 区域下判别候选点是否是一个角点。它的主要检测过程：首先对输入图像的低分辨率图像计算每个像素点位置的参数值 R，如果此值大于给定的阈值，则令该点作为角点候选点；否则，直接排除该点是角点的可能性，并将映射图像对应位置设为0。然后对输入图像的全分辨率图像计算角点候选点并重复上述操作。对于剩下的候选点，使用插值近似的方法（线性插值或圆周近似插值）计算参数值 R，如果此值大于给定阈值，则将映射图像的对应位置设为 R；否则，设为0。

5）FAST 角点检测算法

FAST 角点检测算法是对 SUSAN 角点检测算法的简化，适用于实时的角点检测。

除了上述这些经典的角点检测算法，还有很多其他角点检测算法，如基于滤波的 DoG 和 LoG 角点检测算法等。SIFT 特征的角点检测就采用基于滤波的 DoG 角点检测算法，一些尺度仿射不变的角点检测算法采用 Harris 角点检测算法和 Laplacian 角点检测算法。

2. 线特征检测

线特征是图像的一维特征，描述图像中目标区域的外表特征和轮廓特性。外表和轮廓的线特征可较好地用于形状特性较为明显的目标类别的表达。目前，较为流行的线特征包括轮廓边缘特征和 K 邻近片段特征。轮廓边缘特征主要用于目标检测、目标识别和图像匹配等问题。K 邻近片段特征主要用于目标检测、目标定位和形状匹配。

3. 区域特征检测

区域特征是图像上具有灰度强相关性的像素点的集合。区域中的像素点具有某个相关属性（如灰度值、纹理等）。区域特征明显区别于周围像素点的特征，包含比点特征和线特征更丰富的信息。

13.2 图像级标注

图像级标注是指针对图像的视觉内容，给图像添加反映其内容的文本特征信息的过程，基本思想是利用已标注图像集或其他可获得的信息学习语义概念空间与视觉特征空间的潜在关联或映射关系，给未知图像添加文本关键词。如图 13-2 所示，经过图像级标注技术的处理，图像信息问题可以转换为技术已经相对成熟的文本信息处理问题。目前，在图像级标注上，一般利用机器学习进行自动图像标注和自动学习语义概念等工作。

图像注释是选择图像中的对象并按照名称标记它们的过程，是人工智能计算机视觉的支柱。例如，为了让自动驾驶汽车软件准确识别图像中的任何物体，如行人，需要注释数十万个到数百万个行人。其他用例包括无人机/卫星镜头分析、安全和监视、医学成像、电子商务、在线图像/视频分析、AR、VR 等。

图 13-2　Faster-RCNN 图像标注

计算机视觉应用的增加需要大量的图像训练数据。数据准备和工程任务占人工智能与机器学习项目消耗时间的 80%以上。在过去几年中，已经创建了许多数据注释服务和工具来满足该市场的需求。

基于分类的图像标注模型是一种有监督的机器学习方法。在分类器训练过程中，不断通过反馈信息调整分类器，使分类器达到某个精度。基于分类的图像标注模型的基本思想是：先对图像进行分割，过滤噪声和过分割部分，然后把每个语义概念当作一个类别，对分割后的图像进行分类。实际上可以把图像自动标注看作图像分类问题来处理，从而不同类别的图像信息会被标注上不同的标签。

一幅图像由多个区域组成，不同的区域对应不同的语义关键字。例如，一幅图像中有蓝天、白云、草坪、马等语义，其中任何一个语义只存在于图像中的某个区域，并不是图像的全局都包含这些语义。因此，全局特征不能很好地表示图像的高层语义。多示例学习模型被引入用于解决图像标注的有歧义问题。

Dietterich 等人首先用多示例学习模型来研究药物活性问题，通过训练正包和反包生成模型，对未知图像包进行标注。在此药物活性研究的基础上，Yang C 等人提出了多示例学习领域经典的多样性密度（Diverse Density）算法来解决标注问题。该算法的基本思想是：如果特征空间中某点最能表征某个给定关键词的语义，那么正包中应该至少存在一个示例靠近该点，而反包中的所有示例应该远离该点。因此，该点周围应当密集分布着属于多个不同正包的示例，同时该点远离所有反包中的示例。在特征空间中，如果某点附近出现来自不同正包中的示例越多，离反包中的示例越远，则该点表征给定关键词语义的概率越大。用多样性密度来度量这种概率，具有最大概率的点即要寻找的目标点。

多示例多标记的图像标注方法只提供了图像底层特征与高层语义之间的关联信息，对于提取的特征向量，仍然需要通过训练分类模型进行分类。

为了进一步提高图像标注的准确率，很多研究者提出了多分类模型。Carnerio 提出了一种有监督的多分类标注（Supervised Multiclass Labeling，SML）方法，这种方法将每个关键词看作一个类，通过机器学习中多示例学习模型来为每个类生成对应的条件密度函数，并将训练图像看作与它相关的标注关键词所对应的条件密度函数的一个高斯混合模型。路晶、金奕江等人提出了使用基于支持向量机（Support Vector Machines，SVM）的否定概率法的图像标注方法。该图像标注方法的基本思想是：首先建立小规模图像库作为训练集，库中每幅图像标有单一的语义标签；然后使用以 SVM 为子分类器的否定概率法构建基于成对耦合式（PairWise Coupling，PWC）的多类分类器；最后对未标注的图像进行分类，结果以 N 维标注向量表示。

以上这几种图像标注方法，通常都是基于视觉特征的，将具有视觉特征的区域划分为同一类，只要视觉特征相同就可以归为一类，无论其语义特征是否相同，都用相同的关键字，因此，这种图像标注方法的图像标注的准确率不是特别高。

Hinton 提出了深度信念网，它由一组受限玻尔兹曼机（Restricted Boltzmann Machine，RBM）组成，可以自主地进行特征学习。它促进了对深度学习领域的研究，并被应用于图像分类领域。2011 年，Marc' Aurelio Ranzato 等人利用深度学习的思想，设计实现了深度生成模型并完成了特征学习，随后将该模型应用于图像识别和分类工作。深度学习的兴起进一步完善了基于图像分类的图像标注领域。

相关模型的自动图像标注方法是基于早期的概率关联模型而来的，不同于概率关联模型，它不仅简单地统计图像区域与语义关键词出现的共生概率，还建立图像区域与语义关键词之间的概率关联模型。通过概率关联模型，为待标注图像找到与其相关性概率最大的一组语义关键词并标注图像。

2003 年，Lavrenko 在 CMRM 模型的基础上改进并提出了连续特征相关模型（Continuous-space Relevance Model，CRM）。随后，Feng S、Lavrenko 等人又在 CMRM 模型和 CRM 模型的基础上改进形成了多伯努利相关模型（Multiple Bernoulli Relevance Model，MBRM）。该模型仍然采用规则的网格划分图像，但是，标注语义关键词的概率分布是通过 MBRM 来估计的。Pan 等人采用了期望最大化（Expectation-Maximum，EM）算法来估计图像区域与语义关键词的关系。

以上相关模型的自动图像标注方法都是先对图像进行分割，对分割后的图像子区域与语义关键词使用概率关联模型求联合概率，然后对图像进行标注。

半监督模型的自动图像标注方法是一种重要的机器学习方法，已经标注的图像信息和未被标注的图像信息都要参与机器学习过程，与前面提到的基于分类的有监督机器学习方法不同，它在学习过程中可以利用的图像信息更多，对图像信息的了解更清楚，适用于图像信息总量大且已经标注的图像信息很少的情形。这种图像标注方法在大数据环境下可以得到很好的推广。

对于半监督模型的自动图像标注方法，Pan 等人首先将图学习模型应用于图像标注领域，提出了一种基于图学习模型的自动图像标注（Graph-based auto-matic Caption，GCap）方法。该方法的主要思想是：将图像、图像区域和标注词分别作为 3 种不同类型的图节点，并根据它们之间的相关性来连接构造图。该方法初步提出了图模型标注的基本思想，但对于图节点之间的权值问题，以及标注词与标注词、图像与图像之间的相关性问题考虑得较少，图像标注结果不理想。

在 Pan 等人提出的图像标注方法的基础上，还有其他一些改进方法，如 Liu 提出了一种自适应的基于图模型的图像标注方法（Adaptive Graph-based Annotation method，AGAnn），该方法综合考虑了图像与图像之间的关系、图像与标注词之间的关系、标注词与标注词之间的关系，并提出了用 Word Net 获得的标注词之间的关系来为图剪枝，设计了基于流形排序（Manifold-ranking）算法的自适应相似图来对图像与标注词之间的信息进行传播，最终实现图像标注。

3 种主要图像标注方法的区别和比较如下。

（1）对于基于分类的图像标注，国内外学者提出了很多方法，大部分是首先提取训练图像的底层特征，然后在底层特征和关键词分类器之间建立分类模型，再对未标注的图像集运用该分类模型进行分类，最后完成图像标注。早期的分类器只能实现图像与关键词之间一对一的标注，后来经过对分类器的改进，可以实现一对多的分类。但是，对于基于分类的图像标注，无论是一对一的分类方法还是一对多的分类方法，都在不同程度上受到分类器个数的约束和限制，对于大数据环境下的图像或大量关键词的标注情况不适用。基于分类的图像标注在图像识别和检索方面有很明显的优越性。

（2）相关模型的自动图像标注方法是通过构建一个概率关联模型来计算图像内容和语义关键词之间的联合概率的。图像底层特征与语义关键词之间不是一一对应的，关系不太紧密。但是，要想准确得到图像内容与语义关键词之间的联合概率，就要分析语义关键词之间存在的共生概率关系，语义关键词之间的不独立性会造成计算得到的联合概率不准确，从而影响图像标注结果。

（3）半监督模型的自动图像标注方法的优点是在学习阶段可以利用更多的数据，更加适合已标注的训练数据量相对较小、总数据量较大的情况。但是，该方法也有缺点，在图像标注的过程中，必须考虑图像之间的权值问题，以及图像与图像之间、标注词与标注词之间、图像与标注词之间的相关性问题，而这些问题也是半监督模型的自动图像标注方法中的关键点与难点。但这并不影响图像级标注方法的广泛使用，直接有效的显示模式也受到了研究人员的追捧，其中，Faster-RCNN 算法是一种直接有效的显示模式。下面简单介绍 Faster-RCNN 算法的原理，Faster-RCNN 算法结构图如图 13-3 所示。

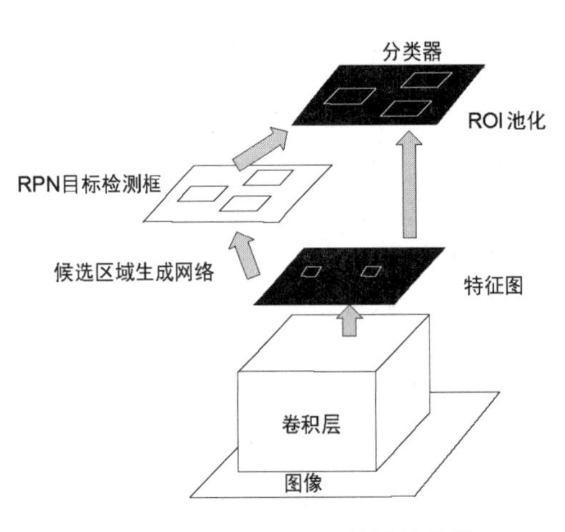

图 13-3　Faster-RCNN 算法结构图

首先向网络中输入一幅图像，将尺寸改到 $M \times N$，通过预训练好的卷积网络，得到特征图（Feature Map）。然后在候选区域生成网络（Region Proposal Network，RPN）中的两个卷积核为 1×1 的网络分别输出 RPN 目标检测框（Anchor Boxes）的位置信息和候选目标是否为背景，如果是背景，就把框舍弃。接着使用 ROI（感兴趣区域）池化，将后面分类器的输入固定。最后通过网络输出检测目标分类的结果和边界框回归的结果。输入 $(h,w,512)$ 的形状，通过卷积核为 3×3 的卷积层得到 $(h,w,256)$ 的特征。在 $(h,w,256)$ 的特征上，我们在每个像素点根据先验知识设定了 k 个 RPN 目标检测框，并分别通过卷积核为 1×1 的卷积层得到形状为 $(h,w,2k)$ 和 $(h,w,4k)$ 的结果，依次对应框中有没有物体和框的位置信息。对于目标检测框的筛选，首先预设了 k 个目标检测框，如果每个目标检测框都使用，则有很大的计算量，并且不是所有的目标检测框都包括检测的物体。然后将目标检测框与标签（Ground Truth）进行 IoU 操作，若 IoU 大于预先设定的阈值，则为正样本，保留；反之，舍弃。最后在之前输出的框的位置生成标注框进行标注。

13.3　像素级标注

目前，在计算机视觉领域，使用更广泛的仍然是图像级标注，即边界框标注，它是在目标对象周围拟合紧密矩形的过程。这是最常用的图像标注方法，因为边界框相对简单，许多对象的检测算法都是在考虑这种方法的情况下开发的（如 YOLO 算法、Faster-RCNN 算法等）。因此，所有标注公司都提供边界框标注（服务或软件）的解决方案。但是，边界框标注存在以下主要缺点。

（1）需要相对较大数量的边界框才能达到超过 95%的检测精度。例如，对于自动驾驶行业，人们通常会收集数百万个汽车、行人、路灯、车道、视锥等的边界框。

（2）无论使用多少数据，边界框标注通常不会超过人脸检测的精度。这主要是因为边界框区域中包含物体周围的附加噪声。

（3）对于被遮挡的物体，检测变得极其复杂。在许多情况下，目标物体覆盖的边界框区域不到 20%，其余的边界框区域作为噪声，使检测算法混淆，找不到正确的物体，如图 13-4 中左边的边界框所示。

图 13-4　边界框标注失败示例

图 13-4 中左边的边界框是高度遮挡行人的情况，右边的边界框是高噪声标注的情况。

对于计算机视觉，有多种标注方法可供选择。常见的有两种标注方法：一种是沿着图片内物体的周围画出严格相切的二维矩形框；另一种是将图片内物体的边界像素点都标注出来。不同的标注方法来自不同的项目需求，但是近几年对像素级的语义分割的数据需求不断增加。

目前，通常在像素级上分别标注不同的类别。例如，在自动驾驶项目中，一个类别可能指的是行人、车辆、广告牌，或者是其他的算法模型需要识别的类别。当为算法模型输入足够多的行人、车辆、广告牌的数据后，模型便开始理解每个类别的特点。它通过学习关于行人的一些丰富的案例来形成自己的理解，如什么使人成了人，最终它会形成自己关于行人、车辆、广告牌的类别划分标准。

根据应用案例的不同，有时会有一些语义理解问题。例如，对于广告牌上的一辆汽车，实际上，这个广告牌和那个广告牌没有区别，自动驾驶汽车真正需要知道的是广告牌是一个静止的物体，它可以忽略广告牌（不同于路标，自动驾驶汽车需要理解路标的含义），而如果广告牌之间有重叠，那么对汽车如何行驶也没有影响，毕竟广告牌只是广告而已。

汽车和行人却是不同的概念，它们会移动，并且有时候移动没有规律可循。在很多语义分割算法中，车和车或人和人都属于车和人的类别。但是，根据创建模型的不同，可能会出现问题，如一个推着婴儿车的母亲和一个慢跑的人的行为可能截然不同。此外，有时同类物体互相重叠遮挡，如果简单地把它们标注在一起，并且定为一个类别，可能会让机器视觉的分类器产生疑惑。

上述问题可以通过像素级标注来解决。然而，这种标注最常用的工具在很大程度上依赖慢速逐点对象选择工具。其中，标注器必须穿过对象的边缘，这不仅非常耗时且昂贵，而且对人为错误非常敏感。为了进行比较，这样的标注任务的时间开销通常比边界框标注大 10 倍左右。此外，像素级标注方法精确标注相同数量的数据像素点可能需要比图像级标注方法多 10 倍的时间。因此，边界框标注仍然是各种应用程序最常用的标注类型。

深度学习算法在近几年取得了长足的进步。虽然在 2012 年，最先进的 AlexNet 算法只能对图像进行分类，但是目前的算法已经可以在像素级精确识别对象（见图 13-5）。对于这种精确的物体检测，像素级标注是关键。

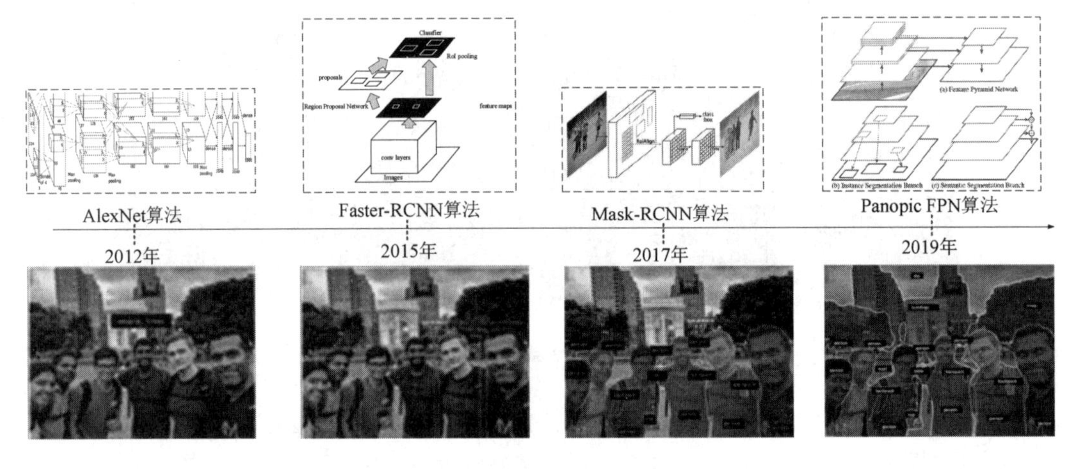

图 13-5　深度学习算法的演变

目前，基于分段的解决方案（SLIC 超像素、基于 GrabCut 的分割）已用于像素级标注。然而，这些方法基于像素点颜色进行分割，并且在诸如自动驾驶的现实场景中经常表现出差的性能和令人不满意的结果。因此，它们通常不用于自动驾驶等高精度的像素点注释任务。

近几年，NVIDIA 公司已经与多伦多大学进行了广泛的研究，以实现像素点精确的注释解决方案。它们的研究主要集中在从给定的边界框生成像素点精确的多边形，并包括以下方法：Polygon RNN、Polygon RNN ++、Curve-GCN-。在最好的情况下，使用这些工具生成像素点精确的多边形需要至少两次精确的点击，即生成边界框，并希望它能准确地捕获目标对象。但是，建立的像素点精确的多边形通常是不准确的，并且可能比预期花费更多的时间。

在图像语义处理上，对图像进行语义分割是比较常见的，即给图像中每个像素点赋予一个类别标签，如草地（浅绿）、人（红色）、树木（深绿）、天空（蓝色）等。这种情况下用不同的颜色来表示，其中所使用的就是像素级标注，对于具体的像素级标注和语义分割的应用将在第 14 章进行详细的阐述。

13.4 实践：目标检测

程序需要在 Ubuntu 操作系统上进行，利用深度学习环境下的 Caffe 框架。

13.4.1 计算机硬件基础

操作系统：Ubuntu16.04 及以上（必须为双系统）。

安装双系统的参考教程：https://blog.csdn.net/qq_31192383/article/details/78876905?utm_medium=distribute.pc_relevant.none-task-blog-BlogCommendFromMachineLearnPai2-1.nonecase&depth_1-utm_source=distribute.pc_relevant.none-task-blog-BlogCommendFromMachineLearnPai2-1.nonecase。

计算机配置：GPU 驱动，显卡为 NVIDIA 显卡，显存至少为 4GB。

13.4.2 深度学习环境配置

首先需要进行 CUDA 配置，再进行 CUDNN 配置，最后进行 OpenCV 配置。

CUDA 下载地址：https://developer.nvidia.com/cuda-downloads。

CUDA 版本需要和计算机的 NVIDIA 显卡型号匹配，从而安装匹配的显卡驱动。可参考：https://docs.nvidia.com/cuda/cuda-toolkit-release-notes/index.html。

CUDNN 下载地址：https://developer.nvidia.com/cudnn。

CUDNN 需要与 CUDA 匹配，可参考：https://developer.nvidia.com/rdp/cudnn-archive#a-collapse742-10。

OpenCV 版本在 3.0 以上。

具体安装过程可参考以下链接中的步骤 1～8：https://blog.csdn.net/u011511601/article/details/80109122。

在配置好 Caffe 环境后，需要对 Caffe 环境进行配置，可参考：https://blog.csdn.net/sinat_30071459/article/details/53202977。

py-R-FCN 源码下载地址：https://github.com/Orpine/py-R-FCN。

程序中选用的 Caffe 版本为微软版本，根据教程提示修改网络配置参数，导入模型，将 Python 程序放入~/py-R-FCN/tools 文件夹中即可运行。

配置好环境后，可以调用模型中的 demo 文件进行一个简单的目标检测代码的复现，以下是其所需要的依赖环境和可识别的物体类别。

Faster-RCNN 网络代码如下：

```
1    #!/usr/bin/env python
2
3    import _init_paths
4    from fast_rcnn.config import cfg
5    from fast_rcnn.test import im_detect
6    from fast_rcnn.nms_wrapper import nms
```

```
7     from utils.timer import Timer
8     import matplotlib.pyplot as plt
9     import numpy as np
10    import scipy.io as sio
11    import caffe, os, sys, cv2
12    import argparse
13
14    CLASSES = ('__background__', 'person')
15
16    NETS = {
17        'vgg16': ('VGG16', 'VGG16_faster_rcnn_final.caffemodel'),
18        'zf': ('ZF', 'ZF_faster_rcnn_final.caffemodel')
19    }
```

由上述代码可知，可识别的类别是人，下面需要在目标所在区域进行边界框的绘制，利用以下代码可将目标的外围边界框绘制出来。

```
20    def vis_detections(im, class_name, dets, thresh=0.5):
21        """Draw detected bounding boxes."""
22        inds = np.where(dets[:, -1] >= thresh)[0]
23        if len(inds) == 0:
24            return
25
26        im = im[:, :, (2, 1, 0)]
27        fig, ax = plt.subplots(figsize=(12, 12))
28        ax.imshow(im, aspect='equal')
29        for i in inds:
30            bbox = dets[i, :4]
31            score = dets[i, -1]
32
33            ax.add_patch(
34                plt.Rectangle((bbox[0], bbox[1]),
35                              bbox[2] - bbox[0],
36                              bbox[3] - bbox[1], fill=False,
37                              edgecolor='red', linewidth=3.5)
38                )
39            ax.text(bbox[0], bbox[1] - 2,
40                    '{:s} {:.3f}'.format(class_name, score),
41                    bbox=dict(facecolor='blue', alpha=0.5),
42                    fontsize=14, color='white')
43
44        ax.set_title(('{} detections with '
45                      'p({} | box) >= {:.1f}').format(class_name, class_name,
46                                                      thresh),
47                      fontsize=14)
```

```
48          plt.axis('off')
49          plt.tight_layout()
50          plt.draw()
51
52      def demo(net, image_name):
53          """Detect object classes in an image using pre-computed object proposals."""
54
55          # Load the demo image
56          im_file = os.path.join(cfg.DATA_DIR, 'demo', image_name)
57          im = cv2.imread(im_file)
58
59          # Detect all object classes and regress object bounds
60          timer = Timer()
61          timer.tic()
62          scores, boxes = im_detect(net, im)
63          timer.toc()
64          print ('Detection took {:.3f}s for '
65                 '{:d} object proposals').format(timer.total_time, boxes.shape[0])
66
67          # Visualize detections for each class
68          CONF_THRESH = 0.8
69          NMS_THRESH = 0.3
70          for cls_ind, cls in enumerate(CLASSES[1:]):
71              cls_ind += 1 # because we skipped background
72              cls_boxes = boxes[:, 4:8]
73              cls_scores = scores[:, cls_ind]
74              dets = np.hstack((cls_boxes,
75                                cls_scores[:, np.newaxis])).astype(np.float32)
76              keep = nms(dets, NMS_THRESH)
77              dets = dets[keep, :]
78              vis_detections(im, cls, dets, thresh=CONF_THRESH)
79
80      def parse_args():
81          """Parse input arguments."""
82          parser = argparse.ArgumentParser(description='Faster R-CNN demo')
83          parser.add_argument('--gpu', dest='gpu_id', help='GPU device id to use [0]',
84                              default=0, type=int)
85          parser.add_argument('--cpu', dest='cpu_mode',
86                              help='Use CPU mode (overrides --gpu)',
87                              action='store_true')
88          parser.add_argument('--net', dest='demo_net', help='Network to use [ResNet-50]',
89                              choices=NETS.keys(), default='ResNet-50')
90
91          args = parser.parse_args()
```

```
92
93          return args
```

调用下面的代码可以实现一个Faster-RCNN算法的demo，实现结果如图13-2所示。

```
94    if __name__ == '__main__':
95          cfg.TEST.HAS_RPN = True    # Use RPN for proposals
96
97          args = parse_args()
98
99          prototxt = args.prototxt
100         caffemodel = args.caffemodel
101
102         if not os.path.isfile(caffemodel):
103               raise IOError(('{:s} not found.\nDid you run ./data/script/'
104                                 'fetch_faster_rcnn_models.sh?').format(caffemodel))
105
106         if args.cpu_mode:
107               caffe.set_mode_cpu()
108         else:
109               caffe.set_mode_gpu()
110               caffe.set_device(args.gpu_id)
111               cfg.GPU_ID = args.gpu_id
112         net = caffe.Net(prototxt, caffemodel, caffe.TEST)
113
114         print '\n\nLoaded network {:s}'.format(caffemodel)
115
116         # Warmup on a dummy image
117         im = 128 * np.ones((300, 500, 3), dtype=np.uint8)
118         for i in xrange(2):
119               _, _ = im_detect(net, im)
120
121         im_names = os.listdir('./data/demo')
122
123         for im_name in im_names:
124               print '~~~~~~~~~~~~~~~~~~~~~~~~~~~~~~~~~~~~~~~~~~~~~~~~'
125               print 'Demo for data/demo/{}'.format(im_name)
126               demo(net, im_name)
127
128         plt.show()
```

第 14 章

图像语义获取方法与应用

14.1 机器学习

第 13 章已经初步介绍了图像语义的基础概念及其在三维实景视觉室内定位中的作用，本章将进一步介绍图像语义获取方法与应用，包括模型获取、图像分割和目标检测，体会图像语义在三维实景视觉室内定位算法研究中的作用。

从广义上来说，机器学习可以赋予计算机像人一样的思考能力，以便帮助它完成一些直接编程无法实现的任务。但从实践的意义上来说，机器学习是一种先利用数据训练出模型，然后使用该模型进行预测的方法。机器学习是一门多领域交叉学科，是人工智能的核心，是使计算机具有智能的根本途径。机器学习致力于研究计算机怎样模拟或实现人类的学习行为，以获取新的知识或技能，重新组织已有的知识结构，使其不断改善自身的性能。机器学习有下面几种定义。

（1）机器学习是一门人工智能的科学，该领域的主要研究对象是人工智能，特别是如何在经验学习中改善具体算法的性能。

（2）机器学习是对能通过经验自动改进的计算机算法的研究。

（3）机器学习利用数据或以往的经验来优化计算机程序的性能。

机器学习最早可以追溯到对人工神经网络（简称神经网络）的研究初期。1943 年，Warren McCulloch 和 Wallter Pitts 提出了神经网络层次结构模型，确立了神经网络的计算模型理论，从而为机器学习的发展奠定了基础。1950 年，“人工智能之父”图灵提出了著名的“图灵测试”，使人工智能成为科学领域的一个重要研究课题。

1957 年，康奈尔大学教授 Frank Rosenblatt 提出了感知机（Perceptron）概念，并首次用机器学习算法精确定义了自组织、自学习的神经网络模型，设计了第一个计算机神经网络。该机器学习算法成为神经网络模型的“开山鼻祖”。1959 年，美国 IBM 公司的 A.M.Samuel 设计了一个具有学习能力的跳棋程序，该程序曾经战胜了美国保持 8 年不败纪录的人类跳棋冠军，该跳棋程序向人们初步展示了机器学习的能力。

1962 年，Hubel 和 Wiesel 发现了猫脑皮层中独特的神经网络结构可以有效降低学习的复杂性，从而提出了著名的 Hubel-Wiesel 生物视觉模型，在这之后提出的神经网络模型均受此模型的启迪。

1969 年，人工智能研究的先驱者 Marvin Minsky 和 Seymour Papert 出版了对机器学习研究有深远影响的著作 *Perceptron*，其中对机器学习基本思想的论断，即解决问题的算法能力和计算复杂性，影响深远且延续至今。

1980 年，在美国卡内基梅隆大学举行了第一届机器学习国际研讨会，标志着机器学习研究在世界范围内兴起。1986 年，*Machine Learning* 创刊，标志着机器学习逐渐令人瞩目，并开始加速发展。

1986 年，Rumelhart、Hinton 和 Williams 联合在《自然》杂志发表了著名的 BP 算法。1989 年，美国贝尔实验室学者 Yann LeCun 教授提出了目前流行的卷积神经网络（CNN）计算模型，推导了基于 BP 算法的高效训练方法，并成功地应用于英文手写体识别。

20 世纪 90 年代，各种多浅层机器学习算法相继问世，如逻辑回归（Logistic Regression）、支持向量机（SVM）等，这些算法的共性是数学模型为凸代价函数的最优化问题，理论分析相对简单，容易从训练样本中学习内在模式，以进行对象识别、人物分配等初级智能工作。2006 年，机器学习领域泰斗 Geoffrey Hinton 和 Ruslan Salakhutdinov 提出了深度学习模型。该模型的主要论点包括：多个隐层的神经网络具有良好的特征学习能力；通过逐层初始化来降低训练难度，实现网络整体调优。该模型的提出开启了深度学习的新时代。2012 年，Hinton 研究团队采用深度学习模型赢得了计算机视觉领域最具影响力的 ImageNet 比赛的冠军，标志着深度学习进入了第二阶段。

深度学习近年来在多个领域取得了令人赞叹的成绩，被用于一批成功的商业应用，如谷歌翻译、苹果语音工具 Siri、微软的 Cortana 个人语音助手、蚂蚁金服的 Smile to Pay 扫脸技术。自 2016 年 3 月 AlphaGo 大战李世石以来，人们对人工智能空前关注，人工智能无疑会带来下一代科技革命。这一波人工智能的兴起源于深度学习算法的突破。深度学习算法突破了过去人工提取特征的低效率、深层模型难以训练的局限，大大提高了算法的性能。摩尔定律揭示了计算速度和内存容量能够每 18 个月翻一番，之前计算性能上的基础障碍被逐渐克服，进入新时期，云计算、GPU 的使用为人工智能提供了新的可能；互联网、物联网的普及，数据呈爆炸式增加，为训练算法、实现人工智能提供了原料。

在深度学习出现前，机器学习领域的主流是各种多浅层机器学习算法。初期人工智能的研究重点是以机器学习为代表的统计方法。机器学习是人工智能的一个分支，是目前实现人工智能的一个重要途径。机器学习使机器从数据中自动分析并学习规律，再利用规律对未知数据进行预测。多浅层机器学习算法，如神经网络的 BP 算法、支持向量机、Boosting、逻辑回归等的局限性在于在有限样本和有限计算单元的情况下对复杂函数的表示能力有限，在复杂数据的处理方面受到制约。

如图 14-1 所示，深度学习是机器学习的一个子集，机器学习是人工智能的一个子集。

图 14-1　深度学习与机器学习的关系

传统的机器学习需要人工提取特征，其思路是：首先通过传感器获取数据，然后经过数据预处理、特征提取、特征选择，最后到推理、预测或识别，推理、预测或识别是机器学习的部分，数据预处理、特征提取和特征选择可以概括为特征表达，是靠人工提取特征的。良好的特征表达对最终算法的准确性起到了非常关键的作用。人工提取特征既耗费时间又不能保证提取的特征好，深度学习彻底解决了这个问题。深度学习突破了人工智能算法的瓶颈。2016 年，Hinton 等人提出了深度学习神经网络，掀起了深度学习的浪潮。“深度”在某种意义上是指神经网络的层数，旨在建立可以模拟人脑进行分析学习的神经网络，模仿人脑的机制来解释数据，如图像、声音和文本。在短短几年内，深度学习颠覆了语音识别、图像分类、文本理解等众多领域的算法的设计思路，创造了一种从数据出发，通过一个端到端结构的设计得到结果的新模式。由于深度学习是根据提供给它的大量的实际行为（训练数据集）来自动调整规则中的参数，进而调整规则的，因此在与训练数据集类似的场景下，它可以做出一些很准确的判断。

以计算机视觉为例，在深度学习出现前，基于寻找合适的特征让机器辨识物体状态的方式几乎代表了计算机视觉的全部。尽管对多层神经网络的探索已经存在，但实践效果并不好。在深度学习出现后，计算机视觉的主要识别方式发生了重大转变，自学习状态成为计算机视觉识别主流，即机器从海量数据库中自行归纳物体特征，按照该特征规律识别物体。图像识别的精准度也得到了极大提高，从 70%提高至 95%。

目前，机器学习的典型应用有图像处理、风格迁移、图像分类、面部识别、视频稳像、目标检测、自动驾驶、推荐系统、人工智能游戏、人工智能棋手、人工智能医疗、人工智能语音、人工智能音乐、自然语言处理、学习预测等。

进行深度学习需要利用相应的工具，如 Caffe、TensorFlow 等深度学习框架，简单来说，就是库。深度学习框架的优点是：不需要独自进行模块的设计，可以直接调用。因此，采用不同的数据集，通过不同的模块连接方式就可以实现自己的深度学习框架。

深度学习框架的出现降低了入门的门槛，程序员不需要从复杂的神经网络开始编写代码，可以依据需要，使用已有模型，模型的参数可以通过训练得到，也可以在已有模型的基础上增加自己的层（Layer），或者在顶端选择自己需要的分类器。

表 14-1 所示为深度学习框架的对比，目前使用比较广泛的有 Caffe 和 TensorFlow 两种。

表 14-1　深度学习框架的对比

比 较 项	主 语 言	速　度	灵 活 性	文　档	操作系统
Caffe	C++/CUDA	快	一般	全面	所有系统
Torch	C++/CUDA/Lua	快	好	全面	Linux、OSX
Theano	Python/C++/CUDA	中等	好	中等	所有系统
TensorFlow	C++/CUDA	中等	好	中等	Linux、OSX

Caffe 全称为 Convolutional Architecture for Fast Feature Embedding，是一种常用的深度学习框架，在视频、图像处理方面应用较多。Caffe 是一种清晰、可读性高、快速的深度学习框架，是一种开源软件框架，内部提供了一套基本的编程框架，或者说一个模板框架，用以实现 GPU 并行架构下的卷积神经网络。用户可以按照框架定义各种卷积神经网络的结构，并且可以在此框架下增加自己的代码，设计新的算法。但该框架的一个问题是，只能使用卷积神经网络，所有的模型都是基于卷积神经网络的。Caffe 具有 3 个不能随意更改的基本原子结构，即待处理数据（Blobs）、层（Layer）和网络（Nets）。Caffe 的编程框架就是在这 3 个基本原子结构下实现的。

深度学习框架和卷积神经网络使计算机视觉领域实现了质的飞跃，大量应用需要精确、高效的图像语义获取与分割机制，如自动驾驶、室内导航、虚拟/增强现实系统。图像语义获取与分割和计算机视觉方面的深度学习领域的目标一致，包括语义分割或场景理解，使得它们在需求和应用上不谋而合。这些应用上的问题在过去已经使用多种计算机视觉和机器学习的方法得以解决。尽管这些方法深受欢迎，但深度学习已经改变了这个局面，许多计算机视觉的问题，包括语义分割，正在通过深度学习框架解决，通常是利用卷积神经网络，因为卷积神经网络能显著提高准确率，甚至是效率。深度学习相比于机器学习和计算机视觉的其他分支，还不太成熟，但由于其在像素级标注与分割上的优越表现，尤其在图像语义获取与分割方面，利用深度学习进行计算机视觉的研究成为近年来的热门研究方向。对于文字类的识别，机器学习可以轻松胜任，但是，在图像处理、图像语义获取等方面，深度学习明显更胜一筹。

对于计算机视觉，让计算机能够“看懂”图像是至关重要的一步，深度学习可以使计算机轻松地看懂一幅图像，利用深度学习来获取图像语义不仅可以实现高效自动化，还对提取图像语义后的其他操作（如特征匹配等）有很大的帮助。

14.2　图像语义模型

随着多媒体和互联网技术的迅猛发展，网络图像资源与日俱增，图像已经成为一种非常重要的信息资源，其包含的信息量远远大于文字。因此，如何充分理解图像中所包含的语义内容，如何真正有效地利用图像语义进行图像资源的检索已成为一个重要的课题。计算机对图像内容的理解一般指图像底层视觉特征，如颜色、纹理、形状等；而实际上，人对图像的理解，即图像语义信息表达的内容，要远远多于图像的视觉特征。图像底层视觉特征与图像高层语义特征之间存在较大差距，即语义鸿沟。目前，图像语义提取已成为解决图像底层视觉特征与图像高层语义特征之间语义鸿沟的关键技术，许多学者在此方面进行了大量的尝试性工作和研究。

图像语义模型是图像语义直观形象的描述形式。图像语义模型能使用户了解和掌握如何从图像中提取语义特征，对更好地理解和应用图像语义信息具有重要作用。根据图像中各语义要素之间组合的抽象程度，图像语义按图像语义模型的层次大致可分为特征语义、对象语义、空间关系语义、场景语义、行为语义和情感语义 6 个语义层次，以对不同层次的图像内容进行描述。

图 14-2 所示为图像语义模型的层次，其中每部分对应图像的一个语义层次，同时对应人对图像的理解层次。图 14-2 中的箭头表示图像语义的层次，下一个层次通常包含了比上一个层次更高级、更抽象的图像语义，而更高层次的图像语义往往通过较低层次的图像语义推理获得。

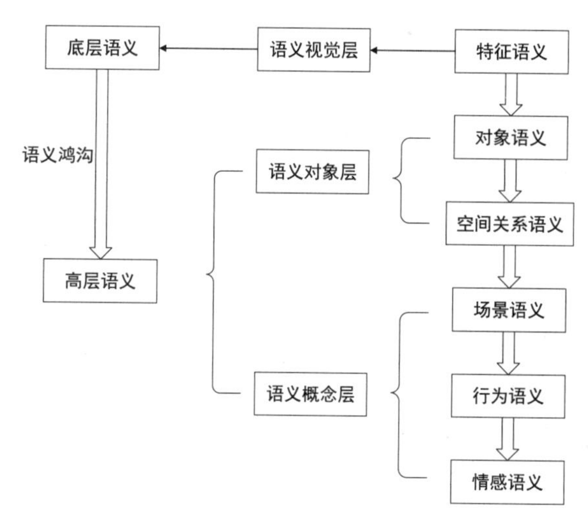

图 14-2　图像语义模型的层次

考虑到图像语义的模糊性、复杂性、抽象性，图像语义模型主要包括以下几种语义特征。

（1）特征语义（如颜色、纹理、结构、形状、运动等），与视觉感知直接相连，称为底层语义。

（2）对象语义（如人、物等）和空间关系语义（如人在房前、球状草地上等），需要进行一定的逻辑推理，并识别出图像中目标的类别，它们合称为语义对象层。

（3）场景语义（如海滨、旷野、室内等）、行为语义（进行图像检索、表演节目等）和情感语义（如赏心悦目的图像、使人兴奋的视频等）合称为语义概念层，由于涉及图像的抽象属性，因此需要对所描述的目标和场景的含义进行高层推理。

图像语义提取按照图像语义模型的层次划分，人们正在研究的图像语义提取主要包括：对目标类别和目标空间关系语义的提取，通常需借助领域知识；对场景语义和行为语义的提取，即对图像和场景的理解与解释；对情感语义的提取，目前主要在艺术图像领域。另外，根据图像语义信息的来源不同，图像语义提取可以分为以下 4 类。

1. 基于处理范围的方法

基于处理范围的方法按照对图像提取特征的范围大小一般分为两类：基于全局的提取方法和基于区域的提取方法。基于全局的提取方法一般从全局角度对图像进行描述和分析（如图像的颜色直方图、纹理特征、形状特征等，它们反映的是图像的整体特性），在早期研究图像语义时用得较多。基于区域的提取方法在图像分割和对象识别的前提下进行，利用对象模板、场景分类器等，通过识别对象和对象之间的拓扑关系挖掘图像语义，生成对应的场景语义信息，或者利用一些局部特征算子来提取图像语义，是现阶段主要的研究方法。这些局部特征算子主要有 Harris 算子、SIFT 算子、LBP 算子、SURF 算子等，它们能够很好地表示图像语义信息。

Harris 算子是一种简单的局部特征算子，对旋转、尺度、光照变化和噪声均有不变的特性。Harris 算子的检测原理为：当一个窗口在图像上移动时，如果窗口位于图像中灰度值的平坦区域，那么窗口的各方向上都没有特别明显的变化；如果窗口位于图像的边缘区域，那么窗口沿图像的边缘方向上没有明显的变化，在与图像的边缘方向垂直的方向上，灰度变化会相当明显；如果窗口位于角点处，那么窗口的各方向上都有变化。Harris 角点检测就是利用这个检测原理，通过判断窗口在各方向上的变化来决定像素点是否为角点的。实际上，Harris 角点检测就是对一幅图像提取与自相关函数的曲率特性有关的角点特征。Harris 算子中只用到了图像灰度的一阶差分与滤波，操作比较简单，提取的特征点均匀且合理。在纹理信息丰富的区域，Harris 算子能够提取大量有用的特征点；而在纹理信息少的区域，Harris 算子提取的特征点较少。由于在它的计算过程中只用到了图像的一阶导数，所以即使存在图像的旋转、灰度的变化、噪声的影响和视点的变换等，Harris 算子对角点的提取也是比较稳定的。David G.Lowel 于 2004 年提出了一种 SIFT 算法。SIFT 算法的本质是从图像中提取 SIFT 关键点，该过程为：首先检测尺度空间极值点，即初步确定关键点位置和所在尺度；其次精确确定特征点位置，即去除低对比度的关键点和不稳定的边缘点，以增强匹配稳定性，提高抗噪能力；再次确定特征点方向参数，即使算子具备旋转不变性；最后生成特征点描述子，即生成 SIFT 特征向量。SIFT 算法匹配能力强，能提取比较稳定的图像特征，可以处理两幅图像之间发生平移、旋转、仿射变换、视角变换、光照变换情况下的特征匹配问题，甚至在某种程度上对任意角度拍摄的图像也具备较为稳定的特征匹配能力，从而可以实现差异较大的两幅图像之间的特征匹配。后来 Y.Ke 提出了对 SIFT 特征向量用 PCA 代替直方图的方式进行降维，并取得了更好的效果。局部二值模式（Local Binary Pattern，LBP）是一种描述图像局部空间结构的非参数算子。LBP 算法定义为一种灰度尺度不变的纹理测量，是从局部领域纹理的普通定义得来的。LBP 算法的本质是利用图像中每个像素点与其邻域内其他各像素点的灰度值的差异，描述图像纹理的局部结构特征，该局部结构特征用一个二进制数字来量化。这种以邻域为单位的局部结构特征可以看作一个纹理单元，如果该纹理单元在整幅图像中有规律地出现，就构成了一定的纹理，而对整幅图像中纹理单元的统计就表达了整幅图像的纹理特征。LBP 算法一般可以分为基本 LBP 算法、旋转不变量的 LBP 算法和 Uniform 模式的 LBP 算法。SURF 算法是一种新的快速兴趣点检测与描述算法，它的性能超过了 SIFT 算法且能获得更快的计算速度。SURF 算法主要包括两部分：利用快速 Hessian 检测子检测兴趣点和利用 SURF 描述子描述兴趣点。SURF 算法的计算速度可以比 SIFT 算法快 3 倍，对图像的旋转、尺度伸缩、光照、视角等变换保持不变性，尤其对图像严重的模糊和旋转处理非常好，但是，在处理图像光照和视角变换时，不如 SIFT 算法。SURF 算法是非常新的局部不变特征算法，国外也只有少量关于 SURF 算法的应用研究。

2．基于机器学习的方法

基于机器学习的方法，就是对图像底层视觉特征进行学习，挖掘图像特征与图像语义之间的关联，从而建立图像特征到图像高层语义特征的图像语义映射关系，主要包含两个关键步骤：一是底层有效视觉特征的提取，如颜色、纹理、形状等特征；二是映射算法的运用。目前，应用于图像语义映射的技术已有很多，主要包括贝叶斯算法、神经网络、遗传算法、聚类、支持向量机等。贝叶斯算法是基于参数估计（Parameter Estimation）的算法，是一种监督学习（Supervised Learning）算法，贝叶斯模型具有很强的实用性。支持向量机的贝叶斯网络分类效果更好，这对缩小语义鸿沟也是不错的尝试。

神经网络是人们从模仿脑细胞结构和功能的角度出发建立的一种信息处理系统，能智能地对信息进行表示、存储和处理，并具有一定的学习、推理能力，在模式识别、优化计算、智能控制、专家系统等众多领域得到了广泛的应用，并取得了令人瞩目的成果。另外，神经网络结合其他算法，如模糊算法、遗传算法等一起使用，能使结果更加优化。

支持向量机是在统计学习理论基础上发展起来的一种新的通用学习方法。与传统统计学相比，统计学习理论是一种研究有限样本情况下机器学习规律的理论，它在解决小样本、非线性和高维模式识别中具有显著优势，是一种非常有效的映射算法，是近年来的一个研究热点，在获取图像语义方面也取得了很多的成果。

3．基于人机交互的方法

现已提出的图像语义提取方法主要侧重将图像底层视觉特征映射到图像高层语义特征，以填补所谓的语义鸿沟。基于人机交互的方法一般是在人机交互系统中使用图像底层视觉特征，而用户则在人机交互系统中加入图像高层语义特征，提取方法主要包括图像预处理和反馈学习两方面。早期的一种简单的图像预处理方法是对图像库中的图像进行人工标注，现在人们更多的是用一些自动或半自动的图像语义标注方法。反馈学习在图像语义提取过程中加入人工干预，通过用户与系统之间的反复交互来提取图像语义，同时建立和修正与图像内容相关联的图像高层语义特征。

4．基于外部信息源的方法

当前，图像识别和理解的技术水平还比较低，完全依靠图像的视觉特征来获取网络图像语义相当困难。同时，对于海量的网络图像，人机交互进行图像语义提取又显得微不足道，并且网络图像最大的特点是嵌入在 HTML 文档中。目前，文本提取语义信息的技术相比于图像语义提取成熟很多，并且 HTML 文档中的文本内容作为网络图像的外部信息源，与其语义信息有着紧密的联系。因此，考虑外部信息源，利用自然语言处理技术来提取网络图像语义信息将是一种非常有效的策略。网络图像包含 3 方面的属性：文件属性、视觉属性和语义属性。根据图像语义表征模型，分别建立图像主题词分类词典、图像主体词分类词典、图像主体属性词典和图像主题词对照词典，利用自然语言处理技术，从图像所在网页的相关外部文本信息中提取图像的主题词、主体词及其属性词等图像高层语义特征。

14.3 图像语义分割

图像语义分割作为计算机视觉中图像理解的重要一环，不仅在工业界的需求中日益凸显，还是当下学术界的研究热点之一。什么是图像语义分割呢？

图像语义分割可以说是图像理解的基石性技术，在自动驾驶系统（具体为街景识别与理解）、无人机应用（着陆点判断）和穿戴式设备应用中起到举足轻重的作用。图像是由许多像素点组成的，而图像语义分割顾名思义就是将像素点按照图像中表达语义含义的不同进行分组（Grouping）/分割（Segmentation）。图 14-3 取自图像分割领域的标准数据集 PASCAL VOC。其中，图 14-3（a）所示为原始图像，图 14-3（b）所示为分割任务的真实标记（Ground Truth）：红色区域表示语义为 person 的图像像素区域，绿色区域表示语义为 motobike 的图像像素区域，黑色区域表示语义为 background 的图像像素区域，白色（边）表示未标记区域。显然，在图像语义分割任务中，输入为一幅 $H×W×3$ 的三通道彩色图像，输出则为对应的一个 $H×W$ 的矩阵，矩阵的每个元素表明了原始图像中对应位置像素点所表示的语义类别。因此，图像语义分割也称为图像语义标注（Image Semantic Labeling）、像素级语义标注（Pixel Semantic Labeling）或像素级语义分组（Pixel Semantic Grouping）。

（a）原始图像

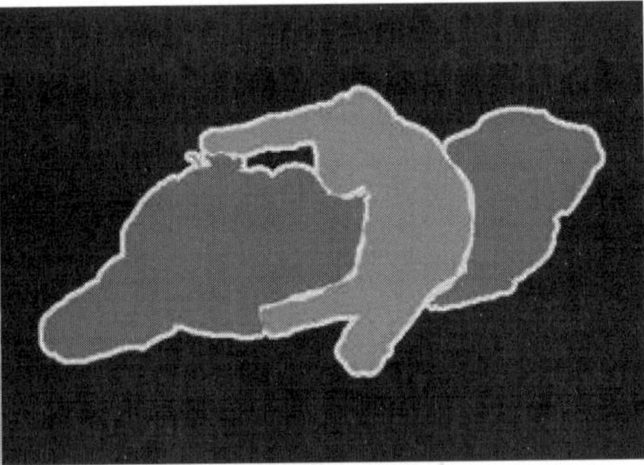

（b）分割任务的真实标记

图 14-3　图像语义分割

前深度学习时代的图像语义分割方法包括最简单的像素级阈值法（Thresholding Methods）、基于像素点聚类的分割方法（Clustering-based Segmentation Methods）及图划分的分割方法（Graph Partitioning Segmentation Methods）。这里以 Normalized cut（N-cut）、Grab cut 这两个基于图划分的经典图像语义分割方法为例，介绍前深度学习时代图像语义分割方面的研究。N-cut 是基于图划分的图像语义分割方法，Grab cut 是微软剑桥研究院于 2004 年提出的著名交互式图像语义分割方法。与 N-cut 一样，Grab cut 同样是基于图划分的，但是，Grab cut 是其改进版本，可以看作迭代式的图像语义分割方法。Grab cut 利用了图像中的纹理（颜色）信息和边界（反差）信息，只需少量的用户交互操作即可得到比较好的前后背景分割效果。

前深度学习时代的图像语义分割工作多是根据图像像素点自身的低阶视觉信息（Low-level Visual Cues）进行图像语义分割的。由于这样的方法没有算法训练阶段，因此往往计算复杂度不高，但在较困难的图像语义分割任务中（不提供人为的辅助信息）的分割效果并不能令人满意。

在计算机视觉步入深度学习时代之后，图像语义分割同样进入了全新的发展阶段，以全卷积神经网络（Fully Convolutional Networks，FCN）为代表的一系列基于卷积神经网络“训练”的图像语义分割方法相继被提出，屡屡刷新图像语义分割的精度。下面介绍几种在深度学习时代图像语义分割领域的代表性方法。

1. 基于区域的语义分割方法

基于区域的语义分割方法通常遵循“使用识别的分割”管道，首先从图像中提取自由形式的区域并对其进行描述，然后进行基于区域的分类。在测试时，基于区域的预测转换为像素点预测，通常根据包含该像素点预测的最高评分区域标记像素点。

R-CNN（具有 CNN 特征的区域）是基于区域的语义分割方法的代表性方法之一，根据目标检测结果进行图像语义分割。R-CNN 首先利用选择性搜索来提取大量的区域提案，然后计算每个提案的 CNN 特征，最后使用类特定的线性支持向量机对每个区域进行分类。与传统的以图像分类为主要目的的 CNN 相比，R-CNN 能够处理更复杂的任务，如目标检测和图像语义分割，甚至成为这两个任务的重要基础。此外，R-CNN 可以建立在任何 CNN 基准结构上，如 AlexNet、VGG、GoogLeNet 和 ResNet。R-CNN 流程图如图 14-4 所示。

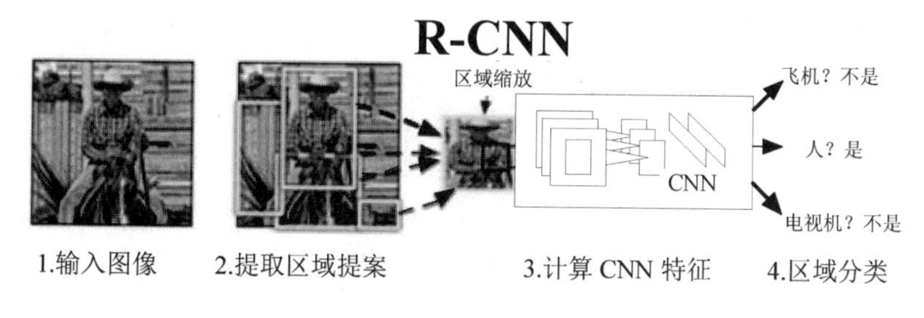

图 14-4　R-CNN 流程图

对于图像语义分割任务，R-CNN 提取了每个区域的两种特征：全区域特征和前景特征，并发现了将它们作为区域特征连接在一起时可以获得更好的性能。R-CNN 由于使用了高度歧视性的 CNN 功能，所以获得了显著的性能改进。但是，它也面临图像语义分割任务的一些问题，具体如下。

（1）高度歧视性的 CNN 功能与分段任务不兼容。

（2）提取的 CNN 特征包含的空间信息不足，无法精确生成边界。

（3）生成提案需要时间，并且会极大地影响最终性能。

针对这些瓶颈，已经有研究提出了这些问题的解决方法，包括 SDS、Hypercolumns、Mask R-CNN。

2. FCN

FCN 可以认为是深度学习在图像语义分割任务上的开创性工作，出自加利福尼亚大学伯克利分校的 Trevor Darrell 组，相关论文发表于计算机视觉领域的顶级会议 CVPR2015，并荣获最佳论文提名奖（Best Paper Honorable Mention Award）。

FCN 的思想很直观，即直接进行像素级端到端的图像语义分割，可以基于主流的深度卷积神经网络模型来实现。在 FCN 中，传统的全连接层 fc6 和 fc7 均是由卷积层实现的，而最后的 fc8 层则被替代为一个有 21 个通道的 1×1 卷积层，并作为网络的最终输出。之所以有 21 个通道，是因为数据集 PASCAL VOC 的数据中包含 21 个类别（20 个 Object 类别和 1 个 Background 类别）。图 14-5 所示为 FCN 结构示意图，若原始图像大小为 $H \times W \times 3$，则在经过若干堆叠的卷积层和池化层操作后可以得到原始图像对应的响应张量（Activation Tensor）$h_i \times w_i \times d_i$，其中，$d_i$ 为第 i 层的通道数。可以发现，池化层下采样作用使得响应张量的长和宽远小于原始图像的长和宽，这便给像素级的训练带来问题。

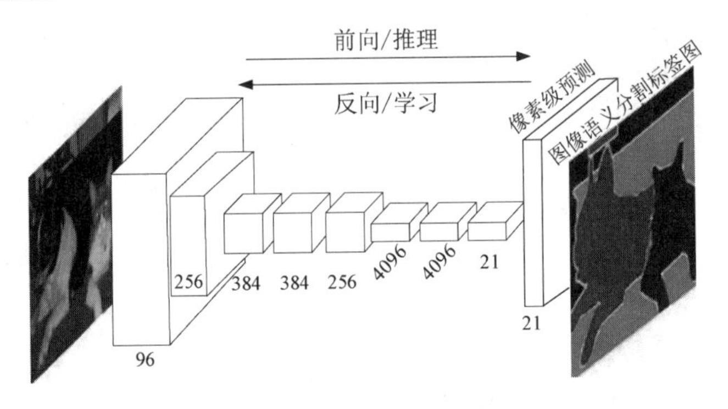

图 14-5　FCN 结构示意图

为了解决下采样带来的问题，FCN 利用双线性插值将响应张量的长和宽上采样到原始图像大小。另外，为了更好地预测图像中的细节部分，FCN 还将网络中浅层的响应考虑进来。具体来说，就是将 pool4 和 pool3 的响应分别作为模型 FCN-16S 及 FCN-8S 的输出，与原来 FCN-32S 的输出结合在一起进行最终的图像语义分割预测，如图 14-6 所示。

图 14-7 所示为不同层作为输出的图像语义分割结果，可以明显看出，池化层的下采样倍数不同导致图像语义分割精细程度不同。如 FCN-32S，由于它是 FCN 的最后一层卷

积和池化的输出，因此 FCN-32S 的下采样倍数最高，对应的图像语义分割结果最粗略；而 FCN-8S 因下采样倍数较小，可以取得较为精细的图像语义分割结果。

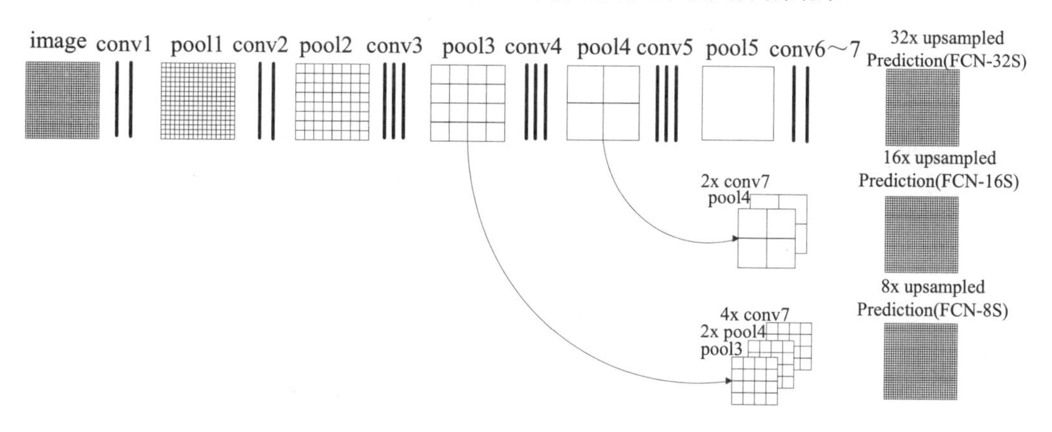

图 14-6 双线性插值示意图

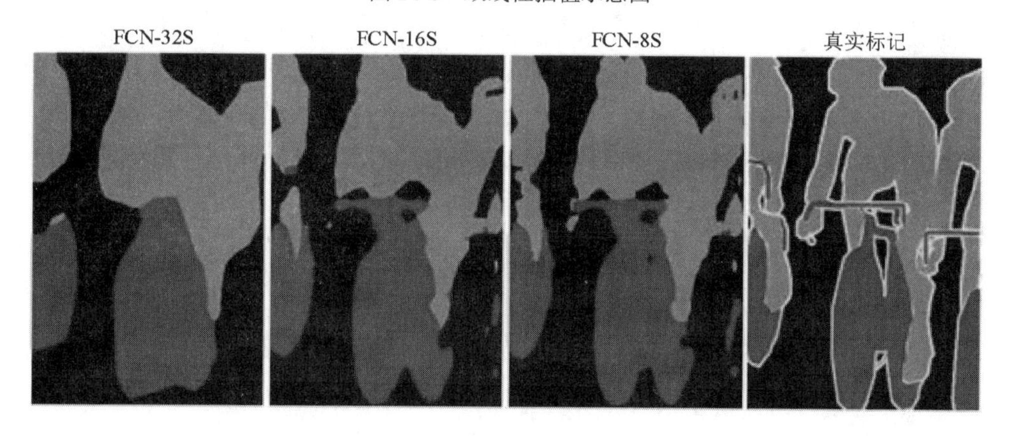

图 14-7 不同层作为输出的图像语义分割结果

在 FCN 进行图像语义分割时，涉及的一个重要部分是 ROI（Region Of Interest），即感兴趣区域。在机器视觉、图像处理中，从被处理图像中用方框、圆、椭圆、不规则多边形等方式勾勒出的需要处理的区域称为ROI。在Halcon、OpenCV、MATLAB等机器视觉软件上常用各种算子和函数来求 ROI，并进行图像的下一步处理。在神经网络中，ROI 部分一般被称为 ROI 子网，即分类网络，ROI 子网利用 $k \times k \times (c+1)$ 卷积核，将特征图卷积生成了新的尺寸为 $W \times H \times k^2(c+1)$ 的特征图。其中，k 代表要将 RPN 生成的候选区域矩形框的行和列进行 k 等分，共分成 k^2 块；c 代表要训练的图像集中目标的类别数量。生成的新的特征图被称为位置敏感分数图，该分数图是一个三维向量。如果对新生成的位置敏感分数图进行细化分类，$W \times H \times k^2(c+1)$ 分别表示为：每张位置敏感分数图的大小为 $W \times H$；每个子块中有 $c+1$ 张位置敏感分数图；整张位置敏感分数图中共有 k^2 个子块。通常情况下 $k=3$，因此，ROI 被平分成 9 个子块，位置敏感分数图中也有 9 个子块。位置敏感分数图如图 14-8 所示。

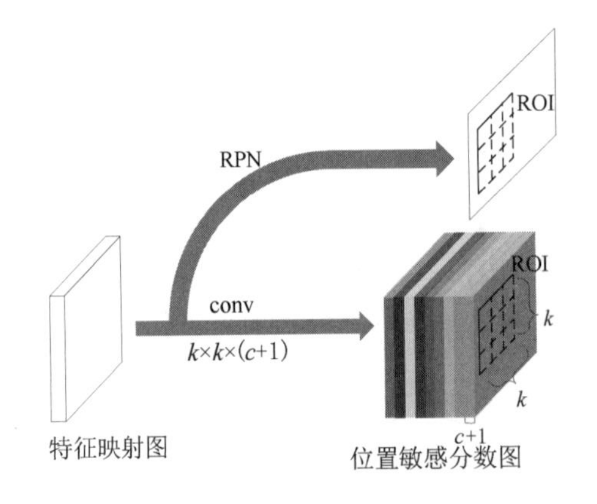

图 14-8　位置敏感分数图

ROI 子网利用卷积操作在整幅图像上为每个类生成 $k\times k$ 张位置敏感分数图，是对对应位置的空间网格的描述，其对应位置分别为 ROI 的 9 个子区域，每张位置敏感分数图上的值代表该空间网络上该类元素的得分情况。每张位置敏感分数图有 $c+1$ 个通道输出，对于一个由 RPN 生成的 $R\times S$ 尺寸的候选区域矩形框，可以将其划分为 $k\times k$ 个子区域，每个子区域的大小为 $R\times S/k^2$，该子区域中包含多张位置敏感分数图。由于过多数据会对后续分类操作形成干扰，因此需要用池化操作对数据进行压缩。对于任意一个子区域 $\text{bin}(i,j)$，$0\leqslant i$，$j\leqslant k-1$，定义一个位置敏感池化操作，即

$$r_c(i,j|\Theta)=\sum_{(x,y)\in\text{bin}(i,j)}\frac{1}{n}z_{i,j,c}(x+x_0,y+y_0|\Theta) \tag{14-1}$$

式中，$r_c(i,j|\Theta)$ 是子区域 $\text{bin}(i,j)$ 对 c 个类的池化响应；$z_{i,j,c}$ 是子区域 $\text{bin}(i,j)$ 所对应的位置敏感分数图；(x,y) 是候选区域矩形框左上角的像素点坐标；n 是子区域 $\text{bin}(i,j)$ 中的像素点数目；Θ 是网络的所有学习得到的参数。位置敏感池化操作框图如图 14-9 所示。

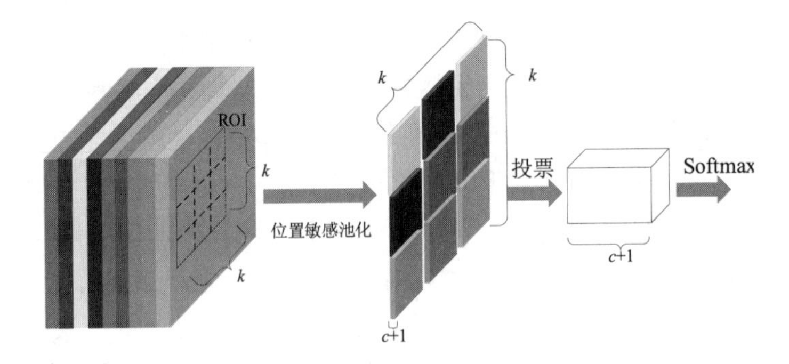

图 14-9　位置敏感池化操作框图

经过位置敏感池化后，原来大小为 $R\times S/k^2$ 的每个子区域变成了一个值，对于一幅图像的每类物体，ROI 被划分的 9 个子区域变成了 9 张位置敏感分数图，分别代表该位

置对应该类别 9 个空间网格的得分。最终，计算 $k \times k$ 个子区域的池化响应输出的均值，将 ROI 池化层输出的 $c+1$ 维特征图按维度求和得到一个 $c+1$ 维的向量，再将这个向量代入多项逻辑斯特回归（Softmax Regression）公式，这样就可以利用 FCN 获得该候选区域矩形框中的目标属于某类的概率，并按照最大概率将其归类。其多项逻辑斯特回归公式如式（14-2）和式（14-3）所示。

$$r_c(\Theta) = \sum_{i,j} r_c(i,j \mid \Theta) \tag{14-2}$$

$$s_c(\Theta) = \mathrm{e}^{r_c(\Theta)} / \sum_{c'} \mathrm{e}^{r_{c'}(\Theta)} \tag{14-3}$$

为了确定网络训练时的准确程度和最佳迭代次数，需要设置相关的损失函数。当损失函数最终的训练输出值小于事前规定的阈值时，表示网络训练结果较好。

FCN 的一个不足之处是：由于池化层的存在，响应张量的大小（长和宽）越来越小。但是，FCN 的设计初衷是需要与输入大小一致的输出，因此 FCN 进行了上采样。但是上采样并不能将丢失的信息全部无损地找回来，而空洞卷积（Dilated Convolution）是一种很好的解决方案（既然池化的下采样操作会带来信息损失，就把池化层去掉。但是去掉池化层随之带来的是网络各层的感受野变小。这样会降低整个网络的预测精度。空洞卷积的主要贡献是：在去掉池化的下采样操作的同时，不减小网络各层的感受野。

以 3×3 的卷积核为例，传统卷积核在进行卷积操作时，将卷积核与输入张量中连续的 3×3 的 patch（补丁）逐点相乘再求和，如图 14-10（a）所示，红色圆点为卷积核对应的输入像素点，绿色方格为其在原输入中的感受野。而空洞卷积中的卷积核将输入张量的 3×3 的 patch 间隔一定的像素点进行卷积操作。如图 14-10（b）所示，在去掉一个池化层后，需要在去掉的池化层后将传统卷积层换成一个 dilation = 2 的空洞卷积层。此时，卷积核将输入张量每隔一个像素点的位置作为输入 patch 进行卷积计算，可以发现，这时对应于原输入的感受野已经扩大。同理，如果再去掉一个池化层，就要将其之后的卷积层换成 dilation = 4 的空洞卷积层，如图 14-10（c）所示。这样，即使去掉池化层也能保证网络的感受野，从而确保图像语义分割的精度。

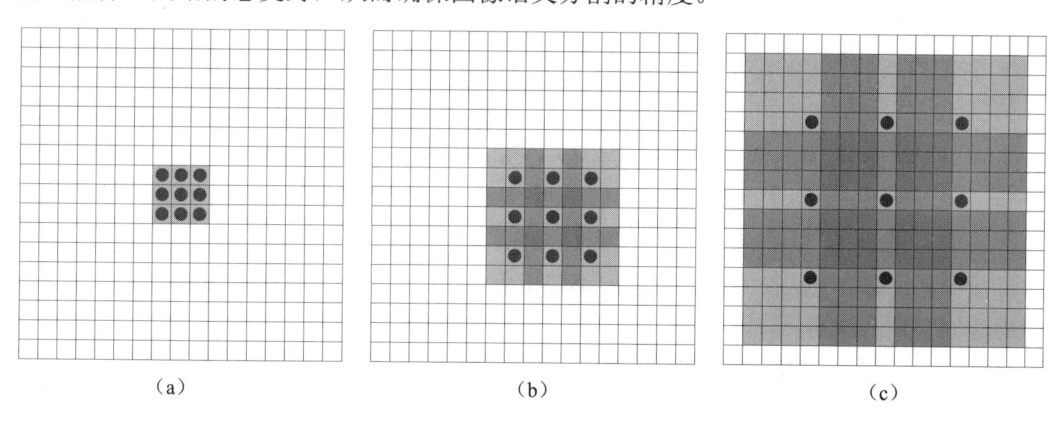

图 14-10　空洞卷积

图像语义分割中的大多数相关方法都依赖大量带有像素级分割遮罩的图像。然而，人工标注是相当费时的。因此，研究者提出了一些弱监督（Weakly-Supervised）的方法，这些方法致力于通过使用带注释的边界框来实现图像语义分割。例如，Boxsup 使用边界框标注作为监督来训练网络，并迭代地改进用于图像语义分割的估计掩码。简单地说，它把弱监督限制看作输入标签噪声问题，并探讨将递归训练作为一种去噪策略。像素级标注解释了多实例学习框架中的图像语义分割任务，并添加了一个额外的层来约束模型，以将更多的权重分配给重要的像素点进行图像级标注。

基于深度学习的图像语义分割方法虽然可以取得比传统方法更好的分割效果，但是对数据标注的要求过高，即不仅需要海量图像数据，同时这些图像还需要提供精确到像素级的标注信息。因此，越来越多的研究者开始将注意力转移到弱监督条件下的图像语义分割问题。在这类问题中，图像仅需要提供图像级标注（如有人、有车、无电视机等），而不需要昂贵的像素级标注信息，即可取得与现有图像语义分割方法相当的图像语义分割精度。

现如今，示例级（Instance Level）的图像语义分割问题同样热门。该类问题不仅需要对不同语义物体进行分割，还需要对同一语义的不同个体进行分割。另外，基于视频的前景/物体分割（Video Segmentation）也是今后计算机视觉图像语义分割的新热点之一，这一设定其实更加贴合自动驾驶系统的真实应用环境。

14.4 图像标注和目标识别

对于计算机视觉来说，图像分类、目标检测和图像语义分割是三大任务。图像分类模型将图像划分为单个类别，通常对应图像中最突出的物体。但是现实世界的很多图像通常包含不止一个物体，此时如果使用图像分类模型为图像分配一个单一标签，则是非常粗糙的，并不准确。对于这样的情况，需要使用目标检测模型。目标检测模型可以识别一幅图像中的多个物体，并可以定位不同物体（给出边界框）。目标检测在很多场景中都有用，如无人驾驶和安防系统等。目标检测在学术界已有近 20 年的研究历史。近些年，随着深度学习技术的发展，目标检测算法也从基于人工标注特征的传统算法转向基于深度学习的目标检测算法。从 2013 年提出的 R-CNN、OverFeat 到后来的 Fast/Faster R-CNN、SSD、YOLO 系列，再到 2018 年的 PeleeNet，基于深度学习的目标检测算法在网络结构上从两阶段（Two-stage）到单阶段（One-stage），从自底向上（Bottom-up）到自顶向下（Top-down），从单一的网络（Single Scale Network）到特征金字塔网络（Feature Pyramid Network），从面向 PC 端到面向手机端，都涌现出许多好的算法，这些算法在开放目标检测数据集上的检测效果和性能都很出色。下面通过图 14-11 对目标检测进行一个轮廓性的介绍。

一般目标检测（Generic Object Detection）的目标是根据大量预定义的类别在自然图像中确定目标实例的位置，这是计算机视觉领域最基本和最有挑战性的问题之一。近些年兴起的深度学习是一种可从数据中直接学习特征表示的强大方法，并已经为一般目标检测领域带来了显著的突破性进展。在这个发展迅速的时期，图像标注与目标检测使计算机视觉领域达到一个全新的高度。

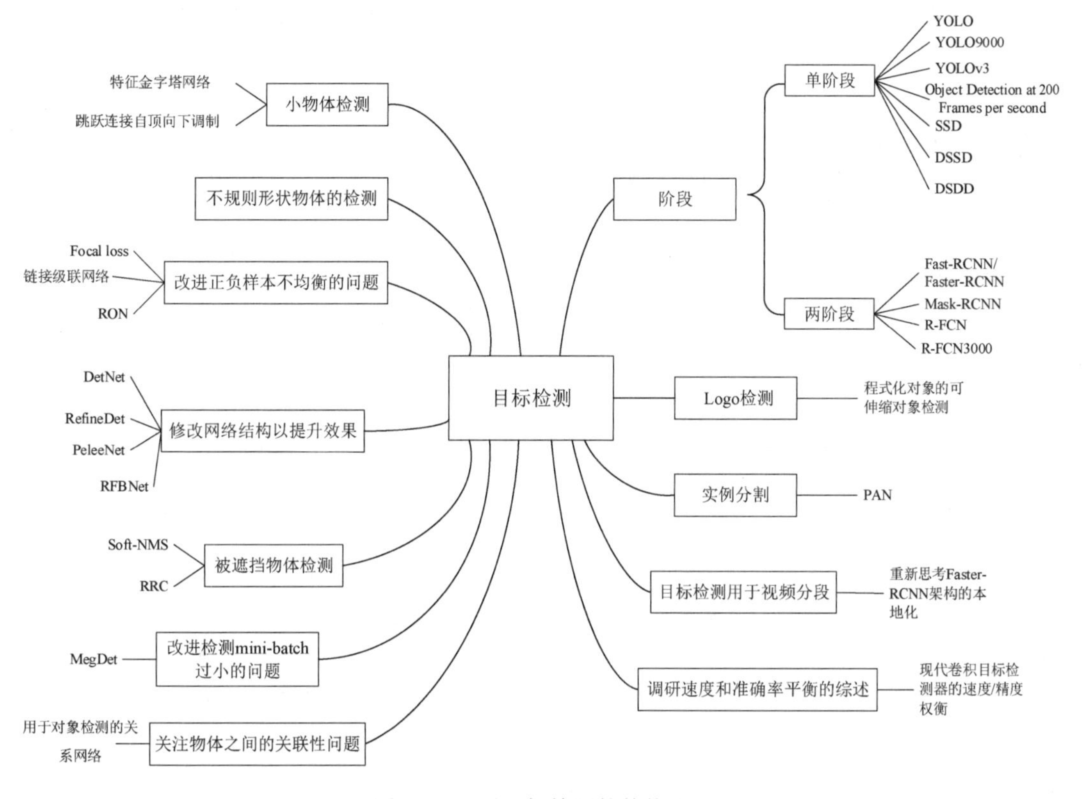

图 14-11　对目标检测的整体认识

目标检测是计算机视觉领域一个长期存在的基础性难题，也一直是一个活跃的研究领域。目标检测的目标是确定某幅给定的图像中是否存在给定类别（如人、车、自行车、狗和猫）的目标实例，如果存在，则返回每个目标实例的空间位置和覆盖范围（如返回一个边界框）。作为图像理解和计算机视觉的基石，目标检测是解决图像语义分割、场景理解、目标追踪、图像描述、事件检测和活动识别等更复杂、更高层次的视觉任务的基础。目标检测在人工智能和信息技术的许多领域都有广泛的应用，包括机器人视觉、消费电子产品、安保、自动驾驶、人机交互、基于内容的图像检索、智能视频监控和增强现实。

目标检测可以分为两种类型：特定实例检测和特定类别检测。前者的目标是检测一个特定的目标实例（如一个人的脸、一个知名的建筑或一只狗），而后者的目标是检测预定义目标类别的不同实例（如人、车、自行车和狗）。历史上，目标检测领域的很多研究关注的都是单个类别（如人脸或行人）或少数几个特定类别的检测。而在过去几年，研究界已经开始向构建通用型目标检测系统的艰难目标迈进。2012 年，Krizhevsky 等人提出的深度卷积神经网络 AlexNet 在大规模视觉识别挑战赛（ILSVRC）上实现了创纪录的图像分类准确度。自此，许多计算机视觉应用领域都将研究重心放在了深度学习上。在一般目标检测领域，涌现了很多基于深度学习的方法，也取得了很大的研究进展，然而，我们还没有对一般目标检测进行全面总结。

一般目标检测问题本身的定义为：给定任意一幅图像，确定其中是否存在任何预定义类别的目标实例，如果存在，就返回其空间位置和覆盖范围。目标（Object，也可称为对象或物体）是指可以被看见和触碰的有形事物。尽管一般目标检测和目标类别检测有很多共同的含义，但前者更注重检测种类广泛的自然事物类别，而后者则主要针对特定目标实例或特定类别（如人脸、行人或车）。一般目标检测已经得到了很大的关注。

用于识别的目标特征表示和分类器一直以来都在稳步发展，从人工设计特征到学习 DCNN 特征的重大变化也证明了这一点。相对而言，用于定位的基本滑动窗口策略仍是主流。尽管专家学者做了一些努力，但在识别过程中产生的窗口很多，会随着像素点数量的增加呈二次方增加，并且搜索多个尺度和宽高比的需求会进一步增大搜索空间。巨大的搜索空间会导致计算复杂度较高。因此，有效且高效的检测框架设计具有关键性作用。经常采用的策略包括级联、共享特征计算和降低每个窗口的计算量。

图像检测最根本的任务是在给定图片中精确找到物体所在的位置，并标注物体的类别，因此，要解决的问题就是物体在哪里、是什么。然而，这个问题并不容易解决，物体的尺寸变化范围很大，摆放物体的角度、姿态不定，并且可以出现在图片的任何地方，还可以是多个类别。进入深度学习时代以来，图像检测发展主要集中在两个方向：两阶段算法（如 R-CNN 系列）和单阶段算法（如 YOLO、SSD）。两者的主要区别在于，两阶段算法需要先生成 proposal（一个有可能包含待检测物体的预选框），然后进行细粒度的图像检测。而单阶段算法会直接通过在网络中提取特征来预测物体分类和位置。从两阶段算法的发展来看，目标检测技术的演进可这样表示：R-CNN→SPPNet→Fast-RCNN→Faster-RCNN。

对于给定的一张图片，首先判别类型，识别图片中的内容属于哪一类别，是人还是车，是猫还是狗。识别成功后，我们就知道了图片中的内容都属于哪些类别。其次对一个像素进行评估定位，选出可能是图片中像素边界的位置，确定这些像素在图片中的位置。最后根据这些位置在图片上用矩形方框框出需要标注识别的物体，从而完成整个目标检测识别的过程。

目标检测功能在许多方面都有应用，如人脸识别系统。利用 Harr 特征提取和 AdaBoost 分类器进行人脸检测，搭建人脸识别系统的第一步就是人脸检测，也就是在图片中找到人脸的位置。在这个过程中，输入的是一张含有人脸的图片，输出的是所有人脸的矩形框，人脸检测能够检测出图片中的所有人脸。其实际应用有很多，包括刷脸打卡、刷脸门禁、刷脸支付等，这些技术都已经非常成熟了。对于单纯的物体检测，很多公司和高校都有专门的技术研究，谷歌的 TensorFlow 物理检测接口可以随时捕捉视频中的各种物体，使计算机视觉无处不在。

对于图像语义分割和图像标注，基于深度学习的方法有很多，这里主要介绍基于区域的全卷积网络（Region-based Fully Convolutional Networks，R-FCN）。R-FCN 是一个较成熟的基于深度学习的图像语义分割网络，由 FCN、RPN 和 ROI 子网组成。其中，FCN 用于提取特征，RPN 根据提取的特征生成 ROI，ROI 子网根据 FCN 提取的特征与 RPN 输出的 ROI 进行目标区域的定位和分类。R-FCN 的目标检测分为两个步骤：首先，进行目标定位；然后，对定位的目标进行目标具体类别的分类。R-FCN 利用目标检测原理，对离线数据库中的图像集进行标识检测，并针对每幅图像的目标检测结果，将该图像打上多标识的标签，最终将相同标识标签的图像分为一类，以达到缩小检索范围、缩短检索时间的效果。下面对 R-FCN 进行分析，R-FCN 主要结构图如图 14-12 所示。

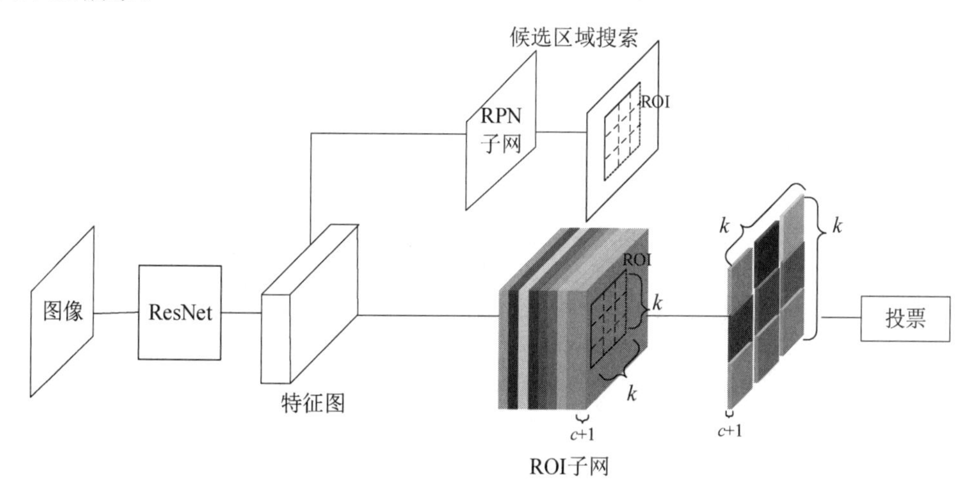

图 14-12　R-FCN 主要结构图

首先，选择一张需要处理的图片，并对这张图片进行相应的预处理操作。

然后，将预处理后的图片送入一个预训练好的分类网络，对图片进行卷积、池化等操作。通过这些操作最终生成了一张特征图，固定其对应的网络参数；在 R-FCN 前段的 FCN 中使用深度残差网络（Deep Residual Network，ResNet），该网络最根本的动机是解决网络中的退化问题。退化问题即当网络层次加深时，可能会发生梯度弥散甚至梯度爆炸，导致错误率提高的一种现象。ResNet 运用残差的方法较好地解决了退化问题，保证了该网络性能不会随着深度神经网络层次加深而下降。该网络的输出是一个三维向量，由多张特征图组成，每张特征图都代表原始图像上某个层次的特征。在最终输出的特征图中，并没有舍弃图像中的空间信息，因此该网络对精确的分类任务提供了很大帮助。ResNet 原理图如图 14-13 所示。

ResNet 也是一种 FCN，可以提取图像内部包含的隐藏信息，如纹理、颜色、边缘特征等。ResNet 分为 50 层、101 层、152 层等，经过实验验证，这几种网络针对自定义的数据的准确率差别不大，因此选用层数最少的 ResNet-50。

接着，在预训练网络的最后一个卷积层获得的特征图上存在 3 个分支。第 1 个分支是在该特征图上面进行 RPN 操作。ResNet-50 的输出层是一个三维向量，RPN 在 ResNet-50 的输出层上完成候选区域搜索，为 ROI 分类网络生成少量的高质量候选框，以方便其进行准确分类，如图 14-14 所示。

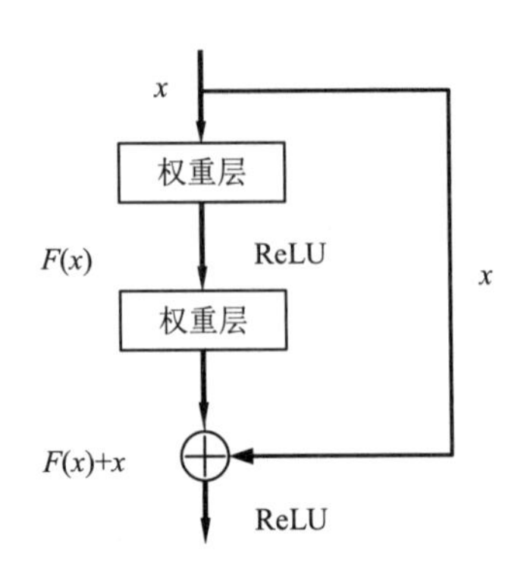

图 14-13　ResNet 原理图

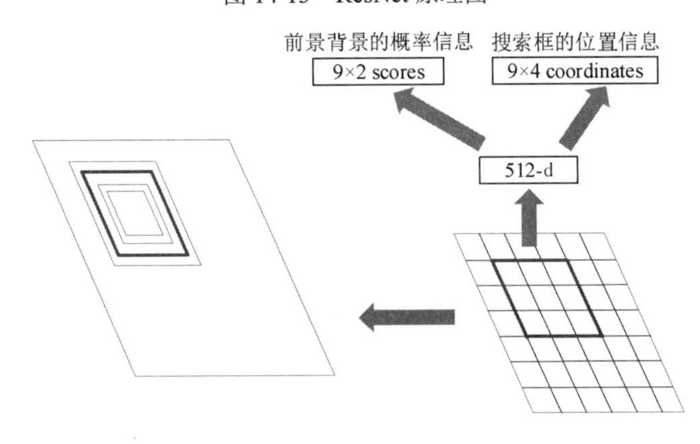

图 14-14　RPN 原理图

RPN 的搜索形式是利用 512 个大小可以调整的卷积核（大小一般为$3\times3\times1024$）对输出层进行卷积操作，最终输出一个$W\times H\times512$的三维向量。由于在卷积操作中用 0 填充原始图像的边界，所以卷积后尺寸未发生改变，仍为 $W\times H$。随后将得到的每个单独的向量作为 RPN 中两个独立卷积层的输入，从而将特征图中的信息转换为搜索框的位置信息和前景背景的概率信息，获得相应的 ROI。第 2 个分支是在特征图上获得一个$k\times k\times(c+1)$维的位置敏感得分映射，从而进行分类。第 3 个分支是在特征图上获得一个$4\times k\times k$维的位置敏感得分映射，从而进行回归。

最后，在$k\times k\times(c+1)$维和$4\times k\times k$维的位置敏感得分映射上分别执行位置敏感的 ROI 池化操作，获得对应的类别信息和位置信息。ROI 子网即分类网络，该网络同样对 FCN 中 ResNet 输出的特征图进行上采样操作。伴随每个语义种类输出的还有一个四维向量，记作$\{x,y,w,h\}$，表示当前语义 ROI 区域的中心横坐标、中心纵坐标、宽度和高度。经过上述步骤，就可以在测试图像中获得想要的类别信息和位置信息，以进行标识分类和特征提取。

神经网络搭建后要训练数据集，这是为了让图像语义分割网络知道自己要在图像中分割出什么种类的图像语义。在完成训练后，需要对网络进行优化设置，主要是对网络中的可调参数进行修改，使网络对不同的室内环境数据集有较好的适应性和更高的精确度。需要注意以下两个参数：学习率（Learning Rate）和迭代次数。如果学习率太小，则会导致网络损失（loss）值下降非常慢；如果学习率太大，则参数更新幅度非常大，导致网络收敛到局部最优点，或者损失值直接开始上升。学习率的选择在网络训练过程中是不断变化的。在开始时，参数比较随机，所以应该选择相对较大的学习率，这样损失值下降更快；在训练一段时间后，参数应该以更小的幅度进行更新，所以学习率一般会做衰减。衰减的方式也非常多，比如到一定的步数将学习率乘 0.1，或者按指数形式衰减等。因此，初始学习率的确定是十分重要的，图 14-15 所示为不同学习率下，迭代次数与神经网络的损失值的对比曲线，其中，横轴表示迭代次数，纵轴表示损失值。

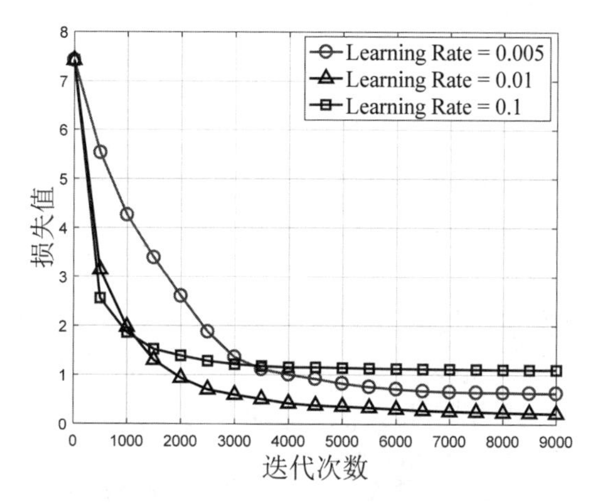

图 14-15　不同学习率下，迭代次数与神经网络的损失值的对比曲线

由图 14-15 可以看出，当初始学习率设置为 0.005 时，神经网络的损失值下降较为缓慢，收敛过慢；当初始学习率设置为 0.1 时，损失值在迭代开始时下降得很快，但随着迭代次数的增加，损失值下降速率逐渐放缓，无法达到最低的损失值；当初始学习率设置为 0.01 时，损失值的下降速率与最终的收敛值均符合要求，因此暂时将初始学习率设置为 0.01。

机器学习的迭代次数对最终的网络准确率有很大的影响。如果迭代次数过少，则网络容易出现欠拟合现象，即最终网络的输出结果不够准确，精确度不高；如果迭代次数过多，则网络容易出现过拟合现象，即最终网络的输出结果虽然十分准确，但只针对训练数据集中的测试数据，如果换成其他数据，则准确率可能会大幅下降。图 14-16 所示为神经网络训练过程中参数随迭代次数的变化曲线，该曲线可以给出何时对网络进行停止训练的信息。

由图 14-16 可以看出，神经网络迭代次数的上限为 9000。当迭代次数超过 7000 时，准确率基本不再上升，损失值也保持在一个水平范围内。本章采用的策略为：在一定的迭代次数内，当准确率不再上升，维持在一个稳定值或呈现下降趋势时，即可采取早停法（Early Stopping）操作，提前停止神经网络的训练。这可以达到防止网络过拟合的效果。

在确定好网络的基本参数后，可将之前采集的训练数据集输入网络进行训练。在网络训练好后，可以在训练数据集采集场景中随机选取一些测试图像来验证网络的准确率，本章训练的神经网络语义目标检测效果如图 14-17 所示。

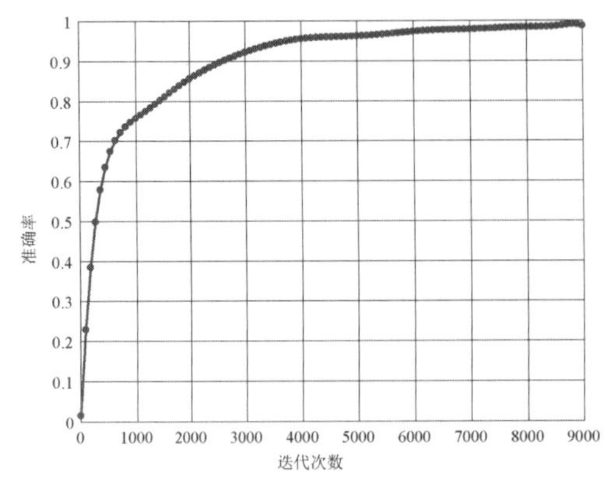

（a）迭代次数与准确率之间的变化曲线

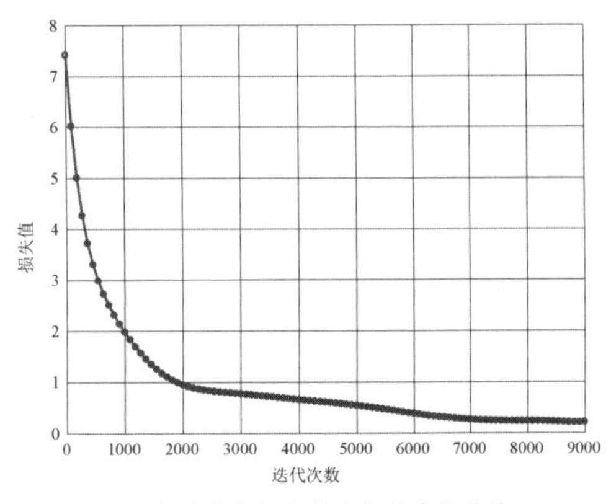

（b）迭代次数与损失值之间的变化曲线

图 14-16　神经网络训练过程中参数随迭代次数的变化曲线

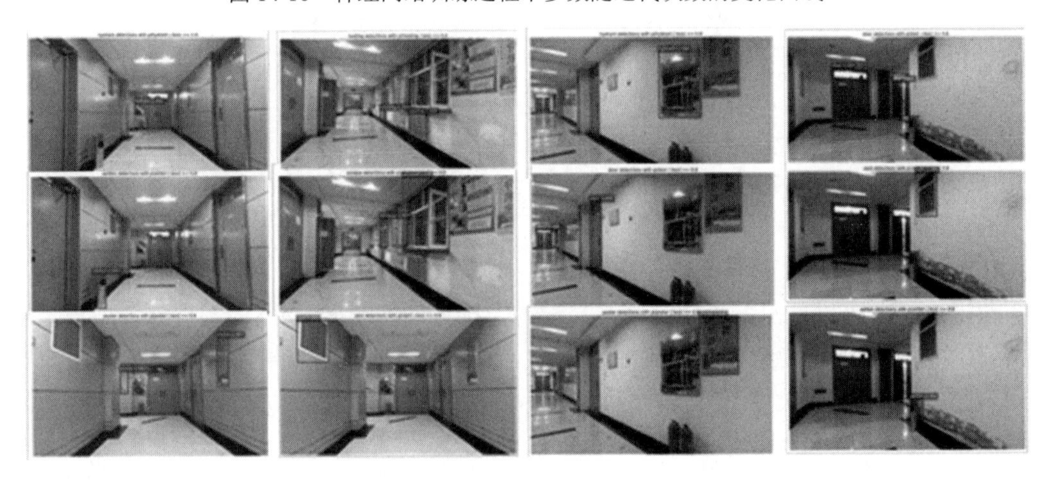

图 14-17　本章训练的神经网络语义目标检测效果

在测试实例中，将走廊内的语义（除了背景类）分成了 9 类，分别为门、窗、暖气片、消防栓、垃圾桶、通风口、海报、展览板和安全出口标识。由图 14-17 可以看出，针对每个语义成分，神经网络输出的是其类别信息与位置信息，将每个语义成分在图中用红色矩形框进行标注，并在其上方用蓝色矩形框对其类别与所属该类别的概率进行说明。

14.5　实践：利用自己的数据集实现目标检测

有时公开数据集不能满足研究的需要，我们需要利用自己的数据集实现目标检测。这里假设已经完成了图像及标签等准备工作，根据第 13 章中实现的基于 Faster-RCNN 的目标检测，如果想利用自己的数据集实现目标检测，那么代码需要修改的部分如下。将可识别的类别数按照 PASCOL VOC 开源数据集的标准进行扩增，修改的部分代码如下：

```
1    #!/usr/bin/env python
2    # -*- coding: utf-8 -*-
3    import _init_paths
4    from fast_rcnn.config import cfg
5    from fast_rcnn.test import im_detect
6    from fast_rcnn.nms_wrapper import nms
7    from utils.timer import Timer
8    import matplotlib.pyplot as plt
9    import numpy as np
10   import scipy.io as sio
11   import caffe, os, sys, cv2
12   import argparse
13   import time
14
15
16   starttime = time.time()
17   CLASSES = ('__background__',
18                'vent', 'ashbin', 'hydrant', 'door',
19                              'poster', 'exhibition_board', 'window',
20                  'heating', 'exit_light')
21
22   NETS = {'ResNet-101': ('ResNet-101',
23                      'resnet101_rfcn_final.caffemodel'),
24           'ResNet-50': ('ResNet-50',
25                      'resnet50_rfcn_ohem_iter_6000.caffemodel')}
```

目标检测的边界框绘制函数的定义没有更改，但是在主程序中对数据的调用路径和图片名称，甚至是加载预训练模型参数的部分需要注意，修改的部分代码如下：

```
26   if __name__ == '__main__':
27       cfg.TEST.HAS_RPN = True    # Use RPN for proposals
28
29       args = parse_args()
30
31       prototxt = os.path.join(cfg.MODELS_DIR, NETS[args.demo_net][0],
32                               'rfcn_end2end', 'test_agnostic.prototxt')
33       caffemodel = os.path.join(cfg.DATA_DIR, 'rfcn_models',
34                                 NETS[args.demo_net][1])
35
36       if not os.path.isfile(caffemodel):
37           raise IOError(('{:s} not found.\n').format(caffemodel))
38
39       if args.cpu_mode:
40           caffe.set_mode_cpu()
```

```
41          else:
42              caffe.set_mode_gpu()
43              caffe.set_device(args.gpu_id)
44              cfg.GPU_ID = args.gpu_id
45          net = caffe.Net(prototxt, caffemodel, caffe.TEST)
46
47          print '\n\nLoaded network {:s}'.format(caffemodel)
48          # Warmup on a dummy image
49          im = 128 * np.ones((300, 500, 3), dtype=np.uint8)
50          for i in xrange(2):
51              _, _= im_detect(net, im)
52
53          im_names = ['000213.jpg']
54          for im_name in im_names:
55              print '~~~~~~~~~~~~~~~~~~~~~~~~~~~~~~~~~~~~~~~~'
56              print 'Demo for data/demo/{}'.format(im_name)
57              demo(net, im_name)
58
59          endtime = time.time()
60          print (endtime - starttime)
61          plt.show()
```

运行此程序，最终利用自己的数据集实现目标检测，检测结果如图 14-17 所示。可以看到，每张图片上都有一个物体被检测到，当然我们也可以通过修改代码将一张图片上所能识别的物体类别全部用边界框绘制出来，具体代码读者可以参考链接 https://www.cnblogs.com/pprp/p/9530130.html。